◎ 電気・電子工学テキストライブラリ ◎
USE-C4

電磁波工学

大平昌敬

数理工学社

編者のことば

20 世紀後半以後の工学領域の進展は，人々に利便性をもたらし，従来の生活を大きく変化させてきました．しかし工学には，新たなパラダイムとして［社会生活の知恵］としての面を併せもつことも要請されています．したがって，工学技術の高度な進展に伴い，益々その論理性・社会との共生が強く求められてきています．

たとえば，建築物・土木構造物においては，自然と調和した環境づくりや景観美が重視され，機械・電気・電子機器等においても「人間にやさしく使い易い機能と美しさ」が追求されています．さらに教育方法論の面からは工学の未来を切り拓くための「創造性工学（engineering design）教育」をどのように実施していくか，大きな課題といえます．また，現在の工学教育（特に基礎的科目）を考えたとき，先端の工学技術との関わりを強く意識するなど今後の電気・電子工学教育のニーズに合った使い易くわかり易い書籍の出版が望まれています．

このような観点から本「電気・電子工学テキストライブラリ」は，「電気電子基礎・専門」「電気工学」「電子工学」分野における従来の伝統的工学の枠組みを尊重しつつも，再生可能エネルギー，自動運転，電気自動車，スマートフォン，AI，Big Data，IoT など最新の知見の流れを取り入れ，創造性教育などにも配慮した電気・電子工学基礎領域全般に亘る新鮮な書を目指し，時代の要請に応える電気・電子基礎書目の体系的構築を図ったものです．それゆえ，電気・電子工学について通暁された著者の周到な配慮のもとに，使い易くわかり易く構成されたテキストとなっています．ライブラリ全般に亘って理解を助ける有効な手段として，できるだけ具体的な問題から例題や演習問題を作り，その解答についても少し詳しく説明することに加え，CG 等も随所にとりいれています．本ライブラリは基礎的知識習得のための十分な内容を網羅しており，電気・電子工学科の学生だけでなく，工学系全般の学生諸君にも役に立ち得るものと考えています．最先端の技術も基礎学問を土台に年月をかけて積み上がってきたことを鑑みると，大学で基礎をしっかりと身につけて土台を確固たるものにしておけば，あとの応用，開発，研究など必要な専門知識は社会に出てからでも各自で学ぶことに躊躇しないで済むと確信しています．その意味でも本ライブラリが基礎を身につけるには最適なテキストであり，学生諸君が熟読し理解を深められ，将来に向けての研究，技術開発の手助けとなれば幸いです．

2022 年 1 月

編者　辻　幹男
出口博之

「電気・電子工学テキストライブラリ」書目一覧

電気電子基礎・専門

1　電気電子工学入門
2　電気回路
3　電気磁気学
4　振動と波動
5　電気電子数学基礎
6　電気電子計測
7　電気電子材料
8　アナログ電子回路

電気工学

1　過渡現象論
2　電気エネルギー工学
3　電気機器学
4　制御工学
5　パワーエレクトロニクス
6　電力システム工学
7　高電圧工学概論

電子工学

1　通信工学のための信号処理
2　電子デバイス
3　伝送線路論
4　電磁波工学
5　光エレクトロニクス

別巻 1　電気回路演習
別巻 2　演習で学ぶ 電気磁気学
別巻 3　制御工学演習

まえがき

電磁波工学とは，今日のワイヤレス通信に不可欠なマイクロ波帯やミリ波帯，更にはテラヘルツ波帯などにおける電磁波の波動現象ならびにその伝送や放射を扱う学問分野です．広義にはマイクロ波工学やアンテナ工学も電磁波工学に含まれますが，本書では電磁波の基本的な事項を中心に扱うこととします．特に電気・電子系の専門基礎科目として電気磁気学及び電気回路論を学んだ学生を対象に，本書を通して電磁波の基礎知識を会得することを目的としています．

さて，本書はマクスウェルの電磁方程式を出発点にしています．自然法則の一つである万有引力の法則をニュートンによる「発見」とするならば，マクスウェルの電磁方程式に含まれる変位電流はマクスウェルによる「創造」とも言えるかもしれません．この創造が電磁波存在の理論的予言へと導き，その後の素晴らしいワイヤレス通信の発展へと繋がっていったことは周知の事実です．そして，目には見えない電磁波という「天然資源」の恩恵を我々は日々享受しながら生活していることは全くもって驚くべきことです．このようにマクスウェルの電磁方程式は電磁界の自然現象を記述する基本方程式であるがゆえに，本書を構成する各章はいずれもマクスウェルの電磁方程式を出発点にしています．

第 1 章では，マクスウェルの電磁方程式から出発して，静電界や静磁界を含めた電気磁気学における重要な概念や方程式を記述しています．そのため，電気磁気学を一度学習したことのある方が改めて復習したい場合や，体系的に電気磁気学を理解したい場合に第 1 章を活用できると考えます．

第 2 章では，マクスウェルの電磁方程式から波動方程式を導出し，その基本解である平面波について説明しています．第 3 章ではマクスウェルの電磁方程式から電磁界のエネルギー保存則を導き，第 4 章では電磁界の境界条件を導出しています．第 2 章から第 4 章の内容は電磁波を理解する上で最も重要な項目ですので，大学学部専門科目等での講義において順を追って理解できるよう説明を展開しています．偏微分方程式であるマクスウェルの電磁方程式を数学的ならびに理論的に理解するだけでなく，目には見えない電磁界の振る舞いを視覚的に捉えられるよう努めていただくと，より理解が進むと考えます．また，電磁波工学は，電気磁気学はもちろんのこと電気回路論や分布定数回路論とも切っても切り離せない関係にありますので，波動論的観点と回路論的観点の両方から学びを進めると一層理解が深まるはずです．

第5章では，マイクロ波回路やアンテナを解析する上で重要な電磁界に関する定理などをまとめて解説しています．第6章ならびに第7章では，マイクロ波工学やアンテナ工学において欠くことのできない伝送波や放射波の基本的な波動現象を扱っています．電磁界シミュレータが発達した現代においてでさえ，電磁波工学の基礎知識なくしてその振る舞いを真に理解することは極めて困難です．そのため，本書では少し深く掘り下げて解析的に伝送波や放射波について説明しています．これを基にして専門書でマイクロ波工学やアンテナ工学をより深く勉強していただき，次世代の新しいマイクロ波回路やアンテナの創出に繋げていただければこの上ない喜びです．

なお，初学者にとってはやや難解と思われる題目や後から詳細を勉強してもよい箇所には * マークを付けて小活字で表記しています．

また，各章章末の演習問題の解答は数理工学社の本書サポートページに上げられていますのでご活用下さい．

最後に本書は，著者が学生時代に講義を受けた恩師の同志社大学の辻幹男教授，繁沢宏名誉教授の板書や講義資料を基に書き起こし，僭越ながら著者なりに少しずつアレンジを加えながら執筆したものです．また本書の執筆にあたり，学生時代に研究のいろはをご教授いただいた同志社大学の出口博之教授の作成資料も参考にさせていただきました．電磁波工学に関わる教育研究を進めるにあたってご指導ご鞭撻いただいた埼玉大学の馬哲旺教授，本書の執筆の過程においてご助言をいただきました数理工学社編集部の田島伸彦氏，西川遣治氏に御礼申し上げます．本書を執筆しながら自身の知識の浅さをあらためて痛感しつつ，恩師の先生方ならびに関係の皆様に深く感謝申し上げます．

2023 年 10 月

大平　昌敬

目　　次

第1章

マクスウェルの電磁方程式

本章では，マクスウェルの電磁方程式について説明する．電気磁気学で学ぶ三つの基本法則を出発点にしてマクスウェルの電磁方程式について解説する．その過程において電気磁気学で学んだ重要な内容も復習していく．

1.1　電気磁気学の基本法則とマクスウェルの電磁方程式

マクスウェルの電磁方程式は以下の三つの基本法則（実験則）を基に成立している．

①　**クーロンの法則**（Coulomb's law）

②　**アンペアの法則**（Ampère's law）

③　**ファラデーの電磁誘導の法則**（Faraday's law of induction）

ここでいう法則とは自然法則，物理法則であり，反例がない限り正しい．

これら三つの法則を基に 4 つの方程式としてまとめられたのが，次の**マクスウェルの電磁方程式**（Maxwell's equations of electromagnetism）である．

$$\nabla \times \boldsymbol{\mathcal{E}}(\boldsymbol{r}, t) = -\frac{\partial \boldsymbol{\mathcal{B}}(\boldsymbol{r}, t)}{\partial t} \tag{1.1}$$

$$\nabla \times \boldsymbol{\mathcal{H}}(\boldsymbol{r}, t) = \boldsymbol{\mathcal{J}}(\boldsymbol{r}, t) + \frac{\partial \boldsymbol{\mathcal{D}}(\boldsymbol{r}, t)}{\partial t} \tag{1.2}$$

$$\nabla \cdot \boldsymbol{\mathcal{D}}(\boldsymbol{r}, t) = \varrho(\boldsymbol{r}, t) \tag{1.3}$$

$$\nabla \cdot \boldsymbol{\mathcal{B}}(\boldsymbol{r}, t) = 0 \tag{1.4}$$

ここで，$\boldsymbol{r}$ は位置ベクトル，t は時間であり，$\boldsymbol{\mathcal{E}}$, $\boldsymbol{\mathcal{H}}$, $\boldsymbol{\mathcal{D}}$, $\boldsymbol{\mathcal{B}}$ はそれぞれ

- $\boldsymbol{\mathcal{E}}$：電界ベクトル（electric field vector）（単位 [V/m]）

- $\boldsymbol{\mathcal{H}}$：磁界ベクトル（magnetic field vector）（単位 [A/m]）
- $\boldsymbol{\mathcal{D}}$：電束密度ベクトル（electric flux density vector）（単位 [C/m^2]）
- $\boldsymbol{\mathcal{B}}$：磁束密度ベクトル（magnetic flux density vector）（単位 [T]）

の時間 t における瞬時値である．また，$\boldsymbol{\mathcal{J}}$ と ϱ は，

- $\boldsymbol{\mathcal{J}}$：真電流（伝導電流，導電電流）の面電流密度ベクトル（単位 [A/m^2]）
- ϱ：真電荷（自由電荷）の体積密度（単位 [C/m^3]）

であり，これらも瞬時値を表す．∇（読み方：ナブラ）はベクトル微分演算子であり，直角座標系（rectangular coordinate system）では，

$$\nabla \equiv \left(\frac{\partial}{\partial x}, \frac{\partial}{\partial y}, \frac{\partial}{\partial z}\right) = \widehat{\boldsymbol{x}}\frac{\partial}{\partial x} + \widehat{\boldsymbol{y}}\frac{\partial}{\partial y} + \widehat{\boldsymbol{z}}\frac{\partial}{\partial z} \tag{1.5}$$

と定義される．ただし，$\widehat{\boldsymbol{x}}$, $\widehat{\boldsymbol{y}}$, $\widehat{\boldsymbol{z}}$ はそれぞれ x 軸，y 軸，z 軸の正の向きの単位ベクトルである．$\nabla\times$ は回転（rotation），$\nabla\cdot$ は発散（divergence）と呼ばれ，それぞれ rot, div と表すこともできる（詳細は付録 A 参照）．なお，直角座標系とは，6.2.2 項で示す直交（曲線）座標系の一つである．

定常状態を考える場合においては，電気回路と同様に正弦電磁界として取り扱うことが多い．角周波数を ω とすると，任意のスカラ量 $\mathcal{A}$ は，

$$\begin{aligned}\mathcal{A}(\boldsymbol{r},t) &= \mathfrak{Re}\left\{\dot{A}(\boldsymbol{r},\omega)e^{j\omega t}\right\} = \mathfrak{Re}\left\{A(\boldsymbol{r},\omega)e^{j\varphi}e^{j\omega t}\right\} \\ &= A(\boldsymbol{r},\omega)\cos(\omega t+\varphi)\end{aligned} \tag{1.6}$$

と書き表すことができる．ただし，$\mathfrak{Re}\{\cdot\}$ は複素数の実数部を表し，A は複素数 $\dot{A}$ の大きさ，φ は複素数 $\dot{A}$ の偏角である．また，j は虚数単位である．なお，虚数部を実際の波動現象としてもよい．記号 $\dot{}$ は複素量であることを明示しているが，表記の簡略化のため次章以降では省略する．特に必要のない限り $(\boldsymbol{r},\omega)$ の ω も省略し，$(\boldsymbol{r})$ と表す．例えば，直角座標系 (x,y,z) において正弦振動する電界ベクトル $\boldsymbol{\mathcal{E}}(\boldsymbol{r},t)$ は，

$$\begin{aligned}\boldsymbol{\mathcal{E}}(\boldsymbol{r},t) &= \mathfrak{Re}\left\{\dot{\boldsymbol{E}}(\boldsymbol{r},\omega)e^{j\omega t}\right\} \\ &= \mathfrak{Re}\left\{\left(\widehat{\boldsymbol{x}}\dot{E}_x(\boldsymbol{r},\omega)+\widehat{\boldsymbol{y}}\dot{E}_y(\boldsymbol{r},\omega)+\widehat{\boldsymbol{z}}\dot{E}_z(\boldsymbol{r},\omega)\right)e^{j\omega t}\right\} \\ &= \mathfrak{Re}\left\{\left(\widehat{\boldsymbol{x}}E_x(\boldsymbol{r},\omega)e^{j\varphi_x}+\widehat{\boldsymbol{y}}E_y(\boldsymbol{r},\omega)e^{j\varphi_y}+\widehat{\boldsymbol{z}}E_z(\boldsymbol{r},\omega)e^{j\varphi_z}\right)e^{j\omega t}\right\} \\ &= \widehat{\boldsymbol{x}}E_x(\boldsymbol{r},\omega)\cos(\omega t+\varphi_x)+\widehat{\boldsymbol{y}}E_y(\boldsymbol{r},\omega)\cos(\omega t+\varphi_y) \\ &\quad +\widehat{\boldsymbol{z}}E_z(\boldsymbol{r},\omega)\cos(\omega t+\varphi_z)\end{aligned} \tag{1.7}$$

と表される．ここで，E_x, E_y, E_z はそれぞれ複素数 $\dot{E}_x$, $\dot{E}_y$, $\dot{E}_z$ の大きさ，φ_x, φ_y, φ_z はそれぞれ複素数 $\dot{E}_x$, $\dot{E}_y$, $\dot{E}_z$ の偏角である．表記の簡略化のため，正弦電磁界においては時間因子 $e^{j\omega t}$ を省略し，複素電磁界における電界ベクトルを $\dot{\boldsymbol{E}}(\boldsymbol{r})$ で表すことにする．$\boldsymbol{\mathcal{H}}(\boldsymbol{r},t)$, $\boldsymbol{\mathcal{D}}(\boldsymbol{r},t)$, $\boldsymbol{\mathcal{B}}(\boldsymbol{r},t)$, $\boldsymbol{\mathcal{J}}(\boldsymbol{r},t)$, $\varrho(\boldsymbol{r},t)$ も同様に複素電磁界では $\dot{\boldsymbol{H}}(\boldsymbol{r})$, $\dot{\boldsymbol{D}}(\boldsymbol{r})$, $\dot{\boldsymbol{B}}(\boldsymbol{r})$, $\dot{\boldsymbol{J}}(\boldsymbol{r})$, $\dot{\rho}(\boldsymbol{r})$ と表現できる．更に，正弦電磁界では時間 t に関する偏微分は，

$$\frac{\partial \mathcal{A}(\boldsymbol{r},t)}{\partial t} = \mathfrak{Re}\left\{\dot{A}(\boldsymbol{r},\omega)\frac{\partial}{\partial t}e^{j\omega t}\right\} = \mathfrak{Re}\left\{j\omega\dot{A}(\boldsymbol{r},\omega)e^{j\omega t}\right\}$$

であるから，

$$\frac{\partial}{\partial t} \to j\omega, \quad \frac{\partial^2}{\partial t^2} \to -\omega^2$$

と置き換えることができる．よって，複素電磁界におけるマクスウェルの電磁方程式は次式のように表される．

$$\nabla \times \dot{\boldsymbol{E}}(\boldsymbol{r}) = -j\omega\dot{\boldsymbol{B}}(\boldsymbol{r}) \tag{1.8}$$

$$\nabla \times \dot{\boldsymbol{H}}(\boldsymbol{r}) = \dot{\boldsymbol{J}}(\boldsymbol{r}) + j\omega\dot{\boldsymbol{D}}(\boldsymbol{r}) \tag{1.9}$$

$$\nabla \cdot \dot{\boldsymbol{D}}(\boldsymbol{r}) = \dot{\rho}(\boldsymbol{r}) \tag{1.10}$$

$$\nabla \cdot \dot{\boldsymbol{B}}(\boldsymbol{r}) = 0 \tag{1.11}$$

ところで，時間的に電磁界が変動しない**静電界**（electrostatic field）及び**静磁界**（magnetostatic field）においては，式 (1.1) 及び式 (1.2) における時間に関する偏微分項が 0 となるため，電気磁気学で学ぶ静電界（電界ベクトル $\boldsymbol{E}$ と電束密度ベクトル $\boldsymbol{D}$）に関する式は，

$$\nabla \times \boldsymbol{E}(\boldsymbol{r}) = 0 \tag{1.12}$$

$$\nabla \cdot \boldsymbol{D}(\boldsymbol{r}) = \rho(\boldsymbol{r}) \tag{1.13}$$

であり，静磁界（磁界ベクトル $\boldsymbol{H}$ と磁束密度ベクトル $\boldsymbol{B}$）に関する式は，

$$\nabla \times \boldsymbol{H}(\boldsymbol{r}) = \boldsymbol{J}(\boldsymbol{r}) \tag{1.14}$$

$$\nabla \cdot \boldsymbol{B}(\boldsymbol{r}) = 0 \tag{1.15}$$

である．このように時間的に変動しない静電界，静磁界は互いに独立である．

次節以降では，①–③の三つの基本法則から出発して式 (1.1)–式 (1.4) について順に説明していく．

1.2　静電界の方程式

1.2.1　電荷とクーロン力

静電界の方程式から始める．**電荷**（electric charge）がクーロン力を作り，クーロン力が“場（静電界)”を作ることから電荷とクーロン力の関係についてまず説明する．

図1.1に示すように誘電率 ε_0 の真空中に置かれた二つの点電荷 1, 2 の電荷の量（電気量または電荷量という）をそれぞれ q_1, q_2（単位 [C]）とする．**クーロンの法則**とは，その両者の間に働く電気的な力，すなわち**クーロン力**（Coulomb force）のベクトルの大きさは二つの帯電体の電荷量の大きさの積に比例し，その距離の二乗に反比例するという法則をいう．このとき，電荷 1 に働く力のベクトル $\boldsymbol{F}_{\mathrm{e}1}$（単位 [N]）は，

$$\boldsymbol{F}_{\mathrm{e}1}(\boldsymbol{r}_1) = \frac{q_1 q_2}{4\pi\varepsilon_0 |\boldsymbol{r}_1 - \boldsymbol{r}_2|^2} \frac{\boldsymbol{r}_1 - \boldsymbol{r}_2}{|\boldsymbol{r}_1 - \boldsymbol{r}_2|} \tag{1.16}$$

と表される．一方，電荷 2 に働く力のベクトル $\boldsymbol{F}_{\mathrm{e}2}$ は，

$$\boldsymbol{F}_{\mathrm{e}2}(\boldsymbol{r}_2) = \frac{q_1 q_2}{4\pi\varepsilon_0 |\boldsymbol{r}_2 - \boldsymbol{r}_1|^2} \frac{\boldsymbol{r}_2 - \boldsymbol{r}_1}{|\boldsymbol{r}_2 - \boldsymbol{r}_1|} \tag{1.17}$$

と表される．ここで，点 O を原点とするとき，$\boldsymbol{r}_1$, $\boldsymbol{r}_2$ はそれぞれ電荷 1，電荷 2 の位置を表す位置ベクトルである．なお，$q_1 q_2 < 0$ のとき二つの点電荷に働く力は引力であり，$q_1 q_2 > 0$ のとき斥力である．ニュートンの万有引力の法則にならってクーロンの法則を捉えると，クーロン力を媒介する媒質は存在せず，クーロン力は直接，電荷に働いていると考えることができる．このことを**遠隔作用**（action at distance）という．それに対して，同じ式を

$$\boldsymbol{F}_{\mathrm{e}2}(\boldsymbol{r}_2) = q_2 \frac{q_1}{4\pi\varepsilon_0 |\boldsymbol{r}_2 - \boldsymbol{r}_1|^2} \frac{\boldsymbol{r}_2 - \boldsymbol{r}_1}{|\boldsymbol{r}_2 - \boldsymbol{r}_1|} = q_2 \boldsymbol{E}_1(\boldsymbol{r}_2) \tag{1.18}$$

と表せば，電荷量 q_1 の電荷 1 が作り出す場（field），つまり電界ベクトル $\boldsymbol{E}_1$

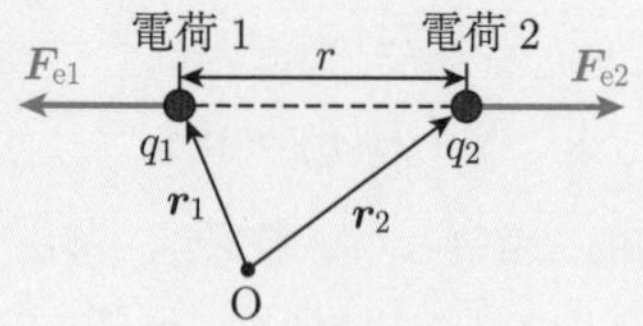

図1.1　空間中に置かれた二つの点電荷に働くクーロン力

中に電荷 2 を置くと，その場を介して電荷量 q_2 の電荷 2 にクーロン力が働いたと考えることもできる．同様に，電荷 1 には電荷 2 が作る場を介してクーロン力が働くと考えることができ，

$$\boldsymbol{F}_{\mathrm{e}1}(\boldsymbol{r}_1) = q_1 \boldsymbol{E}_2(\boldsymbol{r}_1) \tag{1.19}$$

と表される．これはファラデーによる考え方であり，**近接作用**（action through medium）と呼ばれる．

近接作用による“場”の概念に基づけば，図 1.2(a)に示すように位置ベクトル $\boldsymbol{r}'$ に置かれた電荷量 q の点電荷が位置ベクトル $\boldsymbol{r}$ の点に作る電界ベクトル $\boldsymbol{E}$ は次式で求められる．

$$\boldsymbol{E}(\boldsymbol{r}) = \frac{q}{4\pi\varepsilon_0|\boldsymbol{r}-\boldsymbol{r}'|^2}\ \frac{\boldsymbol{r}-\boldsymbol{r}'}{|\boldsymbol{r}-\boldsymbol{r}'|} \tag{1.20}$$

また，図 1.2(b)に示すように電荷が体積 V 内に体積密度 ρ で三次元に分布している場合には電界ベクトル $\boldsymbol{E}$ は次式で求められる．

$$\begin{aligned}\boldsymbol{E}(\boldsymbol{r}) &= \iiint_V d\boldsymbol{E}(\boldsymbol{r}, \boldsymbol{r}') \\ &= \frac{1}{4\pi\varepsilon_0}\iiint_V \frac{\rho(\boldsymbol{r}')}{|\boldsymbol{r}-\boldsymbol{r}'|^2}\ \frac{\boldsymbol{r}-\boldsymbol{r}'}{|\boldsymbol{r}-\boldsymbol{r}'|}\,dV'\end{aligned} \tag{1.21}$$

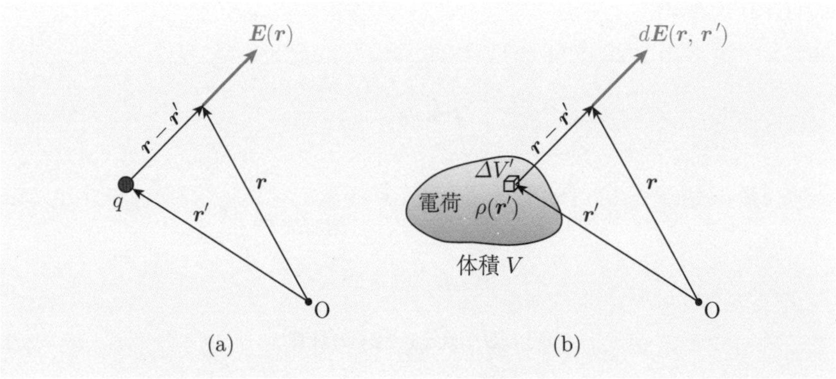

図 1.2　**(a)** 点電荷が作る電界ベクトル，**(b)** 体積 $\boldsymbol{\Delta V'}$ 内の微小電荷が作る電界ベクトル

1.2.2 真空における場の方程式

■ 基本方程式 1

真空における“場(静電界)”の方程式を考える．静電界は保存的（保存場）であることから，図1.3のように任意の閉曲線 C で積分すると，

$$\oint_C \boldsymbol{E}(\boldsymbol{r}) \cdot d\boldsymbol{\ell} = 0 \tag{1.22}$$

が成立する．式 (1.22) は，点電荷が閉曲線 C でなす仕事は 0，すなわち静電界中ではエネルギー保存則が成立するということを意味する．式 (1.22) に数学のストークスの定理（付録 A 参照）を適用すると，

$$\oint_C \boldsymbol{E}(\boldsymbol{r}) \cdot d\boldsymbol{\ell} = \iint_S (\nabla \times \boldsymbol{E}(\boldsymbol{r})) \cdot \widehat{\boldsymbol{n}}(\boldsymbol{r})\, dS = 0 \tag{1.23}$$

となる．ここで，$d\boldsymbol{S} = \widehat{\boldsymbol{n}}\, dS$ を面素ベクトル（surface element vector）といい，大きさは微小面積 dS，向きはその面上の各点に対して外向き法線方向 $\widehat{\boldsymbol{n}}$ である．よって，任意の閉曲線 C で囲まれる曲面 S に対して上式が成立するには，

$$\nabla \times \boldsymbol{E}(\boldsymbol{r}) = \boldsymbol{0} \tag{1.24}$$

である．式 (1.24) が，時間的に変動しないマクスウェルの電磁方程式における式 (1.12) である．

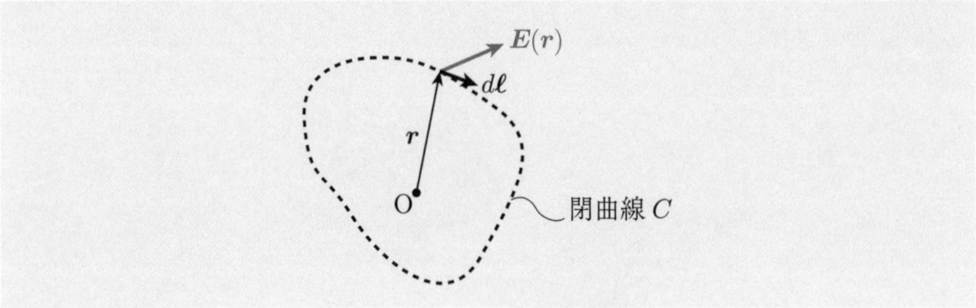

図1.3 式 (1.22) の計算

■ 基本方程式 2

図1.4のように体積 V の中に体積密度 ρ（単位 [C/m^3]）で電荷が分布している場合を考える．任意の閉曲面 S をとるとき，この面 S を貫く**電気力線**（electric lines of force）の本数を求める．電気力線とは，

- 目では見えない電界ベクトル $\boldsymbol{E}$ を視覚的に矢印で表現した指力線である
- 単位面積あたりの電気力線の本数は，その面における電界ベクトルの大きさに等しい

と定義され，電気力線の矢印の始点は正電荷，終点は負電荷にとる．よって，任意の閉曲面 S を貫く電気力線の本数は，

$$\oiint_S \boldsymbol{E}(\boldsymbol{r})\cdot d\boldsymbol{S} = \begin{cases} \dfrac{1}{\varepsilon_0}\displaystyle\iiint_V \rho(\boldsymbol{r}')\,dV' & \text{（電荷が } S \text{ 内に分布している場合）} \\ 0 & \text{（電荷が } S \text{ 内にはない場合）} \end{cases} \tag{1.25}$$

によって求められる．これを電界ベクトルに関する**ガウスの法則の積分形**（Gauss's law of integral form）という．なお，閉曲面 S から出ていく電気力線の本数を正にとり，閉曲面 S に入ってくる電気力線の本数を負にとる．ここで閉曲面 S は任意なので，電荷が分布する体積 V の表面にとれば，数学のガウスの発散定理（付録 A 参照）を左辺に適用すると，

$$\nabla\cdot\boldsymbol{E}(\boldsymbol{r}) = \frac{\rho(\boldsymbol{r})}{\varepsilon_0} \tag{1.26}$$

が成立する．これが電界ベクトルに関する**ガウスの法則の微分形**（Gauss's law of differential form）であり，真空における時間的に変動しないマクスウェルの電磁方程式における式 (1.13) である．数学的にも電界ベクトル（場）の源泉はまさに電荷であり，電界ベクトルは電荷から湧き出すことを表している．

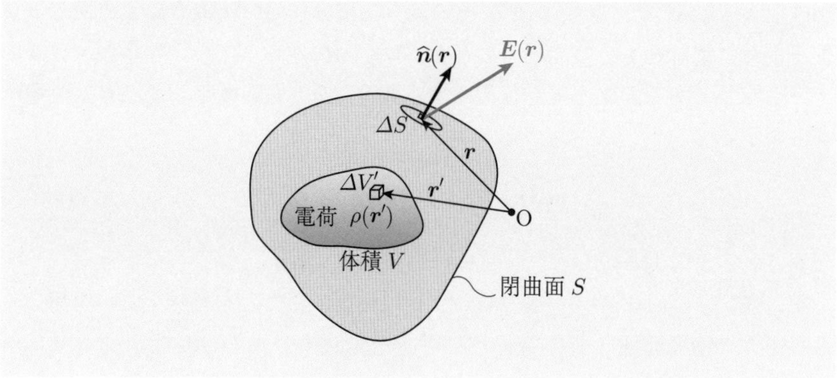

図1.4　体積 $\boldsymbol{V}$ 内に電荷が分布する場合に閉曲面 $\boldsymbol{S}$ を貫く電気力線の本数の計算

■ スカラポテンシャル

さて，ベクトル公式 $\nabla \times \boldsymbol{B} = \nabla \times \nabla A$（ただし，ここでの $\boldsymbol{B}$ は任意のベクトル量，A は任意のスカラ量を表す）を用いると，

$$\nabla \times \nabla \phi(\boldsymbol{r}) = \boldsymbol{0} \tag{1.27}$$

が数学的に成立する．したがって，式 (1.24) より電界ベクトル $\boldsymbol{E}$ は，

$$\boldsymbol{E}(\boldsymbol{r}) = -\nabla \phi(\boldsymbol{r}) = -\mathrm{grad}\ \phi(\boldsymbol{r}) \tag{1.28}$$

と表すことができる．ここで，grad は勾配（gradient）である．$\phi(\boldsymbol{r})$ は，位置ベクトル $\boldsymbol{r}$ の点における**スカラポテンシャル**（scalar potential）（単位 [V]）または**電位**（electric potential）（電気回路の電位と同義）という．あるいは**静電ポテンシャル**（electrostatic potential）ともいう．式 (1.28) の右辺の符号は数学的には任意であるが，式 (1.30) の電位の定義より負符号を導入している．電界ベクトルはベクトル場であるのに対して，電位はスカラ場である．

電荷が場でなす仕事からスカラポテンシャルを定義する．電荷量 q の点電荷に働くクーロン力に逆らって点電荷を始点 P_1 から終点 P_2 に移動することを考える．ただし，静電界が乱れないように点電荷はゆっくりと移動させるものとする．これに要する仕事 W_e は，

$$W_\mathrm{e} = -q \int_{\mathrm{P}_1}^{\mathrm{P}_2} \boldsymbol{E}(\boldsymbol{r}') \cdot d\boldsymbol{\ell}' \tag{1.29}$$

によって求められる．ここで，$d\boldsymbol{\ell}' = \widehat{\boldsymbol{t}}\, d\ell'$ を線素ベクトル（line element vector）といい，その大きさは $d\ell'$，その向きは積分経路の接線方向 $\widehat{\boldsymbol{t}}$ である．単位正電荷（電荷量 1 C の点電荷）がクーロン力に逆らってなす仕事がスカラポテンシャルである．よって，位置ベクトル $\boldsymbol{r}_0$ の点を基準としたとき，位置ベクトル $\boldsymbol{r}$ の点におけるスカラポテンシャル $\phi(\boldsymbol{r})$ は，

$$\phi(\boldsymbol{r}) = -\int_{\boldsymbol{r}_0}^{\boldsymbol{r}} \boldsymbol{E}(\boldsymbol{r}') \cdot d\boldsymbol{\ell}' \tag{1.30}$$

と表される（図1.5）．

更に $\nabla_r \frac{1}{|\boldsymbol{r}-\boldsymbol{r}'|} = -\frac{\boldsymbol{r}-\boldsymbol{r}'}{|\boldsymbol{r}-\boldsymbol{r}'|^3}$（$\nabla_r$ は $\boldsymbol{r}$ に作用することを意味する）を用いると（章末の演習問題 1.1），電界ベクトルを定義する式 (1.20) よりスカラポテンシャル $\phi(\boldsymbol{r})$ は，

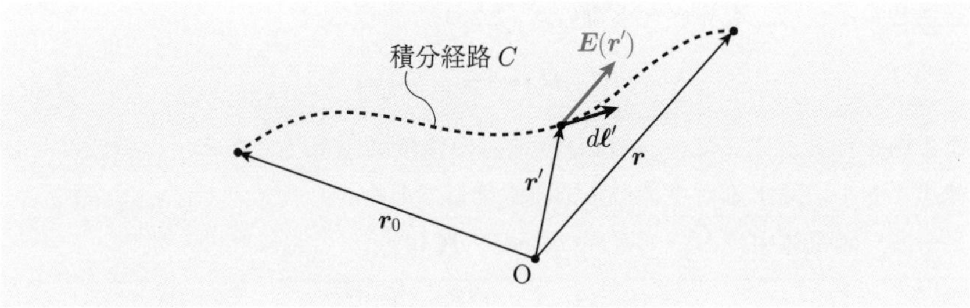

図1.5　位置ベクトル $\boldsymbol{r}_0$ の点を基準とするとき位置ベクトル $\boldsymbol{r}$ の点におけるスカラポテンシャルの計算

$$\phi(\boldsymbol{r}) = \begin{cases} \dfrac{1}{4\pi\varepsilon_0}\dfrac{q(\boldsymbol{r}')}{|\boldsymbol{r}-\boldsymbol{r}'|} & \text{（点電荷の場合）} \\ \dfrac{1}{4\pi\varepsilon_0}\displaystyle\iiint_V \dfrac{\rho(\boldsymbol{r}')}{|\boldsymbol{r}-\boldsymbol{r}'|}\,dV' & \text{（電荷が分布している場合）} \end{cases} \tag{1.31}$$

のように導ける（章末の演習問題 1.2）.

1.2.3　物質を含む系の場の方程式

ここまでは真空の場合を考えてきたが，次に誘電体を含む場合を考える．図1.6のように誘電体に電界を印加すると誘電体中では分極現象が現れ，誘電体内に分極電荷（束縛電荷ともいう）が生じる．分極電荷の作る電気双極子モーメント $\boldsymbol{p}$（単位 [C · m]）のベクトル和を考えるとき，巨視的に見た単位体積あたりの電気双極子モーメントを**分極ベクトル** $\boldsymbol{P}_\mathrm{e}$（polarization vector）（単位 [C/m^2]）という．電気双極子モーメントは負電荷を始点とし，正電荷を

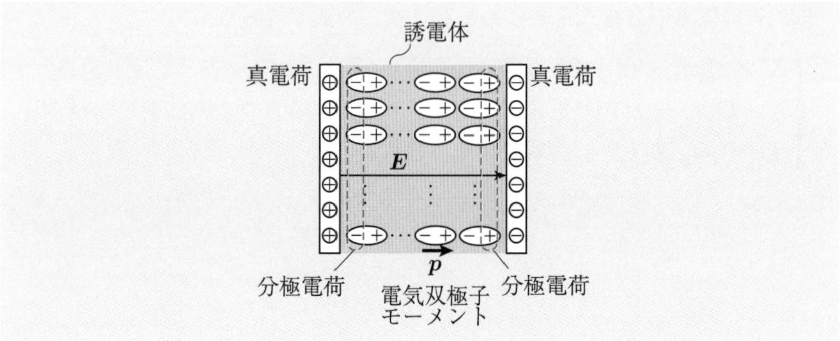

図1.6　コンデンサ内部に充填された誘電体における分極現象のモデル

終点とするため，電界ベクトルの式 (1.26) と同様に，

$$\nabla \cdot \boldsymbol{P}_{\mathrm{e}}(\boldsymbol{r}) = -\rho_{\mathrm{P}}(\boldsymbol{r}) \tag{1.32}$$

なる場を作る．ここで，ρ_{P} は分極電荷の体積電荷密度である．この式は，分極ベクトルに関するガウスの法則の微分形である．

一方，誘電体中において電界ベクトル $\boldsymbol{E}$ は，

$$\nabla \cdot \boldsymbol{E}(\boldsymbol{r}) = \frac{\rho(\boldsymbol{r}) + \rho_{\mathrm{P}}(\boldsymbol{r})}{\varepsilon_0} \tag{1.33}$$

で与えられる．次元の異なる電界ベクトルと分極ベクトルを統一的に扱うために，**電束ベクトル**（electric flux vector）を導入する．電束ベクトルが描くベクトル場が**電束線**（lines of electric flux）という仮想線である．よって，その単位面積あたりの電束である**電束密度ベクトル** $\boldsymbol{D}$ は次式で定義される派生場である．

$$\begin{aligned} \boldsymbol{D}(\boldsymbol{r}) &= \varepsilon_0 \boldsymbol{E}(\boldsymbol{r}) + \boldsymbol{P}_{\mathrm{e}}(\boldsymbol{r}) \\ &= \varepsilon_0 \boldsymbol{E}(\boldsymbol{r}) + \varepsilon_0 \chi_{\mathrm{e}} \boldsymbol{E}(\boldsymbol{r}) \equiv \varepsilon \boldsymbol{E}(\boldsymbol{r}) \end{aligned} \tag{1.34}$$

ここで，χ_{e} が電気感受率，ε が誘電体の誘電率である．以上より，

$$\nabla \cdot \boldsymbol{D}(\boldsymbol{r}) = \rho(\boldsymbol{r}) \tag{1.35}$$

が得られる．これを電束密度ベクトルに関する**ガウスの法則の微分形**という．ρ が源泉であり，その源泉から電束密度ベクトルが湧き出す，まさにベクトル場の発散である．

以上の静電界の方程式をまとめると，次式の通りである．

$$\begin{cases} \nabla \times \boldsymbol{E}(\boldsymbol{r}) = 0 & \text{（静電界は保存場）} \\ \nabla \cdot \boldsymbol{D}(\boldsymbol{r}) = \rho(\boldsymbol{r}) & \text{（電束密度ベクトルに関するガウスの法則）} \\ \boldsymbol{D}(\boldsymbol{r}) = \varepsilon \boldsymbol{E}(\boldsymbol{r}) & \text{（物質の構成方程式）} \end{cases} \tag{1.36}$$

1.3　静磁界の方程式

1.3.1　電流とアンペアの力

続いて静磁界の方程式について説明する．透磁率 μ_0 の真空中において時間的に変動しない**電流**（current），すなわち直流電流が導体を流れているとき，直流電流はその周りに渦を巻くように**磁束密度ベクトル $\boldsymbol{B}$**（magnetic flux density vector）の静磁界を作り，その向きは（アンペアの）**右ねじの法則**に従う．この実験的事実を一般化した法則が**アンペアの法則**である．電荷がクーロン力を作るのと同様に電流が**アンペアの力**（Ampère's force）を作る．静磁界の方程式についても電流とアンペアの力から始めることにする．

静電界ではクーロンの法則により二つの点電荷に働くクーロン力を考えたが，そのアナロジーから二本のループ電流に働くアンペアの力を考える．ループ電流 I_1, I_2 に働く力のベクトル $\boldsymbol{F}_{\mathrm{m}1}$, $\boldsymbol{F}_{\mathrm{m}2}$ は，それぞれ

$$\boldsymbol{F}_{\mathrm{m}1}(\boldsymbol{r}_1) = \oint_{C_1} I_1\, d\boldsymbol{\ell}_1(\boldsymbol{r}_1) \times \boldsymbol{B}_2(\boldsymbol{r}_1) \tag{1.37}$$

$$\boldsymbol{F}_{\mathrm{m}2}(\boldsymbol{r}_2) = \oint_{C_2} I_2\, d\boldsymbol{\ell}_2(\boldsymbol{r}_2) \times \boldsymbol{B}_1(\boldsymbol{r}_2) \tag{1.38}$$

によって求めることができる（図 1.7）．アンペアの力 $\boldsymbol{F}_{\mathrm{m}1}$ は，導体 2 に流れる電流 I_2 が作る "ベクトル場"（$\boldsymbol{B}_2$）を介して導体 1 に流れる電流 I_1 に働くと考えることができる．$\boldsymbol{F}_{\mathrm{m}2}$ についても同様である．

更に**ビオ–サバールの法則**（Biot-Savart law）を用いると，式 (1.37) 及び式 (1.38) は，

$$\boldsymbol{F}_{\mathrm{m}1}(\boldsymbol{r}_1) = \oint_{C_1} I_1\, d\boldsymbol{\ell}_1(\boldsymbol{r}_1) \times \oint_{C_2} \frac{\mu_0}{4\pi} \frac{I_2\, d\boldsymbol{\ell}_2(\boldsymbol{r}_2) \times (\boldsymbol{r}_1 - \boldsymbol{r}_2)}{|\boldsymbol{r}_1 - \boldsymbol{r}_2|^3} \tag{1.39}$$

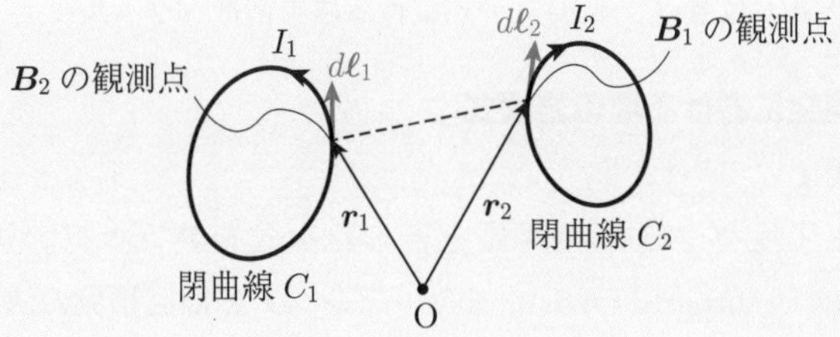

図 1.7　二本のループ電流に働くアンペアの力

$$\boldsymbol{F}_{\mathrm{m}2}(\boldsymbol{r}_2) = \oint_{C_2} I_2\, d\boldsymbol{\ell}_2(\boldsymbol{r}_2) \times \oint_{C_1} \frac{\mu_0}{4\pi} \frac{I_1\, d\boldsymbol{\ell}_1(\boldsymbol{r}_1) \times (\boldsymbol{r}_2 - \boldsymbol{r}_1)}{|\boldsymbol{r}_2 - \boldsymbol{r}_1|^3} \tag{1.40}$$

と書ける．電気磁気学の静磁界の導入部でよく用いられる例として，無限に長い平行な二本の電流に働くアンペアの力がある．その二本に流れる電流の向きが同じであれば引力が働き，逆であれば斥力が働く．斥力，引力の関係は上記の二式から導出できる（章末の演習問題 1.3, 1.4）．

以上から，**図1.8(a)**に示すように静磁界において位置ベクトル $\boldsymbol{r}$ の点に線電流 I が作る磁束密度ベクトルは，

$$\boldsymbol{B}(\boldsymbol{r}) = \frac{\mu_0}{4\pi} \oint_C \frac{I\, d\boldsymbol{\ell}(\boldsymbol{r}') \times (\boldsymbol{r} - \boldsymbol{r}')}{|\boldsymbol{r} - \boldsymbol{r}'|^3} \tag{1.41}$$

で求められる．立体角を導入すると，上式より次項の式 (1.43)（アンペアの法則の積分形）を導出できる．**図1.8(b)**に示すように太さのあるループ電流の場合には，面電流密度ベクトル $\boldsymbol{J}$ が作る磁束密度ベクトルは次式で表される．

$$\boldsymbol{B}(\boldsymbol{r}) = \frac{\mu_0}{4\pi} \iiint_V \frac{\boldsymbol{J}(\boldsymbol{r}') \times (\boldsymbol{r} - \boldsymbol{r}')}{|\boldsymbol{r} - \boldsymbol{r}'|^3}\, dV' \tag{1.42}$$

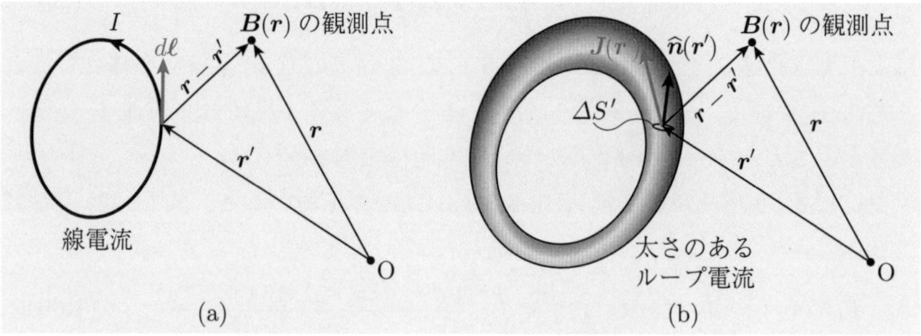

図1.8　**(a)** 線電流が位置ベクトル $\boldsymbol{r}$ の点に作る磁束密度ベクトル，**(b)** 面電流密度ベクトルが位置ベクトル $\boldsymbol{r}$ の点に作る磁束密度ベクトル

1.3.2　真空における場の方程式

■ 基本方程式 1

電流と磁束密度ベクトルの関係を表した次式をアンペアの法則の積分形（Ampère's law of integral form），またはアンペアの周回積分の法則（Ampère's integral law）という．

$$\oint_C \boldsymbol{B}(\boldsymbol{r}) \cdot d\boldsymbol{\ell} = \begin{cases} \mu_0 I & \text{（積分経路 } C \text{ と電流が鎖交するとき）} \\ 0 & \text{（積分経路 } C \text{ と電流が鎖交しないとき）} \end{cases} \tag{1.43}$$

ここで C は図 1.9 に示すように任意の閉曲線を表し，I は閉曲線 C と鎖交する全電流である．ただし，積分経路 C と電流が右ねじの関係で鎖交しているときを正，逆の場合は負として電流の総和をとる．この電流 I は面電流密度ベクトル $\boldsymbol{J}$ を用いて，

$$I = \iint_S \boldsymbol{J}(\boldsymbol{r}') \cdot \widehat{\boldsymbol{n}}(\boldsymbol{r}')\, dS' \tag{1.44}$$

と表される．そこで式 (1.43) にストークスの定理を適用すると，

$$\nabla \times \boldsymbol{B}(\boldsymbol{r}) = \mu_0 \boldsymbol{J}(\boldsymbol{r}) \tag{1.45}$$

が得られる．上式は**アンペアの法則の微分形**（Ampère's law of differential form）であり，真空における時間的に変動しないマクスウェルの電磁方程式の式 (1.14) である．

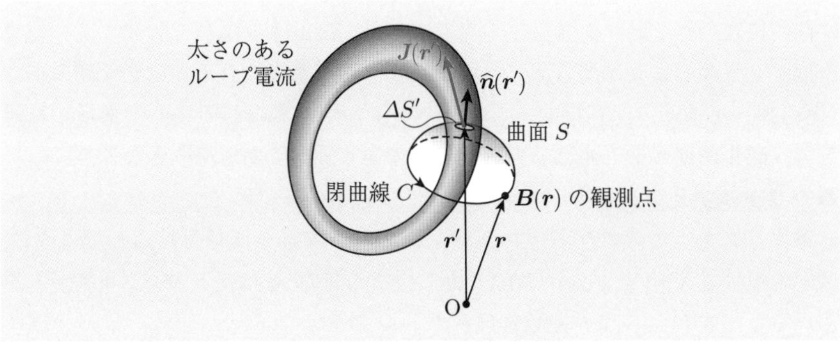

図 1.9　アンペアの法則の積分形

■ 基本方程式 2

次に，閉曲線 C を縁に持つ面 S を貫く**磁束線**（lines of magnetic flux）の本数を考える．磁束線とは，

- 目では見えない磁束密度ベクトル $\boldsymbol{B}$（単位 [T]）を視覚的に矢印で表現した指力線である
- 単位面積あたりの磁束線の本数は，その面における磁束密度ベクトルの大きさに等しい

と定義され，磁束線には始点や終点はなく必ず閉曲線となる．図1.10に示すように任意の領域の表面 S を貫く**磁束** Φ (magnetic flux)（単位 [Wb]）は，

$$\Phi = \iint_S \boldsymbol{B}(\boldsymbol{r}') \cdot \widehat{\boldsymbol{n}}(\boldsymbol{r}')\, dS' \tag{1.46}$$

によって求められる．更に閉曲面 S に対して磁束を求めると，

$$\oiint_S \boldsymbol{B}(\boldsymbol{r}') \cdot \widehat{\boldsymbol{n}}(\boldsymbol{r}')\, dS' = 0 \tag{1.47}$$

が成立する．これを磁束密度ベクトルに関する**ガウスの法則の積分形**といい，磁束の出入りは常に 0 であることを意味する（**磁束保存則**（magnetic flux conservation law））．式 (1.47) にガウスの発散定理を適用すると，

$$\oiint_S \boldsymbol{B}(\boldsymbol{r}') \cdot \widehat{\boldsymbol{n}}(\boldsymbol{r}')\, dS' = \iiint_V \nabla \cdot \boldsymbol{B}(\boldsymbol{r}')\, dV' = 0 \tag{1.48}$$

となる．したがって，任意の体積 V に対して，

$$\nabla \cdot \boldsymbol{B}(\boldsymbol{r}) = 0 \tag{1.49}$$

が成立する．これが磁束密度ベクトルに関する**ガウスの法則の微分形**であり，時間的に変動しないマクスウェルの電磁方程式における式 (1.15) である．電束密度ベクトルのように湧き出し点を持たず，磁束密度ベクトルは必ず閉ループ（閉曲線）を描く．保存場である電界ベクトルが「渦なしの場」であるのに対して，磁束密度ベクトルは非保存的な場であり「渦のある場」となる．

■ ベクトルポテンシャル

電界ベクトルとスカラポテンシャルが $\boldsymbol{E} = -\nabla\phi$ で関係付けられたように，数学の恒等式 $\nabla \cdot (\nabla \times \boldsymbol{A}) = 0$（ただし，ここでの $\boldsymbol{A}$ は任意のベクトル量）を用いると，式 (1.49) より磁束密度ベクトル $\boldsymbol{B}$ は，

$$\boldsymbol{B}(\boldsymbol{r}) = \nabla \times \boldsymbol{A}(\boldsymbol{r}) \tag{1.50}$$

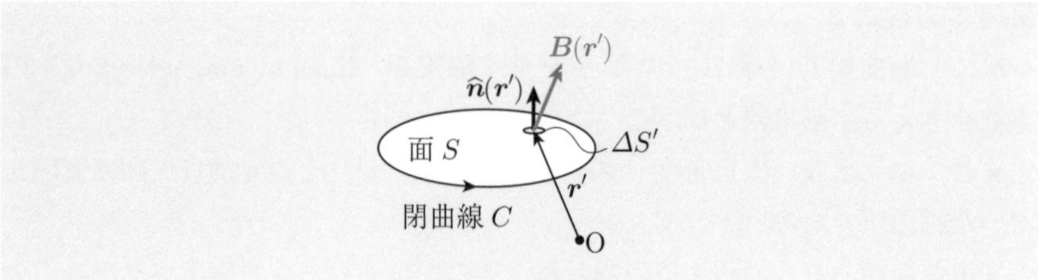

図1.10　磁束の計算

と表すことができる．ここで，$\boldsymbol{A}$ が位置ベクトル $\boldsymbol{r}$ の点における**ベクトルポテンシャル**（vector potential）（単位 [Wb/m]）である．このように磁束密度ベクトル，ベクトルポテンシャルはともにベクトル場である．なお，スカラポテンシャルと同様にベクトルポテンシャルは一義的には決定できない．

また，スカラポテンシャルと同様に $\nabla_r \frac{1}{|\boldsymbol{r}-\boldsymbol{r}'|} = -\frac{\boldsymbol{r}-\boldsymbol{r}'}{|\boldsymbol{r}-\boldsymbol{r}'|^3}$（$\nabla_r$ は $\boldsymbol{r}$ に作用することを意味する）を用いると，磁束密度ベクトルを表す式 (1.41) より位置ベクトル $\boldsymbol{r}$ の点におけるベクトルポテンシャル $\boldsymbol{A}$ は，

$$\boldsymbol{A}(\boldsymbol{r}) = \begin{cases} \dfrac{\mu_0}{4\pi} \displaystyle\oint_C \dfrac{I(\boldsymbol{r}')}{|\boldsymbol{r}-\boldsymbol{r}'|}\, d\boldsymbol{\ell}' & \text{（線電流の場合）} \\ \dfrac{\mu_0}{4\pi} \displaystyle\iiint_V \dfrac{\boldsymbol{J}(\boldsymbol{r}')}{|\boldsymbol{r}-\boldsymbol{r}'|}\, dV' & \text{（電流に太さがある場合）} \end{cases} \tag{1.51}$$

と導ける（章末の演習問題 1.5）．

1.3.3　物質を含む系の場の方程式

磁性体を含む場の方程式を導出する．磁性体に磁界を印加すると微小ループ電流が発生し磁性体は磁化され，磁化電流が生じる．そのため，真電流（伝導電流）に加えて磁化電流も考慮する必要がある．図1.11のように微小ループ電流の作る磁気双極子モーメント $\boldsymbol{m}$（単位 $[\mathrm{A \cdot m^2}]$）のベクトル和を考えるとき，巨視的に見た単位体積あたりの磁気双極子モーメントを**磁化ベクトル** $\boldsymbol{P}_\mathrm{m}$（magnetization vector）（単位 [A/m]）という．よって，磁化電流の面電流密度ベクトルを $\boldsymbol{J}_\mathrm{m}$（単位 $[\mathrm{A/m^2}]$）と表すと，

$$\nabla \times \boldsymbol{P}_\mathrm{m}(\boldsymbol{r}) = \boldsymbol{J}_\mathrm{m}(\boldsymbol{r}) \tag{1.52}$$

である．一方，真電流と磁化電流の面電流密度ベクトルをそれぞれ $\boldsymbol{J}$, $\boldsymbol{J}_\mathrm{m}$ と表すと，磁性体中において磁束密度ベクトル $\boldsymbol{B}$ は，

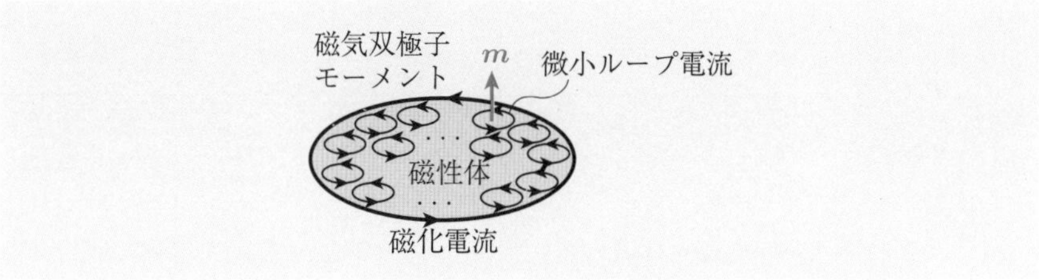

図1.11　磁性体内部における磁化のモデル

$$\nabla \times \boldsymbol{B}(\boldsymbol{r}) = \mu_0 \left(\boldsymbol{J}(\boldsymbol{r}) + \boldsymbol{J}_{\mathrm{m}}(\boldsymbol{r}) \right) \tag{1.53}$$

で与えられる．次元の異なる磁束密度ベクトルと磁化ベクトルを統一的に扱うために，**磁界ベクトル** $\boldsymbol{H}$（magnetic field vector）を導入する．磁界ベクトルが描くベクトル場が**磁力線**（magnetic lines of force）という仮想線である．よって，磁界ベクトル $\boldsymbol{H}$ は次式で定義される派生場である．

$$\boldsymbol{H}(\boldsymbol{r}) = \frac{\boldsymbol{B}(\boldsymbol{r})}{\mu_0} - \boldsymbol{P}_{\mathrm{m}}(\boldsymbol{r}) = \frac{\boldsymbol{B}(\boldsymbol{r})}{\mu_0} - \chi_{\mathrm{m}} \boldsymbol{H}(\boldsymbol{r}) \equiv \frac{\boldsymbol{B}(\boldsymbol{r})}{\mu} \tag{1.54}$$

ここで，χ_{m} を磁化率あるいは磁気感受率といい，μ が磁性体の透磁率である．以上より，

$$\nabla \times \boldsymbol{H}(\boldsymbol{r}) = \boldsymbol{J}(\boldsymbol{r}) \tag{1.55}$$

が得られる．これを磁界ベクトルに関する**アンペアの法則の微分形**という．

以上の静磁界の方程式をまとめると，

$$\begin{cases} \nabla \times \boldsymbol{H}(\boldsymbol{r}) = \boldsymbol{J}(\boldsymbol{r}) & \text{（アンペアの法則）} \\ \nabla \cdot \boldsymbol{B}(\boldsymbol{r}) = 0 & \text{（磁束の連続性）} \\ \boldsymbol{B}(\boldsymbol{r}) = \mu \boldsymbol{H}(\boldsymbol{r}) & \text{（物質の構成方程式）} \end{cases} \tag{1.56}$$

である．

1.4　時間的に変化する電磁界の方程式

1.4.1　ファラデーの電磁誘導の法則

レンツの法則（Lenz's law）により，回路に鎖交する磁束 Φ が時間的に変化するとき，その変化を妨げるような方向に電流を流す誘導起電力 $\mathcal{V}_{\rm em}$ が発生する．よって，

$$\mathcal{V}_{\rm em}(t) = -\frac{d\Phi(t)}{dt} \tag{1.57}$$

なる関係がある．図1.12に示すように空間内の任意の閉曲線 C を縁とする任意の曲面を S とすると，

$$\oint_C \boldsymbol{\mathcal{E}}(\boldsymbol{r}',t)\cdot d\boldsymbol{\ell}' = -\iint_S \frac{\partial \boldsymbol{\mathcal{B}}(\boldsymbol{r},t)}{\partial t}\cdot \widehat{\boldsymbol{n}}(\boldsymbol{r})\,dS \tag{1.58}$$

である．これを**ファラデーの法則の積分形**（Faraday's law of integral form）という．左辺にストークスの定理を適用すると，任意の曲面 S に対して，

$$\nabla\times\boldsymbol{\mathcal{E}}(\boldsymbol{r},t) = -\frac{\partial \boldsymbol{\mathcal{B}}(\boldsymbol{r},t)}{\partial t} \tag{1.59}$$

が成立する．これを**ファラデーの法則の微分形**（Faraday's law of differential form）といい，マクスウェルの電磁方程式の一つの式 (1.1) である．

1.4.2　電荷保存の法則

導体の導電率を σ とすると，導体中の任意の点（位置ベクトル $\boldsymbol{r}$）では以下の**オームの法則**（Ohm's law）が成立する．

$$\boldsymbol{\mathcal{J}}(\boldsymbol{r},t) = \sigma(\boldsymbol{r})\boldsymbol{\mathcal{E}}(\boldsymbol{r},t) \tag{1.60}$$

ここで，$\boldsymbol{\mathcal{J}}$ は時間的に変化する伝導電流の面電流密度ベクトルである．つまり，電界ベクトル $\boldsymbol{\mathcal{E}}$ があるところでは，この式で与えられるだけの伝導電流が

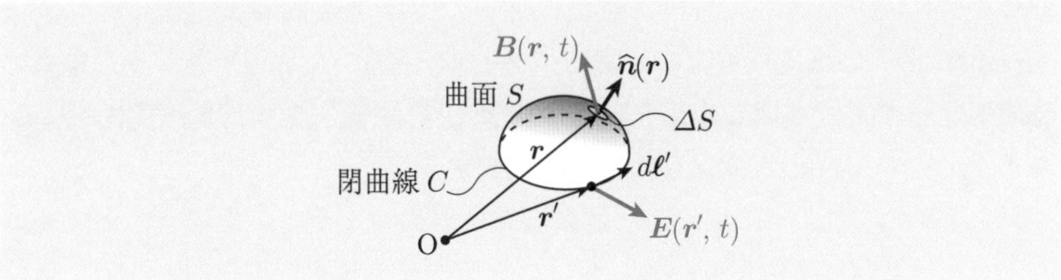

図1.12　ファラデーの電磁誘導の法則

流れるということである．また，電流と電荷には**電流連続の式**（**電荷保存の法則**）（equation of continuity）が成立する．

$$\nabla \cdot \boldsymbol{\mathcal{J}}(\boldsymbol{r}, t) = -\frac{\partial \varrho(\boldsymbol{r}, t)}{\partial t} \tag{1.61}$$

この式は，電流が流れ出ればその分だけ電荷が減少することを表している．

以上より，アンペアの法則とファラデーの法則は面電流密度ベクトルを介して関連付けることができ，導体中の電界ベクトルと磁界ベクトルは，

$$\nabla \times \boldsymbol{\mathcal{E}}(\boldsymbol{r}, t) = -\frac{\partial \boldsymbol{\mathcal{B}}(\boldsymbol{r}, t)}{\partial t} = -\mu \frac{\partial \boldsymbol{\mathcal{H}}(\boldsymbol{r}, t)}{\partial t} \tag{1.62}$$

$$\nabla \times \boldsymbol{\mathcal{H}}(\boldsymbol{r}, t) = \boldsymbol{\mathcal{J}}(\boldsymbol{r}, t) = \sigma(\boldsymbol{r}) \boldsymbol{\mathcal{E}}(\boldsymbol{r}, t) \tag{1.63}$$

のように表される．

1.4.3　変位電流とアンペア–マクスウェルの法則

さて，ここで式 (1.62) と式 (1.63) のそれぞれの両辺で発散をとる．

$$\begin{cases} \text{式 (1.62) の左辺の発散} = \nabla \cdot \nabla \times \boldsymbol{\mathcal{E}}(\boldsymbol{r}, t) = 0 \\ \text{式 (1.62) の右辺の発散} = -\dfrac{\partial}{\partial t}\left(\nabla \cdot \boldsymbol{\mathcal{B}}(\boldsymbol{r}, t)\right) = 0 \end{cases}$$

$$\begin{cases} \text{式 (1.63) の左辺の発散} = \nabla \cdot \nabla \times \boldsymbol{\mathcal{H}}(\boldsymbol{r}, t) = 0 \\ \text{式 (1.63) の右辺の発散} = \nabla \cdot \boldsymbol{\mathcal{J}}(\boldsymbol{r}, t) \end{cases}$$

式 (1.62) の発散は両辺で 0 となり成立しているが，式 (1.63) の発散は式 (1.61) の電荷保存の法則に矛盾することがわかる．そこで，アンペアの法則を

$$\nabla \times \boldsymbol{\mathcal{H}}(\boldsymbol{r}, t) = \boldsymbol{\mathcal{J}}(\boldsymbol{r}, t) + \frac{\partial \boldsymbol{\mathcal{D}}(\boldsymbol{r}, t)}{\partial t} \tag{1.64}$$

のように拡張する．これを**アンペア–マクスウェルの法則の微分形**（Ampère-Maxwell's law of differential form）といい，マクスウェルの電磁方程式の一つの式 (1.2) である．右辺に新たに加えた $\frac{\partial \boldsymbol{\mathcal{D}}}{\partial t}$ を**変位電流**（displacement current）あるいは電束電流の面密度ベクトル（単位 [A/m^2]）という．電束の時間変化率が電流と同じ作用することを表しており，先の矛盾が解消される．つまり，式 (1.61) の電荷保存の法則が成立する．

図1.13に示すように交流電圧源に接続されたコンデンサを考えると，変位電流がなければ面電流密度ベクトルはコンデンサの極板で不連続となる．変位電流を導入すれば，任意の閉曲線 C をとったとき，それを縁とする任意の曲

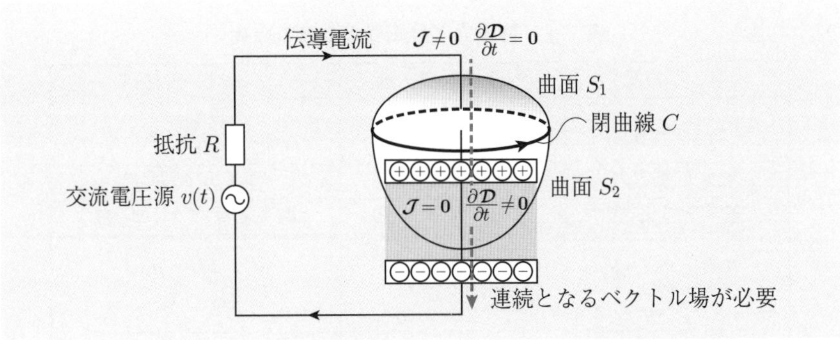

図1.13　変位電流とアンペア–マクスウェルの法則

面 S_1 ないしは S_2 のいずれにおいてもアンペアの法則は成立する．更に，式 (1.64) の両辺を曲面 S で積分し，左辺にストークスの定理を適用すると，次式が得られる．

$$\oint_C \boldsymbol{\mathcal{H}}(\boldsymbol{r},t)\cdot d\boldsymbol{\ell}=\iint_S\left(\boldsymbol{\mathcal{J}}(\boldsymbol{r},t)+\frac{\partial\boldsymbol{\mathcal{D}}(\boldsymbol{r},t)}{\partial t}\right)\cdot\widehat{\boldsymbol{n}}(\boldsymbol{r})\,dS \qquad (1.65)$$

これを**アンペア–マクスウェルの法則の積分形**（Ampère-Maxwell's law of integral form）という．

最後に，時間的に変化のない静電界と静磁界の方程式を表1.1にまとめ，時間的に変化する電磁界の方程式，つまりマクスウェルの電磁方程式を表1.2にまとめておく．

表 1.1　静電界と静磁界の基本方程式

基本となる法則	クーロンの法則	アンペアの法則
基本となる場の源	真電荷 （体積電荷密度 ρ）	真電流 （面電流密度ベクトル $\boldsymbol{J}$）
基本となる力	クーロン力 $\boldsymbol{F}_{\mathrm{e}}$	アンペアの力 $\boldsymbol{F}_{\mathrm{m}}$
基本となる場	電界ベクトル $\boldsymbol{E}$	磁束密度ベクトル $\boldsymbol{B}$
基本となる場の方程式	$\nabla \times \boldsymbol{E} = 0$ $\nabla \cdot \boldsymbol{E} = \dfrac{\rho}{\varepsilon_0}$	$\nabla \times \boldsymbol{B} = \mu_0 \boldsymbol{J}$ $\nabla \cdot \boldsymbol{B} = 0$
物質中の単位体積あたりのモーメント	分極ベクトル $\boldsymbol{P}_{\mathrm{e}}$	磁化ベクトル $\boldsymbol{P}_{\mathrm{m}}$
上記によって発生する場の源	分極電荷密度 $\rho_{\mathrm{P}} = -\nabla \cdot \boldsymbol{P}_{\mathrm{e}}$	磁化電流密度ベクトル $\boldsymbol{J}_{\mathrm{m}} = \nabla \times \boldsymbol{P}_{\mathrm{m}}$
物質を含む系の場の方程式	$\nabla \times \boldsymbol{E} = 0$ $\nabla \cdot \boldsymbol{E} = \dfrac{\rho + \rho_{\mathrm{P}}}{\varepsilon_0}$	$\nabla \times \boldsymbol{B} = \mu_0 (\boldsymbol{J} + \boldsymbol{J}_{\mathrm{m}})$ $\nabla \cdot \boldsymbol{B} = 0$
派生する場	$\boldsymbol{D} = \varepsilon_0 \boldsymbol{E} + \boldsymbol{P}_{\mathrm{e}}$	$\boldsymbol{H} = \dfrac{\boldsymbol{B}}{\mu_0} - \boldsymbol{P}_{\mathrm{m}}$
物質を含む系の二つの場の方程式	$\nabla \times \boldsymbol{E} = 0$ $\nabla \cdot \boldsymbol{D} = \rho$	$\nabla \times \boldsymbol{H} = \boldsymbol{J}$ $\nabla \cdot \boldsymbol{B} = 0$

表 1.2　マクスウェルの電磁方程式

基本法則	微分形	積分形
ファラデーの法則	$\nabla \times \boldsymbol{\mathcal{E}}(\boldsymbol{r}, t) = -\dfrac{\partial \boldsymbol{\mathcal{B}}(\boldsymbol{r}, t)}{\partial t}$	$\oint_C \boldsymbol{\mathcal{E}}(\boldsymbol{r}, t) \cdot d\boldsymbol{\ell} =$ $-\iint_S \dfrac{\partial \boldsymbol{\mathcal{B}}(\boldsymbol{r}, t)}{\partial t} \cdot \hat{\boldsymbol{n}}(\boldsymbol{r})\, dS$
アンペア–マクスウェルの法則	$\nabla \times \boldsymbol{\mathcal{H}}(\boldsymbol{r}, t) =$ $\boldsymbol{\mathcal{J}}(\boldsymbol{r}, t) + \dfrac{\partial \boldsymbol{\mathcal{D}}(\boldsymbol{r}, t)}{\partial t}$	$\oint_C \boldsymbol{\mathcal{H}}(\boldsymbol{r}, t) \cdot d\boldsymbol{\ell} =$ $\iint_S \left(\boldsymbol{\mathcal{J}}(\boldsymbol{r}, t) + \dfrac{\partial \boldsymbol{\mathcal{D}}(\boldsymbol{r}, t)}{\partial t} \right) \cdot \hat{\boldsymbol{n}}(\boldsymbol{r})\, dS$
補助方程式 （電束密度に関するガウスの法則）	$\nabla \cdot \boldsymbol{\mathcal{D}}(\boldsymbol{r}, t) = \varrho(\boldsymbol{r}, t)$	$\oiint_S \boldsymbol{\mathcal{D}}(\boldsymbol{r}, t) \cdot \hat{\boldsymbol{n}}(\boldsymbol{r})\, dS = \iiint_V \varrho(\boldsymbol{r}, t)\, dV$
補助方程式 （磁束密度に関するガウスの法則）	$\nabla \cdot \boldsymbol{\mathcal{B}}(\boldsymbol{r}, t) = 0$	$\oiint_S \boldsymbol{\mathcal{B}}(\boldsymbol{r}, t) \cdot \hat{\boldsymbol{n}}(\boldsymbol{r})\, dS = 0$

1 章の演習問題

□**1.1** $\nabla_r \frac{1}{|\boldsymbol{r}-\boldsymbol{r}'|} = -\frac{\boldsymbol{r}-\boldsymbol{r}'}{|\boldsymbol{r}-\boldsymbol{r}'|^3}$ が成立することを示せ．ただし，∇_r はベクトル $\boldsymbol{r}$ に作用するベクトル微分演算子である．

□**1.2** 1.1 の結果を利用して，電界ベクトル $\boldsymbol{E}(\boldsymbol{r}) = \frac{q}{4\pi\varepsilon_0|\boldsymbol{r}-\boldsymbol{r}'|^2}\frac{\boldsymbol{r}-\boldsymbol{r}'}{|\boldsymbol{r}-\boldsymbol{r}'|}$ よりスカラポテンシャル $\phi(\boldsymbol{r}) = \frac{1}{4\pi\varepsilon_0}\frac{q}{|\boldsymbol{r}-\boldsymbol{r}'|}$ を導出せよ．

□**1.3** 間隔 a だけ離れて置かれた無限に長い二本の直線線路 1, 2 にそれぞれ直流電流 I_1, I_2 が流れている．式 (1.39) と式 (1.40) を用いて直流電流 I_1, I_2 の単位長さあたりに働く力のベクトル $\boldsymbol{F}_{\mathrm{m1}}$, $\boldsymbol{F}_{\mathrm{m2}}$ をそれぞれ求めよ．ただし，無限遠で閉経路を形成していると考え，$\oint_C \to \lim_{L\to\infty}\int_{-L}^{L}$ としてよい．

□**1.4** ベクトル公式 $\boldsymbol{A}\times(\boldsymbol{B}\times\boldsymbol{C}) = \boldsymbol{B}(\boldsymbol{A}\cdot\boldsymbol{C}) - \boldsymbol{C}(\boldsymbol{A}\cdot\boldsymbol{B})$（$\boldsymbol{A}, \boldsymbol{B}, \boldsymbol{C}$ は任意のベクトル量），$\nabla\times\nabla A = 0$（A は任意のスカラ量），ストークスの定理 $\oint_C \boldsymbol{A}\cdot d\boldsymbol{\ell} = \iint_S (\nabla\times\boldsymbol{A})\cdot\hat{\boldsymbol{n}}\,dS$ ならびに 1.1 の結果を用いて，式 (1.39) と式 (1.40) より二本のループ電流に働く力は作用反作用の法則 $\boldsymbol{F}_{\mathrm{m1}} = -\boldsymbol{F}_{\mathrm{m2}}$ を満たすことを示せ．

□**1.5** 1.1 の結果ならびにベクトル公式 $\nabla\times(\psi\boldsymbol{A}) = \nabla\psi\times\boldsymbol{A} + \psi\nabla\times\boldsymbol{A}$（$\boldsymbol{A}$ は任意のベクトル量，ψ は任意のスカラ量）を利用して，磁束密度ベクトル $\boldsymbol{B}(\boldsymbol{r}) = \frac{\mu_0}{4\pi}\oint_C \frac{I\,d\boldsymbol{\ell}(\boldsymbol{r}')\times(\boldsymbol{r}-\boldsymbol{r}')}{|\boldsymbol{r}-\boldsymbol{r}'|^3}$ よりベクトルポテンシャル $\boldsymbol{A}(\boldsymbol{r}) = \frac{\mu_0}{4\pi}\oint_C \frac{I\,d\boldsymbol{\ell}(\boldsymbol{r}')}{|\boldsymbol{r}-\boldsymbol{r}'|}$ を導出せよ．

□**1.6** 式 (1.64) のマクスウェルの電磁方程式（アンペア–マクスウェルの法則）より式 (1.61) の電流連続の式を導出せよ．

第2章 平面波

本章では平面波について説明する．前章のマクスウェルの電磁方程式から出発して，電磁波の波動現象を記述する波動方程式を導出していく．更に，波動方程式を満足する最も簡単な解の一つとして平面波を表す式を導き，真空中ならびに物質中での平面波の振る舞いを詳述する．また，種々の偏波とその特徴についても述べる．

2.1 波動方程式の導出

マクスウェルの電磁方程式から波動方程式を導出するにあたって，まず前章で示したマクスウェルの電磁方程式を以下に再掲する．

$$\nabla \times \boldsymbol{\mathcal{E}}(\boldsymbol{r}, t) = -\mu \frac{\partial \boldsymbol{\mathcal{H}}(\boldsymbol{r}, t)}{\partial t} \tag{2.1}$$

$$\nabla \times \boldsymbol{\mathcal{H}}(\boldsymbol{r}, t) = \boldsymbol{\mathcal{J}}(\boldsymbol{r}, t) + \varepsilon \frac{\partial \boldsymbol{\mathcal{E}}(\boldsymbol{r}, t)}{\partial t} \tag{2.2}$$

$$\nabla \cdot \boldsymbol{\mathcal{D}}(\boldsymbol{r}, t) = \varrho(\boldsymbol{r}, t) \tag{2.3}$$

$$\nabla \cdot \boldsymbol{\mathcal{B}}(\boldsymbol{r}, t) = 0 \tag{2.4}$$

ここで，$\boldsymbol{\mathcal{E}}$ が電界ベクトル，$\boldsymbol{\mathcal{H}}$ が磁界ベクトル，$\boldsymbol{\mathcal{D}}$ が電束密度ベクトル，$\boldsymbol{\mathcal{B}}$ が磁束密度ベクトルであり，いずれも位置 $\boldsymbol{r}$ と時間 t の関数である．更に，物質の構成方程式として，

$$\begin{cases} \boldsymbol{\mathcal{D}}(\boldsymbol{r}, t) = \varepsilon\ \boldsymbol{\mathcal{E}}(\boldsymbol{r}, t) \\ \boldsymbol{\mathcal{B}}(\boldsymbol{r}, t) = \mu\ \boldsymbol{\mathcal{H}}(\boldsymbol{r}, t) \\ \boldsymbol{\mathcal{J}}(\boldsymbol{r}, t) = \sigma\ \boldsymbol{\mathcal{E}}(\boldsymbol{r}, t) \end{cases} \tag{2.5}$$

がある．ただし，$\boldsymbol{\mathcal{J}}(\boldsymbol{r}, t)$ は面電流密度ベクトルである．このようにマクスウェルの電磁方程式は未知ベクトル $\boldsymbol{\mathcal{E}}$ と $\boldsymbol{\mathcal{H}}$ に関する連立偏微分方程式である．

物質の構成方程式において，媒質定数は誘電率 ε，透磁率 μ，導電率 σ の三

つある．これらが以下のような関数であるとして媒質を分類すると，

(1)　位置（場所）$\boldsymbol{r}$ の関数：
- 均質媒質（homogeneous medium）：$\boldsymbol{r}$ によらず一定
- 不均質媒質（inhomogeneous medium）：$\boldsymbol{r}$ によって変化

(2)　電界ベクトル $\boldsymbol{\mathcal{E}}$，磁界ベクトル $\boldsymbol{\mathcal{H}}$ の大きさの関数：
- 線形媒質（linear medium）：$\boldsymbol{\mathcal{E}}$, $\boldsymbol{\mathcal{H}}$ の大きさによらず一定
- 非線形媒質（nonlinear medium）：$\boldsymbol{\mathcal{E}}$, $\boldsymbol{\mathcal{H}}$ の大きさによって変化

(3)　電界ベクトル $\boldsymbol{\mathcal{E}}$，磁界ベクトル $\boldsymbol{\mathcal{H}}$ の方向の関数：
- 等方性媒質（isotropic medium）：$\boldsymbol{\mathcal{E}}$, $\boldsymbol{\mathcal{H}}$ の方向によらず一定
- 異方性媒質（anisotropic medium）：$\boldsymbol{\mathcal{E}}$, $\boldsymbol{\mathcal{H}}$ の方向によって変化

(4)　周波数 f の関数：
- 非分散性媒質 (nondispersive medium)：f によらず一定
- 分散性媒質 (dispersive medium)：f によって変化

となる．いま，媒質が均質，線形，等方性かつ非分散性であるとすると，ε, μ, σ はそれぞれ定数として扱うことができる．面電流密度ベクトル $\boldsymbol{\mathcal{J}}$ は，

- 伝導電流（あるいは導電電流）：導電性媒質（導電率 $\sigma \neq 0$）により流れる電流．伝導電流がない場合は $\sigma = 0$ の無損失媒質
- 強制電流（あるいは印加電流）：電源によって流される電流

のいずれかもしくは両方である．以下では $\boldsymbol{\mathcal{J}}$ として強制電流を考える．特に強制電流のない場合，真空（自由空間）においては $\varepsilon = \varepsilon_0$, $\mu = \mu_0$, $\sigma = 0$ であるから，式 (2.1) と式 (2.2) は，

$$\begin{cases} \nabla \times \boldsymbol{\mathcal{E}}(\boldsymbol{r}, t) = -\mu_0 \dfrac{\partial \boldsymbol{\mathcal{H}}(\boldsymbol{r}, t)}{\partial t} \\ \nabla \times \boldsymbol{\mathcal{H}}(\boldsymbol{r}, t) = \varepsilon_0 \dfrac{\partial \boldsymbol{\mathcal{E}}(\boldsymbol{r}, t)}{\partial t} \end{cases} \tag{2.6}$$

と表される．

続いて $\boldsymbol{\mathcal{E}}$ と $\boldsymbol{\mathcal{H}}$ に関する連立偏微分方程式を解くために波動方程式を導出する．式 (2.1) の両辺に回転をとってから式 (2.2) を代入して $\boldsymbol{\mathcal{H}}$ を消去すると，

$$\nabla \times \nabla \times \boldsymbol{\mathcal{E}}(\boldsymbol{r}, t) + \mu\varepsilon \frac{\partial^2 \boldsymbol{\mathcal{E}}(\boldsymbol{r}, t)}{\partial t^2} = -\mu \frac{\partial \boldsymbol{\mathcal{J}}(\boldsymbol{r}, t)}{\partial t} \tag{2.7}$$

が得られる．同様に，式 (2.2) の両辺に回転をとり，式 (2.1) を代入して $\boldsymbol{\mathcal{E}}$ を消去すると，

$$\nabla \times \nabla \times \boldsymbol{\mathcal{H}}(\boldsymbol{r},t) + \mu\varepsilon \frac{\partial^2 \boldsymbol{\mathcal{H}}(\boldsymbol{r},t)}{\partial t^2} = \nabla \times \boldsymbol{\mathcal{J}}(\boldsymbol{r},t) \tag{2.8}$$

となる．更に，ベクトル公式 $\nabla \times \nabla \times \boldsymbol{A} = \nabla\nabla \cdot \boldsymbol{A} - \nabla^2 \boldsymbol{A}$（ただし，$\boldsymbol{A}$ は任意のベクトル量）ならびに式 (2.3)，式 (2.4) を用いると，

$$\begin{cases} \nabla^2 \boldsymbol{\mathcal{E}}(\boldsymbol{r},t) - \mu\varepsilon \dfrac{\partial^2 \boldsymbol{\mathcal{E}}(\boldsymbol{r},t)}{\partial t^2} = \mu \dfrac{\partial \boldsymbol{\mathcal{J}}(\boldsymbol{r},t)}{\partial t} + \dfrac{1}{\varepsilon}\nabla \varrho(\boldsymbol{r},t) \\ \nabla^2 \boldsymbol{\mathcal{H}}(\boldsymbol{r},t) - \mu\varepsilon \dfrac{\partial^2 \boldsymbol{\mathcal{H}}(\boldsymbol{r},t)}{\partial t^2} = -\nabla \times \boldsymbol{\mathcal{J}}(\boldsymbol{r},t) \end{cases} \tag{2.9}$$

が得られる．式 (2.9) を**非同次ベクトル波動方程式**（inhomogeneous vector wave equation）という．特に強制電流源と電荷源がない場合には $\boldsymbol{\mathcal{J}} = \boldsymbol{0}$，$\varrho = 0$ であるから，

$$\begin{cases} \nabla^2 \boldsymbol{\mathcal{E}}(\boldsymbol{r},t) - \mu\varepsilon \dfrac{\partial^2 \boldsymbol{\mathcal{E}}(\boldsymbol{r},t)}{\partial t^2} = \boldsymbol{0} \\ \nabla^2 \boldsymbol{\mathcal{H}}(\boldsymbol{r},t) - \mu\varepsilon \dfrac{\partial^2 \boldsymbol{\mathcal{H}}(\boldsymbol{r},t)}{\partial t^2} = \boldsymbol{0} \end{cases} \tag{2.10}$$

となる．式 (2.10) を**同次ベクトル波動方程式**（homogeneous vector wave equation）という．

例題2.1（同次ベクトル波動方程式）

直角座標系 (x,y,z) において式 (2.10) の同次ベクトル波動方程式を 6 本の方程式に書き下せ．ただし，電界ベクトル $\boldsymbol{\mathcal{E}}(x,y,z,t) = (\mathcal{E}_x, \mathcal{E}_y, \mathcal{E}_z)$，磁界ベクトル $\boldsymbol{\mathcal{H}}(x,y,z,t) = (\mathcal{H}_x, \mathcal{H}_y, \mathcal{H}_z)$ であり，各成分は (x,y,z,t) の関数である．

【解答】 直角座標系において式 (2.10) の同次ベクトル波動方程式は，

$$\begin{cases} \dfrac{\partial^2 \mathcal{E}_x}{\partial x^2} + \dfrac{\partial^2 \mathcal{E}_x}{\partial y^2} + \dfrac{\partial^2 \mathcal{E}_x}{\partial z^2} - \mu\varepsilon \dfrac{\partial^2 \mathcal{E}_x}{\partial t^2} = 0 \\ \dfrac{\partial^2 \mathcal{E}_y}{\partial x^2} + \dfrac{\partial^2 \mathcal{E}_y}{\partial y^2} + \dfrac{\partial^2 \mathcal{E}_y}{\partial z^2} - \mu\varepsilon \dfrac{\partial^2 \mathcal{E}_y}{\partial t^2} = 0 \\ \dfrac{\partial^2 \mathcal{E}_z}{\partial x^2} + \dfrac{\partial^2 \mathcal{E}_z}{\partial y^2} + \dfrac{\partial^2 \mathcal{E}_z}{\partial z^2} - \mu\varepsilon \dfrac{\partial^2 \mathcal{E}_z}{\partial t^2} = 0 \end{cases}$$

$$
\begin{cases}
\dfrac{\partial^2 \mathcal{H}_x}{\partial x^2} + \dfrac{\partial^2 \mathcal{H}_x}{\partial y^2} + \dfrac{\partial^2 \mathcal{H}_x}{\partial z^2} - \mu\varepsilon \dfrac{\partial^2 \mathcal{H}_x}{\partial t^2} = 0 \\
\dfrac{\partial^2 \mathcal{H}_y}{\partial x^2} + \dfrac{\partial^2 \mathcal{H}_y}{\partial y^2} + \dfrac{\partial^2 \mathcal{H}_y}{\partial z^2} - \mu\varepsilon \dfrac{\partial^2 \mathcal{H}_y}{\partial t^2} = 0 \\
\dfrac{\partial^2 \mathcal{H}_z}{\partial x^2} + \dfrac{\partial^2 \mathcal{H}_z}{\partial y^2} + \dfrac{\partial^2 \mathcal{H}_z}{\partial z^2} - \mu\varepsilon \dfrac{\partial^2 \mathcal{H}_z}{\partial t^2} = 0
\end{cases}
$$

のように書き下せる． ■

いま，$\boldsymbol{\mathcal{E}}(\boldsymbol{r}, t)$ と $\boldsymbol{\mathcal{H}}(\boldsymbol{r}, t)$ の時間変化として正弦波を仮定すると，前章で説明した通り電界ベクトル $\boldsymbol{\mathcal{E}}(\boldsymbol{r}, t)$ 及び磁界ベクトル $\boldsymbol{\mathcal{H}}(\boldsymbol{r}, t)$ の瞬時値は，

$$
\boldsymbol{\mathcal{E}}(\boldsymbol{r}, t) = \mathfrak{Re}\left\{\boldsymbol{E}(\boldsymbol{r})e^{j\omega t}\right\} \tag{2.11}
$$

$$
\boldsymbol{\mathcal{H}}(\boldsymbol{r}, t) = \mathfrak{Re}\left\{\boldsymbol{H}(\boldsymbol{r})e^{j\omega t}\right\} \tag{2.12}
$$

と表される．ただし，複素量を表す記号 $\dot{}$ は省略している．よって，複素電磁界 $\boldsymbol{E}(\boldsymbol{r})$, $\boldsymbol{H}(\boldsymbol{r})$ において非同次ベクトル波動方程式は，

$$
\begin{cases}
\nabla^2 \boldsymbol{E}(\boldsymbol{r}) + k^2 \boldsymbol{E}(\boldsymbol{r}) = j\omega\mu \boldsymbol{J}(\boldsymbol{r}) + \dfrac{1}{\varepsilon}\nabla\rho(\boldsymbol{r}) \\
\nabla^2 \boldsymbol{H}(\boldsymbol{r}) + k^2 \boldsymbol{H}(\boldsymbol{r}) = -\nabla \times \boldsymbol{J}(\boldsymbol{r})
\end{cases} \tag{2.13}
$$

と書き表される．ここで，$k^2 = \omega^2\mu\varepsilon$ である．式 (2.13) を**非同次ベクトルヘルムホルツ方程式**（inhomogeneous vector Helmholtz equation）という．一方，同次ベクトル波動方程式は，

$$
\begin{cases}
\nabla^2 \boldsymbol{E}(\boldsymbol{r}) + k^2 \boldsymbol{E}(\boldsymbol{r}) = \boldsymbol{0} \\
\nabla^2 \boldsymbol{H}(\boldsymbol{r}) + k^2 \boldsymbol{H}(\boldsymbol{r}) = \boldsymbol{0}
\end{cases} \tag{2.14}
$$

となる．式 (2.14) を**同次ベクトルヘルムホルツ方程式**（homogeneous vector Helmholtz equation）という．このように偏微分方程式から時間項がなくなり，位置ベクトル $\boldsymbol{r}$ の関数である二つの未知ベクトル $\boldsymbol{E}(\boldsymbol{r})$ と $\boldsymbol{H}(\boldsymbol{r})$ を求める問題に帰着される．

2.2 真空中の平面波

2.2.1 平面波の波動方程式

同次ベクトルヘルムホルツ方程式を満足する最も簡単な解が**平面波**（plane wave）である．平面波とは，伝搬方向に直交する平面上にのみ電界ベクトル及び磁界ベクトルが存在し，その大きさ及び方向が平面上で一様な波を指す．その平面を**波面**（wavefront）という．

一例として，真空中（誘電率 $\varepsilon = \varepsilon_0$，透磁率 $\mu = \mu_0$，導電率 $\sigma = 0$）において xy 平面上に電界ベクトル及び磁界ベクトルが存在し，x 方向にのみ電界成分 $\mathcal{E}_x$ を持つ平面波を考える．つまり，$\mathcal{E}_y = \mathcal{E}_z = 0$ であり，偏微分 $\frac{\partial}{\partial x}\{\cdot\} = \frac{\partial}{\partial y}\{\cdot\} = 0$ となる．このとき，マクスウェルの電磁方程式に立ち戻ると，式 (2.6) より，

$$\frac{\partial \mathcal{E}_x(z,t)}{\partial z}\widehat{\boldsymbol{y}} = -\mu_0 \frac{\partial \mathcal{H}_y(z,t)}{\partial t}\widehat{\boldsymbol{y}} \tag{2.15}$$

$$-\frac{\partial \mathcal{H}_y(z,t)}{\partial z}\widehat{\boldsymbol{x}} = \varepsilon_0 \frac{\partial \mathcal{E}_x(z,t)}{\partial t}\widehat{\boldsymbol{x}} \tag{2.16}$$

となり，磁界ベクトルは y 成分のみ持ち，$\mathcal{H}_x = \mathcal{H}_z = 0$ となることがわかる．したがって，平面波の同次ベクトル波動方程式は，

$$\begin{cases} \dfrac{\partial^2 \mathcal{E}_x(z,t)}{\partial z^2} - \mu_0\varepsilon_0 \dfrac{\partial^2 \mathcal{E}_x(z,t)}{\partial t^2} = 0 \\ \dfrac{\partial^2 \mathcal{H}_y(z,t)}{\partial z^2} - \mu_0\varepsilon_0 \dfrac{\partial^2 \mathcal{H}_y(z,t)}{\partial t^2} = 0 \end{cases} \tag{2.17}$$

の二式となる．これら二式の偏微分方程式から未知数 $\mathcal{E}_x$, $\mathcal{H}_y$ を求めることができれば平面波の波動現象を記述できることになる．

2.2.2 平面波の一般解とその物理的意味

■ 平面波の一般解

平面波の波動方程式の解法として変数分離法を用いる．変数分離法とは，複数変数の関数を一つの独立変数の関数の積として表現できると仮定し，それを解の候補として偏微分方程式を解く手法である．これによって解が得られれば，その仮定は正しいと言える．そこで $\mathcal{E}_x(z,t)$ の解として $\mathcal{E}_x(z,t) = \mathcal{X}(t)\mathcal{Y}(z)$ を仮定し，式 (2.17) の第一式に代入すると，

$$\mathcal{X}(t)\frac{\partial^2 \mathcal{Y}(z)}{\partial z^2} - \mu_0\varepsilon_0 \mathcal{Y}(z)\frac{\partial^2 \mathcal{X}(t)}{\partial t^2} = 0 \tag{2.18}$$

となる．両辺を $\mathcal{X}(t)\mathcal{Y}(z)$（ただし，$\mathcal{X}(t) \neq 0,\ \mathcal{Y}(z) \neq 0$）で割ると，

$$\frac{1}{\mu_0\varepsilon_0\mathcal{Y}(z)}\frac{\partial^2\mathcal{Y}(z)}{\partial z^2} = \frac{1}{\mathcal{X}(t)}\frac{\partial^2\mathcal{X}(t)}{\partial t^2} \tag{2.19}$$

となる．これが成立するためには，右辺，左辺ともに定数である必要がある．よって，その任意定数を $-\omega^2$ とすると，

$$\begin{cases} \dfrac{d^2\mathcal{X}(t)}{dt^2} + \omega^2\mathcal{X}(t) = 0 \\ \dfrac{d^2\mathcal{Y}(z)}{dz^2} + \omega^2\mu_0\varepsilon_0\mathcal{Y}(z) = 0 \end{cases} \tag{2.20}$$

という二式が導かれる．各々の式は一変数の二階常微分方程式である．この解は $\mathcal{X}(t) = e^{\pm j\omega t}$（$\cos(\omega t)$ や $\sin(\omega t)$ も解），$\mathcal{Y}(z) = e^{\pm jk_0z}$（$\cos(k_0z)$ や $\sin(k_0z)$ も解）である．ただし，$k_0^2 = \omega^2\mu_0\varepsilon_0$ である．波動方程式は線形であるため重ね合わせの理が成立し，これらの解の線形和（一次結合）もまた解である．更に，定数 ω（あるいは k_0）は任意に選ぶことができ，平面波ではそれらの値は連続であるから，ω あるいは k_0 に関する解の無限和（連続値の場合は積分）もまた解である．そこで時間領域の複素電界 $E_x(z,t)$（ただし，E_x の実数部または虚数部が $\mathcal{E}_x(z,t)$）と周波数領域の複素電界 $\widetilde{E}_x(z,\omega)$ を用いて次のようなフーリエ変換対を導入する．

$$E_x(z,t) = \frac{1}{2\pi}\int_{-\infty}^{\infty}\widetilde{E}_x(z,\omega)e^{j\omega t}\,d\omega \tag{2.21}$$

$$\widetilde{E}_x(z,\omega) = \int_{-\infty}^{\infty}E_x(z,t)e^{-j\omega t}\,dt \tag{2.22}$$

$\widetilde{E}_x(z,\omega)$ は $\frac{d^2\widetilde{E}_x}{dz^2} + k_0^2\widetilde{E}_x = 0$ の一般解で与えられるので，

$$\begin{aligned} E_x(z,t) &= \frac{1}{2\pi}\int_{-\infty}^{\infty}\left(E_x^{(+)}(\omega)e^{-jk_0z} + E_x^{(-)}(\omega)e^{jk_0z}\right)e^{j\omega t}\,d\omega \\ &= \frac{1}{2\pi}\int_{-\infty}^{\infty}\left(E_x^{(+)}(\omega)e^{j(\omega t-k_0z)} + E_x^{(-)}(\omega)e^{j(\omega t+k_0z)}\right)d\omega \end{aligned} \tag{2.23}$$

と書ける．ここで，$E_x^{(+)}(\omega)$ 及び $E_x^{(-)}(\omega)$ は ω に関する関数である．更に指数を $\omega t \pm k_0z = \omega(t \pm \sqrt{\mu_0\varepsilon_0}z) = \frac{\omega}{c}(ct \pm z)$ のように書き改める．ただし，$c = \frac{1}{\sqrt{\mu_0\varepsilon_0}}$ である．したがって，$E_x(z,t)$ は，

$$E_x(z,t) = \frac{1}{2\pi}\int_{-\infty}^{\infty}E_x^{(+)}(\omega)e^{-j\frac{\omega}{c}(z-ct)}\,d\omega + \frac{1}{2\pi}\int_{-\infty}^{\infty}E_x^{(-)}(\omega)e^{j\frac{\omega}{c}(z+ct)}\,d\omega$$

$$= \mathcal{F}(z-ct)+\mathcal{G}(z+ct) \tag{2.24}$$

のように二つの関数 $\mathcal{F}(z-ct)$, $\mathcal{G}(z+ct)$ を用いて与えられることがわかる．

■ 物理的意味

二つの関数 $\mathcal{F}(z-ct)$, $\mathcal{G}(z+ct)$ が与える物理的意味を考えよう．

$\mathcal{F}(z-ct)$ において，時間 $t=0$，位置 $z=0$ の点 A と時間 $t=t_1$，位置 $z=z_1$ の点 B の二点での電界 E_x を考える．$E_x(z,t)=\mathcal{F}(z-ct)$ とすると，

$$\begin{cases} \text{点 A：} E_x(0,0)=\mathcal{F}(0) \\ \text{点 B：} E_x(z_1,t_1)=\mathcal{F}(z_1-ct_1) \end{cases}$$

と表される．もし $z_1-ct_1=0$ ならば $\mathcal{F}(z_1-ct_1)=\mathcal{F}(0)$ となり，図2.1に示すように点 A のときの電界の大きさと点 B でのそれが同じになる．つまり，時間 $t=0$，位置 $z=0$ の点 A における電界の大きさが，$z=z_1$ の点 B において時間 $t_1=\frac{z_1}{c}$ 秒後に再現されることを意味する．関数 $\mathcal{G}(z+ct)$ についても同様に考えれば，

- 関数 $\mathcal{F}(z-ct)$：関数 $\mathcal{F}$ が速さ c で時間とともに $+z$ 方向に伝搬する
- 関数 $\mathcal{G}(z+ct)$：関数 $\mathcal{G}$ が速さ c で時間とともに $-z$ 方向に伝搬する

ことを表していることに他ならない．ここで，真空中の平面波の速さ c は，

$$c=\frac{1}{\sqrt{\mu_0\varepsilon_0}} \tag{2.25}$$

であり，これは光速である．平面波は真空中を光速で伝搬する．

さて，式 (2.17) の第一式の解は $E_x(z,t)=\mathcal{F}(z-ct)+\mathcal{G}(z+ct)$ の形で与えられることを利用して，その第二式の解 $H_y(z,t)$ の形（H_y の実数部または虚数部が $\mathcal{H}_y$）を求める．式 (2.15) より，

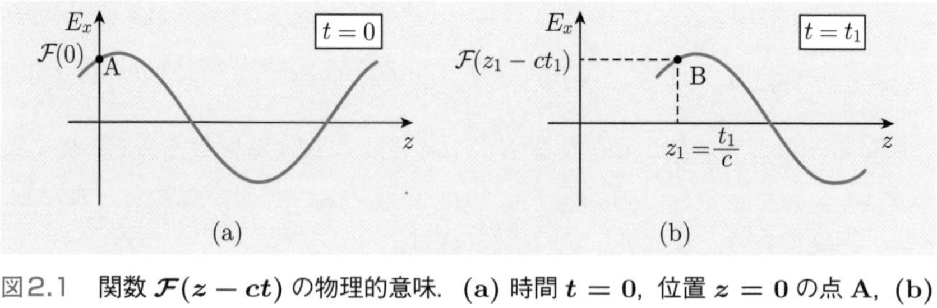

図2.1　関数 $\boldsymbol{\mathcal{F}(z-ct)}$ の物理的意味．**(a)** 時間 $\boldsymbol{t=0}$，位置 $\boldsymbol{z=0}$ の点 **A**，**(b)** 時間 $\boldsymbol{t=t_1}$，位置 $\boldsymbol{z=z_1}$ の点 **B**

$$H_y(z,t) = -\frac{1}{\mu_0}\int \frac{\partial E_x(z,t)}{\partial z}\,dt = -\frac{1}{\mu_0}\int\left(\frac{\partial \mathcal{F}(z-ct)}{\partial z} + \frac{\partial \mathcal{G}(z+ct)}{\partial z}\right)dt \tag{2.26}$$

と書ける．ここで，$z - ct = u, z + ct = w$ なる変数変換を行うと，

$$dt = -\frac{1}{c}\,du = \frac{1}{c}\,dw, \quad dz = du = dw \tag{2.27}$$

である．よって，微分法の連鎖律により，

$$\begin{aligned} H_y(z,t) &= -\frac{1}{\mu_0}\int\left\{\frac{\partial \mathcal{F}(u)}{\partial u}\frac{\partial u}{\partial z}\left(-\frac{1}{c}\,du\right) + \frac{\partial \mathcal{G}(w)}{\partial w}\frac{\partial w}{\partial z}\left(\frac{1}{c}\,dw\right)\right\} \\ &= \frac{1}{\mu_0 c}\left(\mathcal{F}(z-ct) - \mathcal{G}(z+ct)\right) \\ &= \sqrt{\frac{\varepsilon_0}{\mu_0}}\mathcal{F}(z-ct) - \sqrt{\frac{\varepsilon_0}{\mu_0}}\mathcal{G}(z+ct) \end{aligned} \tag{2.28}$$

のように H_y が表される．以上をまとめると，真空中を伝搬する平面波は，

$$\begin{cases} E_x(z,t) = \mathcal{F}(z-ct) + \mathcal{G}(z+ct) \\ H_y(z,t) = \sqrt{\dfrac{\varepsilon_0}{\mu_0}}\mathcal{F}(z-ct) - \sqrt{\dfrac{\varepsilon_0}{\mu_0}}\mathcal{G}(z+ct) \end{cases} \tag{2.29}$$

の形で表される．これらの式より平面波は以下の特徴を持つ．

- 電界と磁界は同じ分布（関数 $\mathcal{F}$ もしくは関数 $\mathcal{G}$）であり，速さ c で各々に垂直な方向に伝播する
- 電界と磁界は互いに垂直である
- 電界と磁界の大きさの比は一定であり，$\dfrac{\text{電界 [V/m]}}{\text{磁界 [A/m]}} = \sqrt{\dfrac{\mu_0}{\varepsilon_0}}\,[\Omega]$ で与えられる

ここで，電界と磁界の大きさの比はインピーダンスの次元を持つことから，

$$Z_0 = \sqrt{\frac{\mu_0}{\varepsilon_0}} \tag{2.30}$$

と表し，このように媒質定数で与えられる Z_0 を媒質（この場合は真空）の**固有インピーダンス**（intrinsic impedance）という．あるいは，電界と磁界の比で与えられることから．平面波の**波動インピーダンス**（wave impedance）ともいう．また，式 (2.29) を図示したのが図2.2である．平面波の伝搬方向は，電界から磁界へ右ねじを回す方向であることがわかる．

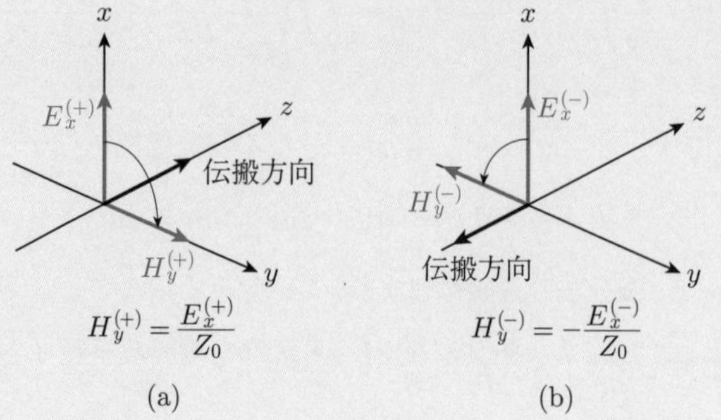

図2.2　$\boldsymbol{x}$ 成分の電界 $\boldsymbol{E_x}$ を持つ平面波．(a) $+\boldsymbol{z}$ 方向に伝搬（図中の上付き添字 (+) は $+\boldsymbol{z}$ 方向に $\boldsymbol{\mathcal{F}(z-ct)}$ が伝搬することを意味する），(b) $-\boldsymbol{z}$ 方向に伝搬（図中の上付き添字 (−) は $-\boldsymbol{z}$ 方向に $\boldsymbol{\mathcal{G}(z+ct)}$ が伝搬することを意味する）

例題2.2（光速，真空の固有インピーダンス）

媒質定数（真空の誘電率 $\varepsilon_0 \simeq 8.8542 \times 10^{-12}$ F/m，真空の透磁率 $\mu_0 \simeq 1.2566 \times 10^{-6}$ H/m）を用いて光速 c，真空の固有インピーダンス Z_0 を計算せよ．

【解答】　真空の誘電率 ε_0，真空の透磁率 μ_0 を用いて，

$$c = \frac{1}{\sqrt{\mu_0 \varepsilon_0}} \simeq 2.998 \times 10^8\,\mathrm{m/s}\ (\simeq 3.0 \times 10^8\,\mathrm{m/s})$$

$$Z_0 = \sqrt{\frac{\mu_0}{\varepsilon_0}} \simeq 376.7\,\Omega\,(\simeq 120\pi\,\Omega)$$

と求められる．■

2.2.3　正弦電磁界

前項までと同じく x 方向にのみ電界成分を持つ平面波において，その時間変化として正弦振動を考える．電界ベクトルの x 成分 $\mathcal{E}_x$ と磁界ベクトルの y 成分 $\mathcal{H}_y$ は

$$\begin{cases} \mathcal{E}_x(z,t) = \mathfrak{Re}\{E_x(z,t)\} = \mathfrak{Re}\left\{E_x(z)e^{j\omega t}\right\} \\ \mathcal{H}_y(z,t) = \mathfrak{Re}\{H_y(z,t)\} = \mathfrak{Re}\left\{H_y(z)e^{j\omega t}\right\} \end{cases} \tag{2.31}$$

と表される．このとき，マクスウェルの電磁方程式は，

$$\begin{cases} \dfrac{dE_x(z)}{dz} + j\omega\mu_0 H_y(z) = 0 \\ \dfrac{dH_y(z)}{dz} + j\omega\varepsilon_0 E_x(z) = 0 \end{cases} \tag{2.32}$$

であり，平面波の同次ヘルムホルツ方程式は，

$$\begin{cases} \dfrac{d^2E_x(z)}{dz^2} + \omega^2\varepsilon_0\mu_0 E_x(z) = 0 \\ \dfrac{d^2H_y(z)}{dz^2} + \omega^2\varepsilon_0\mu_0 H_y(z) = 0 \end{cases} \tag{2.33}$$

と書ける．同次ヘルムホルツ方程式より $E_x(z)$ の解を求めると，

$$E_x(z) = E_{0x}^{(+)} e^{-jk_0 z} + E_{0x}^{(-)} e^{+jk_0 z} \tag{2.34}$$

となる．ここで，$k_0^2 = \omega^2\varepsilon_0\mu_0$ であり，$E_{0x}^{(+)}$ 及び $E_{0x}^{(-)}$ は任意の複素振幅である．よって，前項の結果より E_x 及び H_y は，

$$\begin{cases} E_x(z,t) = E_{0x}^{(+)} e^{j(\omega t - k_0 z)} + E_{0x}^{(-)} e^{j(\omega t + k_0 z)} \\ H_y(z,t) = \dfrac{E_{0x}^{(+)}}{Z_0} e^{j(\omega t - k_0 z)} - \dfrac{E_{0x}^{(-)}}{Z_0} e^{j(\omega t + k_0 z)} \end{cases} \tag{2.35}$$

と得られる．複素振幅をフェーザ表示すると，

$$\begin{cases} E_{0x}^{(+)} = \left|E_{0x}^{(+)}\right| e^{j\varphi^{(+)}} \\ E_{0x}^{(-)} = \left|E_{0x}^{(-)}\right| e^{j\varphi^{(-)}} \end{cases} \tag{2.36}$$

と書ける．ただし，$\varphi^{(+)}$, $\varphi^{(-)}$ はそれぞれ $E_{0x}^{(+)}$, $E_{0x}^{(-)}$ の偏角である．したがって，E_x 及び H_y は，

$$\begin{cases} E_x(z,t) = \left|E_{0x}^{(+)}\right| e^{j(\omega t - k_0 z + \varphi^{(+)})} + \left|E_{0x}^{(-)}\right| e^{j(\omega t + k_0 z + \varphi^{(-)})} \\ H_y(z,t) = \dfrac{\left|E_{0x}^{(+)}\right|}{Z_0} e^{j(\omega t - k_0 z + \varphi^{(+)})} - \dfrac{\left|E_{0x}^{(-)}\right|}{Z_0} e^{j(\omega t + k_0 z + \varphi^{(-)})} \end{cases} \tag{2.37}$$

となる．

観測可能な波動現象は複素数の実数部（または虚数部）であるから，

$$\begin{cases} \mathcal{E}_x(z,t) = \left|E_{0x}^{(+)}\right| \cos(\omega t - k_0 z + \varphi^{(+)}) \\ \qquad\qquad + \left|E_{0x}^{(-)}\right| \cos(\omega t + k_0 z + \varphi^{(-)}) \\ \mathcal{H}_y(z,t) = \dfrac{\left|E_{0x}^{(+)}\right|}{Z_0} \cos(\omega t - k_0 z + \varphi^{(+)}) \\ \qquad\qquad - \dfrac{\left|E_{0x}^{(-)}\right|}{Z_0} \cos(\omega t + k_0 z + \varphi^{(-)}) \end{cases} \tag{2.38}$$

となる．ここで，各式の第一項の波はその形を変えることなく速さ v_{p} で $+z$ 方向に伝搬し，第二項も同じく速さ v_{p} で $-z$ 方向に伝搬することを表している．式 (2.38) の第一項を図示すると，**図2.3**のようになる．**図2.1**において説明したように，$\cos(\cdot)$ の特定の位相角（同じ振幅値をとる位置）が進む速さが v_{p} である．より具体的には $\omega t - k_0 z = C_0$（定数）が成立するため，速さ v_{p} を計算すると，

$$\begin{aligned} v_{\mathrm{p}} &= \frac{dz}{dt} = \frac{d}{dt}\left(\frac{\omega t - C_0}{k_0}\right) \\ &= \frac{\omega}{k_0} \end{aligned} \tag{2.39}$$

と得られる．この v_{p} を**位相速度**（phase velocity）（単位 [m/s]）という．ここで，ω は角周波数（単位 [rad/s]）であり，k_0 を真空における**波数**（wave number）（単位 [rad/m]）という．真空中を伝搬する平面波の場合，$v_{\mathrm{p}} = c$ であるから，

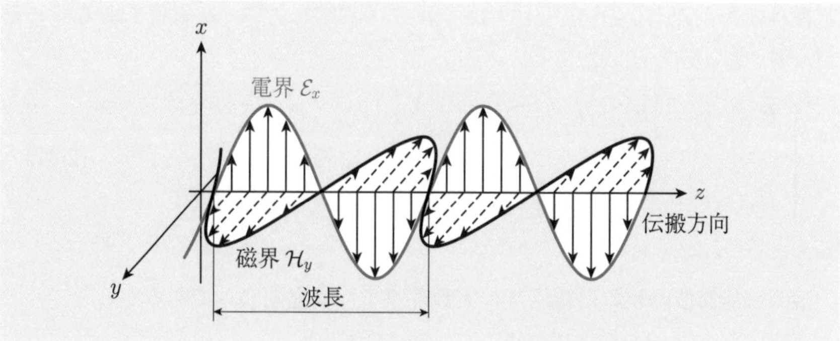

図2.3　$\boldsymbol{x}$ 成分の電界 $\boldsymbol{\mathcal{E}_x}$ を持つ平面波の伝搬

$$k_0 = \frac{\omega}{c} = \frac{2\pi f}{c} = \frac{2\pi}{\lambda} \tag{2.40}$$

と表される．ただし，λ は波長（単位 [m]）である．電磁波で定義される波数では，一波長分を 2π とカウントしている．波数を用いれば，物理的な長さ ℓ を角度 $\theta = k_0\ell$ で表現できる．このような長さを**電気長**（electrical length）（単位 [rad]）という．

例題2.3（電気長）

物理長 ℓ が 4 分の 1 波長のときの電気長 θ を求めよ．

【解答】 $\ell = \frac{\lambda}{4}$ なので，

$$\theta = k_0\ell$$

より電気長を求めると，

$$\theta = \frac{2\pi}{\lambda}\frac{\lambda}{4} = \frac{\pi}{2}$$

と得られる．周波数によって波長が変わるため物理長 $\frac{\lambda}{4}$ は変わるが，電気長は $\frac{\pi}{2}$ で変わらない．■

2.3 偏　　波

2.3.1 直線偏波

前節では電界が x 成分のみを持つ平面波を取り扱ってきた．そのような平面波では，z 方向に波が伝搬しても電界ベクトルは常に x 方向を向いている．このように電界ベクトルの方向に着目したとき，その方向を電磁波の**偏波**（polarization）という．平面波のように一方向にのみ電界ベクトルが存在する場合を**直線偏波**（linear polarization）という．あるいは平面偏波ともいう．更に，電界ベクトルの方向と伝搬方向が作る面を**偏波面**（plane of polarization）という．例えば，図2.3のように平面波が x 方向に偏波されている場合，伝搬方向が z 方向であるから，xz 平面が偏波面となる．

直線偏波のうち，図2.4(a)のように大地に対して偏波面が平行な場合を**水平偏波**（horizontal polarization）（あるいは直交偏波）といい，同図(b)のように大地に対して偏波面が垂直の場合を**垂直偏波**（vertical polarization）（あるいは平行偏波）という．

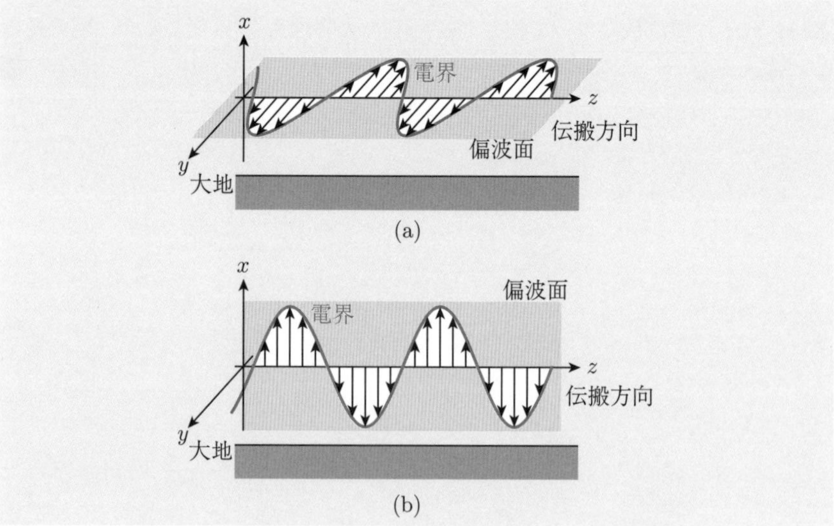

図2.4　二種の直線偏波．(a) 水平偏波，(b) 垂直偏波

2.3.2 円偏波

続いて，二種以上の直線偏波が重なり合う場合を扱う．その合成電界及び合成磁界のベクトルを考えるとき，電磁波の伝搬とともに偏波面が回転する場合が存在する．いま，

- x 方向に直線偏波され，$+z$ 方向に伝搬する平面波
- y 方向に直線偏波され，$+z$ 方向に伝搬する平面波

の合成電界を考えると，

$$\boldsymbol{E}(z,t) = \widehat{\boldsymbol{x}}\left|E_{0x}^{(+)}\right| e^{j(\omega t - k_0 z + \varphi)} + \widehat{\boldsymbol{y}}\left|E_{0y}^{(+)}\right| e^{j(\omega t - k_0 z + \psi)} \tag{2.41}$$

と表される．ここで，$E_{0x}^{(+)}$ 及び $E_{0y}^{(+)}$ は任意の複素振幅であり，φ, ψ はそれぞれの偏角である．観測される波動現象は $\boldsymbol{E}$ の実数部（または虚数部）であるから，電界ベクトル $\boldsymbol{\mathcal{E}}$（瞬時値）の x 成分 $\mathcal{E}_x$ と y 成分 $\mathcal{E}_y$ は，

$$\mathcal{E}_x(z,t) = \left|E_{0x}^{(+)}\right| \cos(\omega t - k_0 z + \varphi) \tag{2.42}$$

$$\mathcal{E}_y(z,t) = \left|E_{0y}^{(+)}\right| \cos(\omega t - k_0 z + \psi) \tag{2.43}$$

と書き表される．そして二つの偏角を $\varphi = 0,\ \psi = -\frac{\pi}{2}$ とおき，振幅を $\left|E_{0x}^{(+)}\right| = \left|E_{0y}^{(+)}\right| = E_0$ とした場合には，

$$\mathcal{E}_x(z,t) = E_0 \cos(\omega t - k_0 z) \tag{2.44}$$

$$\mathcal{E}_y(z,t) = E_0 \sin(\omega t - k_0 z) \tag{2.45}$$

となる．この合成波の波動現象を $z = 0$ で観測すると，

$$\mathcal{E}_x(0,t) = E_0 \cos(\omega t) \tag{2.46}$$

$$\mathcal{E}_y(0,t) = E_0 \sin(\omega t) \tag{2.47}$$

であるから，図2.5(a)のように振幅 E_0 一定で偏波面が角速度 ω で回転することになる．一方，時間 $t = 0$ において z 方向の波動現象を観測すると，

$$\mathcal{E}_x(z,0) = E_0 \cos(k_0 z) \tag{2.48}$$

$$\mathcal{E}_y(z,0) = -E_0 \sin(k_0 z) \tag{2.49}$$

であるから，図2.5(b)のように波が描かれる．このように，時間とともに伝搬方向に向かって偏波面が右回りに回転する偏波を**右旋円偏波**（right-handed circular polarization）という．また，二つの偏角を $\varphi = 0,\ \psi = \frac{\pi}{2}$ とおき，

$\left|E_{0x}^{(+)}\right| = \left|E_{0y}^{(+)}\right| = E_0$ とした場合には，反対に偏波面が伝搬方向に向かって左回りに回転する．これを**左旋円偏波**（left-handed circular polarization）という．

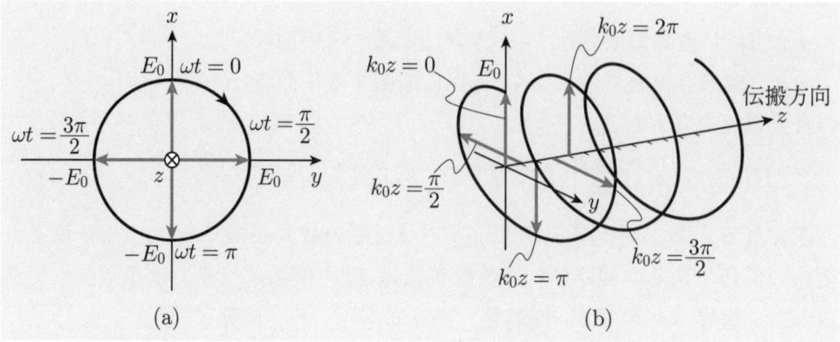

図2.5 右旋円偏波の波動現象．**(a)** $\boldsymbol{z = 0}$ での偏波面の回転（角速度 $\boldsymbol{\omega}$），**(b)** 時間 $\boldsymbol{t = 0}$ におけるスナップショット

2.3.3 楕円偏波

円偏波の出発点と同じく，x 方向に直線偏波され，$+z$ 方向に伝搬する平面波と，y 方向に直線偏波され，$+z$ 方向に伝搬する平面波の合成電界を考えると，

$$\mathcal{E}_x(z,t) = \left|E_{0x}^{(+)}\right| \cos(\omega t - k_0 z + \varphi) \tag{2.50}$$

$$\mathcal{E}_y(z,t) = \left|E_{0y}^{(+)}\right| \cos(\omega t - k_0 z + \psi) \tag{2.51}$$

と表される．これら二式から $\omega t - k_0 z$ を消去すると，

$$\frac{\mathcal{E}_x^2}{\left|E_{0x}^{(+)}\right|^2} - 2\frac{\mathcal{E}_x}{\left|E_{0x}^{(+)}\right|}\frac{\mathcal{E}_y}{\left|E_{0y}^{(+)}\right|}\cos(\psi - \varphi) + \frac{\mathcal{E}_y^2}{\left|E_{0y}^{(+)}\right|^2} = \sin^2(\psi - \varphi) \tag{2.52}$$

が導かれる（章末の演習問題 2.4）．これは楕円の方程式である．偏角 φ, ψ を任意にとると，偏波面が時間とともに回転するだけでなく，電界の大きさも変化する．これを**楕円偏波**（elliptical polarization）という．式 (2.52) が作る楕円を図示したのが図2.6である．x 軸と y 軸が各々回転して ξ 軸，η 軸を主軸とする楕円となる．その回転角と偏角 φ, ψ の関係の詳細については文献に譲る．

式 (2.52) は直線偏波や円偏波を包含する一般的な表現式である．偏角 φ, ψ の関係によって偏波の種類を分類すると以下のようになる．

(1)　同位相（$\varphi = \psi$）の場合：式 (2.52) は，

$$\left(\frac{\mathcal{E}_x}{\left| E_{0x}^{(+)} \right|} - \frac{\mathcal{E}_y}{\left| E_{0y}^{(+)} \right|} \right)^2 = 0 \tag{2.53}$$

となり，$\mathcal{E}_x = \dfrac{\left| E_{0x}^{(+)} \right|}{\left| E_{0y}^{(+)} \right|} \mathcal{E}_y$ なる直線の方程式が得られる．よって，直線偏波である．

(2)　90 度位相差（$\varphi - \psi = \pm\frac{\pi}{2}$）の場合：式 (2.52) は，

$$\frac{\mathcal{E}_x^2}{\left| E_{0x}^{(+)} \right|^2} + \frac{\mathcal{E}_y^2}{\left| E_{0y}^{(+)} \right|^2} = 1 \tag{2.54}$$

となる．これは楕円の方程式であるので，楕円偏波である．この楕円は，図2.6において x 軸と ξ 軸，y 軸と η 軸が一致した場合である．特に $\left| E_{0x}^{(+)} \right| = \left| E_{0y}^{(+)} \right| = E_0$ のとき，$\mathcal{E}_x^2 + \mathcal{E}_y^2 = E_0^2$ のように円の方程式となり，円偏波である．

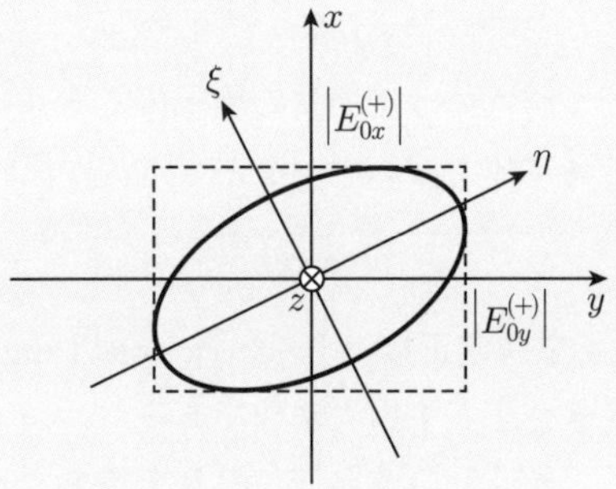

図2.6　式 (2.52) が表す楕円

2.4　物質中の平面波

2.4.1　物質中の波動方程式

前節までは真空中（誘電率 ε_0，透磁率 μ_0，導電率 $\sigma = 0$）における電磁波の波動現象について説明した．ここからは物質中の平面波の伝搬について説明していく．物質（誘電率 ε，透磁率 μ，導電率 σ）は線形，均質かつ等方性であるとする．電流源ならびに電荷源がなく電磁界が正弦振動している場合，式 (1.8)–式 (1.11) より物質中のマクスウェルの電磁方程式は，

$$\nabla \times \boldsymbol{E}(\boldsymbol{r}) = -j\omega\mu\boldsymbol{H}(\boldsymbol{r}) \tag{2.55}$$

$$\nabla \times \boldsymbol{H}(\boldsymbol{r}) = j\omega\sigma\boldsymbol{E}(\boldsymbol{r}) + j\omega\varepsilon\boldsymbol{E}(\boldsymbol{r}) = j\omega\dot{\varepsilon}\boldsymbol{E}(\boldsymbol{r}) \tag{2.56}$$

$$\nabla \cdot \boldsymbol{E}(\boldsymbol{r}) = 0 \tag{2.57}$$

$$\nabla \cdot \boldsymbol{H}(\boldsymbol{r}) = 0 \tag{2.58}$$

と書き表される．ただし，第二式の右辺における $\dot{\varepsilon}$ は**複素誘電率**（complex permittivity）といい，

$$\dot{\varepsilon} \equiv \varepsilon + \frac{\sigma}{j\omega} = \varepsilon\left(1 - j\frac{\sigma}{\omega\varepsilon}\right) \tag{2.59}$$

で定義される．理想的な誘電体は無損失の絶縁体であり，電流は誘電体中を流れないが，損失のある誘電体ではわずかながら電流が流れる．ここで，

$$\tan\delta = \frac{\sigma}{\omega\varepsilon} \tag{2.60}$$

のように定義し，$\tan\delta$ を**誘電正接**（dielectric loss tangent）と呼ぶ．誘電正接は誘電体の損失の大きさを表す損失係数である．

さて 2.2 節と同じく，x 成分の電界 E_x のみを持ち，z 方向に伝搬する平面波を考えよう．その同次ヘルムホルツ方程式は，

$$\frac{d^2E_x(z)}{dz^2} - \gamma^2E_x(z) = 0 \tag{2.61}$$

と導出される．ただし，

$$\gamma^2 = -\omega^2\mu\dot{\varepsilon} = -\omega^2\mu\left(\varepsilon + \frac{\sigma}{j\omega}\right) \tag{2.62}$$

である．なお，y 成分の磁界 H_y については本節では説明を省略する．正弦振動を仮定すると $E_x(z,t) = E_x(z)e^{j\omega t}$ と表されるので，波動方程式の解は，

$$E_x(z,t) = E_{0x}^{(+)} e^{j\omega t - \gamma z} + E_{0x}^{(-)} e^{j\omega t + \gamma z} \tag{2.63}$$

で与えられることは前節までの議論から直ちにわかる．なお，$E_{0x}^{(+)}$ 及び $E_{0x}^{(+)}$ は任意の複素振幅である．物質中における γ は**複素伝搬定数**（あるいは単に**伝搬定数**（propagation constant））といい，

$$\gamma = j\omega\sqrt{\mu\varepsilon}\sqrt{1 - j\frac{\sigma}{\omega\varepsilon}} = \alpha + j\beta \tag{2.64}$$

と表される．ここで，α を**減衰定数**（attenuation constant）（単位 [Np/m]）といい，β を**位相定数**（phase constant）（単位 [rad/m]）という．Np はネーパ（Neper）と読み，無次元の単位である．1 Np/m とは，1 m だけ波が進んだときに $\frac{1}{e}$（e：ネイピア数）だけ減衰することを表す．具体的に減衰定数 α と位相定数 β は次式で与えられる（章末の演習問題 2.5）．

$$\alpha = \omega\sqrt{\mu\varepsilon}\sqrt{\frac{1}{2}\left(\sqrt{1 + \left(\frac{\sigma}{\omega\varepsilon}\right)^2} - 1\right)} \tag{2.65}$$

$$\beta = \omega\sqrt{\mu\varepsilon}\sqrt{\frac{1}{2}\left(\sqrt{1 + \left(\frac{\sigma}{\omega\varepsilon}\right)^2} + 1\right)} \tag{2.66}$$

2.4.2　物質中の波動現象

真空中と物質中の電磁波の振る舞いについて比較してみる．物質中において $+z$ 方向に伝搬する平面波の電界ベクトルの x 成分 $\mathcal{E}_x$ は，

$$\begin{aligned}
\mathcal{E}_x(z,t) &= \mathfrak{Re}\left\{\left|E_{0x}^{(+)}\right| e^{j\varphi^{(+)}} e^{j\omega t - \gamma z}\right\} \\
&= \mathfrak{Re}\left\{\left|E_{0x}^{(+)}\right| e^{j\varphi^{(+)}} e^{j(\omega t - \beta z)} e^{-\alpha z}\right\} \\
&= \left|E_{0x}^{(+)}\right| e^{-\alpha z} \cos(\omega t - \beta z + \varphi^{(+)})
\end{aligned} \tag{2.67}$$

と表される．ただし，$\varphi^{(+)}$ は複素振幅 $E_{0x}^{(+)}$ の偏角である．

物質中を平面波を伝搬する場合には以下のような現象が現れることが上式からわかる．

(1)　振幅の変化

真空中では導電率 $\sigma = 0$ であるから減衰定数 $\alpha = 0$ となり，伝搬定数は $\gamma = j\beta$ のように純虚数となる．つまり，**図2.7(a)**のように減衰せずに伝搬する．一方，損失媒質中では減衰定数 $\alpha \neq 0$ より平面波の振幅は

一定ではなくなり，図2.7(b)のように波の伝搬とともに $e^{-\alpha z}$ の形で減衰する．つまり，導電率が有限値をとる場合には伝導電流が流れ，ジュール熱に変換されて減衰することになる．

(2) 位相速度の変化

真空中における位相速度 v_{p} は，

$$v_{\mathrm{p}} = \frac{\omega}{k_0} = \frac{\omega}{\omega\sqrt{\mu_0\varepsilon_0}} = \frac{1}{\sqrt{\mu_0\varepsilon_0}} = c \tag{2.68}$$

であるのに対して，導電率 $\sigma = 0$ のとき物質中の位相速度 v_{p} は，

$$v_{\mathrm{p}} = \frac{\omega}{\beta} = \frac{1}{\sqrt{\mu\varepsilon}} = \frac{1}{\sqrt{\varepsilon_{\mathrm{r}}\mu_{\mathrm{r}}}}\frac{1}{\sqrt{\mu_0\varepsilon_0}} = \frac{1}{\sqrt{\varepsilon_{\mathrm{r}}\mu_{\mathrm{r}}}}c = \frac{c}{n} \tag{2.69}$$

と表される．ここで，ε_{r}, μ_{r} はそれぞれ**比誘電率**（relative permittivity），**比透磁率**（relative permeability）であり，

$$\varepsilon_{\mathrm{r}} = \frac{\varepsilon}{\varepsilon_0}, \quad \mu_{\mathrm{r}} = \frac{\mu}{\mu_0} \tag{2.70}$$

としてそれぞれ定義される．また，n は媒質の**屈折率**（refraction index）（真空に対する屈折率を絶対屈折率ともいう）である．誘電体中では $\mu_{\mathrm{r}} = 1$ であるから，$n = \sqrt{\varepsilon_{\mathrm{r}}}$ となる．通常の物質では $n \geq 1$ なので，物質中の伝搬速度は光速以下となる．

(3) 波動インピーダンスの変化

真空中の平面波の波動インピーダンスは，

$$Z_0 = \sqrt{\frac{\mu_0}{\varepsilon_0}} \tag{2.71}$$

と表される．Z_0 は実数であるから，$+z$ 方向に伝搬する平面波では

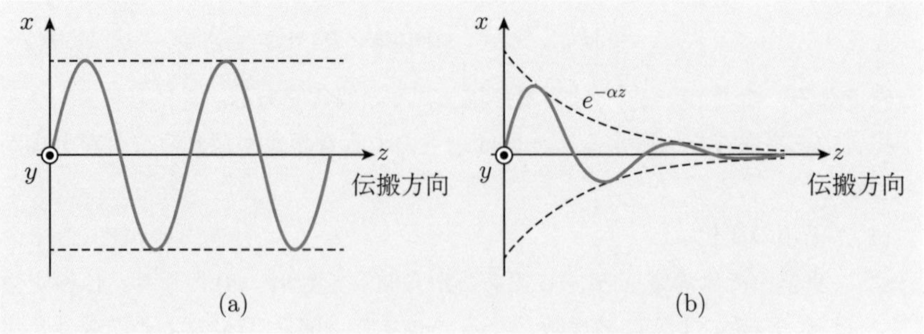

図2.7 (a) 無損失媒質中の伝搬，(b) 損失媒質中の伝搬

$E_x = Z_0 H_y$ の関係から電界と磁界は常に同相であることがわかる．

一方，物質中の平面波の波動インピーダンス Z は，

$$Z = \sqrt{\frac{\mu}{\dot{\varepsilon}}} = \sqrt{\frac{\mu}{\varepsilon + \frac{\sigma}{j\omega}}} = \sqrt{\frac{j\omega\mu}{\sigma + j\omega\varepsilon}} = R + jX \tag{2.72}$$

のように表される．ここで，

$$R = \sqrt{\frac{\mu}{2\varepsilon}} \frac{\sqrt{\sqrt{1 + \left(\frac{\sigma}{\omega\varepsilon}\right)^2} + 1}}{\sqrt{1 + \left(\frac{\sigma}{\omega\varepsilon}\right)^2}}, \quad X = \sqrt{\frac{\mu}{2\varepsilon}} \frac{\sqrt{\sqrt{1 + \left(\frac{\sigma}{\omega\varepsilon}\right)^2} - 1}}{\sqrt{1 + \left(\frac{\sigma}{\omega\varepsilon}\right)^2}} \tag{2.73}$$

である（章末の演習問題 2.6）．

(a)　導電率 $\sigma = 0$ のとき：$R = \sqrt{\frac{\mu}{\varepsilon}}$, $X = 0$ となるので，

$$Z = \sqrt{\frac{\mu}{\varepsilon}} \tag{2.74}$$

である．

(b)　導電率 $\sigma \neq 0$ のとき：$R > 0$, $X > 0$ であり，

$$Z = |Z| e^{j\varphi_0} \tag{2.75}$$

と表されるから，Z の位相 φ_0 は必ず正となる．このとき，$+z$ 方向に伝搬する平面波の電界 E_x と磁界 H_y は，

$$\begin{cases} E_x(z,t) = \left| E_{0x}^{(+)} \right| e^{-\alpha z} e^{j(\omega t - \beta z + \varphi^{(+)})} \\ H_y(z,t) = \dfrac{E_x(z,t)}{Z} = \dfrac{\left| E_{0x}^{(+)} \right|}{|Z|} e^{-\alpha z} e^{j(\omega t - \beta z + \varphi^{(+)} - \varphi_0)} \end{cases} \tag{2.76}$$

となる．これらの実数部をとると，実際の波動現象は，

$$\begin{cases} \mathcal{E}_x(z,t) = \left| E_{0x}^{(+)} \right| e^{-\alpha z} \cos(\omega t - \beta z + \varphi^{(+)}) \\ \mathcal{H}_y(z,t) = \dfrac{\left| E_{0x}^{(+)} \right|}{|Z|} e^{-\alpha z} \cos(\omega t - \beta z + \varphi^{(+)} - \varphi_0) \end{cases} \tag{2.77}$$

と表される．よって，$\sigma \neq 0$ のとき電界と磁界は同相ではなく，$\varphi_0 > 0$ より磁界の位相は電界の位相より必ず遅れることになる．

例題2.4（波長短縮効果）

真空中において物理長 ℓ_0 の線路がある．それと同じ電気長を持つ線路を比誘電率 $\varepsilon_r = 10$ の誘電体中で実現するには，物理長を真空中の何分の1にすればよいか求めよ．ただし，誘電体の損失はないものとする．

【解答】 真空中で物理長 ℓ_0 の電気長 θ は，$\theta = k_0\ell_0$ で表される．誘電体中における位相定数を β とすると，同じ電気長 θ を実現する線路の物理長 ℓ_d は，

$$\ell_d = \frac{\theta}{\beta} = \frac{k_0\ell_0}{\beta} = \frac{\omega\sqrt{\mu_0\varepsilon_0}}{\omega\sqrt{\mu_0\varepsilon}}\ell_0 = \frac{1}{\sqrt{\varepsilon_r}}\ell_0 = \frac{1}{\sqrt{10}}\ell_0 \tag{2.78}$$

となる．よって，誘電体中では真空中の $\frac{1}{\sqrt{10}}$ の物理長とすればよい．このように，$\beta > k_0$ の関係から同じ電気長でも誘電体中の物理長の方が真空中の物理長よりも短くなる．これを**波長短縮効果**という．回路の小型化に有用である．■

2.4.3 誘電体中及び導体中の波動現象

続いて物質のなかでも誘電体及び導体に着目し，両者を比較しながら誘電体中及び導体中の波動現象の特徴について説明する．

銀（Ag：導電率 $\sigma = 6.1 \times 10^7$ S/m）や銅（Cu：導電率 $\sigma = 5.8 \times 10^7$ S/m）は良導体（good conductor）として知られ，それらに比べて導電率が非常に小さいシリコン（Si：導電率 $\sigma = 1.6 \times 10^{-3}$ S/m）などの誘電体は絶縁体に分類される．導体では伝導電流が支配的であり，誘電体では変位電流が伝導電流に比べて大きくなる．したがって，

- 導体中：$|\sigma\boldsymbol{E}| \gg |\omega\varepsilon\boldsymbol{E}|$ より $\frac{\sigma}{\omega\varepsilon} \gg 1$
- 誘電体中：$|\sigma\boldsymbol{E}| \ll |\omega\varepsilon\boldsymbol{E}|$ より $\frac{\sigma}{\omega\varepsilon} \ll 1$

という関係が成立する．すなわち，誘電正接が $\tan\delta \gg 1$ であれば導体，$\tan\delta \ll 1$ であれば誘電体の性質を示す媒質と考えることができる．

これらの近似を用いて，誘電体ならびに導体の減衰定数 α，位相定数 β，波動インピーダンス Z を以下に示す．

(1) 誘電体中

$\frac{\sigma}{\omega\varepsilon} \ll 1$ の近似を用いると，式 (2.65) と式 (2.66) より減衰定数 α，位相定数 β は，

$$\alpha \approx \frac{\sigma}{2}\sqrt{\frac{\mu}{\varepsilon}}, \quad \beta \approx \omega\sqrt{\mu\varepsilon}\left\{1 + \frac{1}{8}\left(\frac{\sigma}{\omega\varepsilon}\right)^2\right\} \approx \omega\sqrt{\mu\varepsilon} \tag{2.79}$$

と得られる（章末の演習問題 2.7）．また，波動インピーダンスの実数部 R と虚数部 X にも同様に近似を適用すると，式 (2.73) より，

$$R \approx \sqrt{\frac{\mu}{\varepsilon}}, \quad X \approx \frac{\sigma}{2\omega\varepsilon}\sqrt{\frac{\mu}{\varepsilon}} \tag{2.80}$$

であるから（章末の演習問題 2.8），誘電体中の平面波の波動インピーダンス Z は，

$$Z \approx \sqrt{\frac{\mu}{\varepsilon}}\left(1 + j\frac{\sigma}{2\omega\varepsilon}\right) \tag{2.81}$$

で近似される．

(2)　導体中

$\frac{\sigma}{\omega\varepsilon} \gg 1$ の近似を用いると，式 (2.65) と式 (2.66) より減衰定数 α，位相定数 β は，

$$\alpha \approx \sqrt{\frac{\omega\mu\sigma}{2}}, \quad \beta \approx \sqrt{\frac{\omega\mu\sigma}{2}} \tag{2.82}$$

となる（章末の演習問題 2.9）．一方，同様に波動インピーダンスの実数部 R と虚数部 X は，式 (2.73) より，

$$R \approx \sqrt{\frac{\omega\mu}{2\sigma}}, \quad X \approx \sqrt{\frac{\omega\mu}{2\sigma}} \tag{2.83}$$

と導出される（章末の演習問題 2.10）．よって，導体中の平面波の波動インピーダンス Z は，

$$Z \approx \sqrt{\frac{\omega\mu}{2\sigma}}\,(1 + j) = \sqrt{\frac{\omega\mu}{\sigma}}e^{j\frac{\pi}{4}} \tag{2.84}$$

で近似される．つまり，導体中において磁界の位相は電界の位相よりも $\frac{\pi}{4}$ だけ遅れている．

さて，ここで電界の大きさが $\frac{1}{e}$ に減衰する伝搬距離を δ_{s}（単位 [m]）と定義し，これを**表皮深さ**（skin depth）あるいは表皮厚さと呼ぶ．$e^{-\alpha\delta_{\mathrm{s}}} = e^{-1}$ より表皮深さ δ_{s} は，

$$\delta_{\mathrm{s}} = \frac{1}{\alpha} = \sqrt{\frac{2}{\omega\mu\sigma}} \tag{2.85}$$

と表される．**表2.1**に示すように指数関数的に導体中で減衰はするものの，有限の導電率を持つ導体ではその内部に電磁波が “染み込む” ことになる．これを**表皮効果**（skin effect）という．

表2.1 表皮深さ $\boldsymbol{\delta}_{\mathrm{s}}$ と電界の大きさ $\boldsymbol{e^{-\alpha z}}$ の関係（$\boldsymbol{z=0}$ を基準としたとき）

伝搬距離 z	0	$1\delta_{\mathrm{s}}$	$2\delta_{\mathrm{s}}$	$3\delta_{\mathrm{s}}$	$4\delta_{\mathrm{s}}$	$5\delta_{\mathrm{s}}$
電界の大きさ $e^{-\alpha z}$	1	$\frac{1}{e}=0.368$	0.135	0.0498	0.0183	0.00674

例題2.5（表皮深さ）

銅において，周波数 f が 60 Hz, 1 kHz, 1 MHz, 1 GHz のときの表皮深さ δ_{s} を求めよ．ただし，銅の導電率 $\sigma = 5.8 \times 10^7$ S/m，透磁率 $\mu = \mu_0 \simeq 1.2566 \times 10^{-6}$ H/m とせよ．

【解答】 周波数を変化させたときの表皮深さの計算結果を表2.2に示す．

表2.2 周波数と銅の表皮深さの関係

周波数 f	60 Hz	1 kHz	1 MHz	1 GHz
表皮深さ δ_{s}	8.5 mm	2.1 mm	66 μm	2.1 μm

このように周波数が高くになるにつれて表皮深さは小さくなり，導体表面に高周波電流が集中することを意味する．マイクロ波帯やミリ波帯では回路の損失につながるため，高周波回路を設計する上では十分な注意が必要である．■

2.5　任意の方向に進む平面波

前節までは z 方向に進む平面波について説明してきた．本節では，図2.8に示すように任意の η 軸方向に進行する平面波を直角座標系で記述する．

図中には平面波の進行方向とは別に位置ベクトル $\boldsymbol{r} = (x, y, z)$ がある．この位置ベクトル $\boldsymbol{r}$ は現象の観測点である．位置ベクトル $\boldsymbol{r}$ の η 軸成分を η（原点 O から点 O$'$ までの η 軸に沿って測った長さ）とおき，長さ η を x, y, z で表してみよう．

いま，η 軸方向の任意のベクトル $\boldsymbol{\eta} = (\eta_x, \eta_y, \eta_z)$ を考える．x 軸，y 軸，z 軸で構成される直角座標系の三つの単位ベクトルをそれぞれ $\widehat{\boldsymbol{x}}$, $\widehat{\boldsymbol{y}}$, $\widehat{\boldsymbol{z}}$ とし，$\boldsymbol{\eta}$ と $\widehat{\boldsymbol{x}}$ のなす角を θ_x, $\boldsymbol{\eta}$ と $\widehat{\boldsymbol{y}}$ のなす角を θ_y, $\boldsymbol{\eta}$ と $\widehat{\boldsymbol{z}}$ のなす角を θ_z とおくと，

$$\cos\theta_x = \frac{\eta_x}{\eta}, \quad \cos\theta_y = \frac{\eta_y}{\eta}, \quad \cos\theta_z = \frac{\eta_z}{\eta} \tag{2.86}$$

の関係がある．$\cos\theta_x, \cos\theta_y, \cos\theta_z$ を方向余弦という．よって，η 軸方向の単位ベクトルは，

$$\widehat{\boldsymbol{\eta}} = \frac{\boldsymbol{\eta}}{|\boldsymbol{\eta}|} = \cos\theta_x\,\widehat{\boldsymbol{x}} + \cos\theta_y\,\widehat{\boldsymbol{y}} + \cos\theta_z\,\widehat{\boldsymbol{z}} \tag{2.87}$$

と書き表すことができる．長さ η（ベクトル $\boldsymbol{\eta}$ の大きさ）は位置ベクトル $\boldsymbol{r}$ の η 軸成分であるから，

$$\eta = \boldsymbol{r}\cdot\widehat{\boldsymbol{\eta}} = x\cos\theta_x + y\cos\theta_y + z\cos\theta_z \tag{2.88}$$

で与えられる．媒質（誘電率 ε，透磁率 μ）が均質，線形，等方性かつ非分散

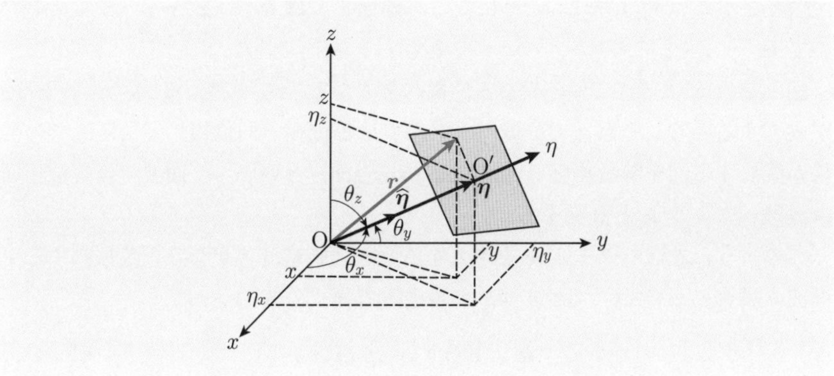

図2.8　任意の $\boldsymbol{\eta}$ 方向に進行する平面波

性であるとすると，η 方向に進行する平面波の電界ベクトルは，

$$\begin{aligned}\boldsymbol{E}(\boldsymbol{r},t) &= \boldsymbol{E}_0 e^{j(\omega t - k\eta)} = \boldsymbol{E}_0 e^{j(\omega t - k\boldsymbol{r}\cdot\widehat{\boldsymbol{\eta}})} \\ &= \boldsymbol{E}_0 e^{j(\omega t - kx\cos\theta_x - ky\cos\theta_y - kz\cos\theta_z)} \end{aligned} \tag{2.89}$$

と表される．ここで，$\boldsymbol{E}_0$ は複素振幅からなるベクトル，ω は角周波数，t は時間，k は波数である．上式において，

$$k_x = k\cos\theta_x, \quad k_y = k\cos\theta_y, \quad k_z = k\cos\theta_z \tag{2.90}$$

と定義すると，

$$\boldsymbol{E}(\boldsymbol{r},t) = \boldsymbol{E}_0 e^{j(\omega t - k_x x - k_y y - k_z z)} = \boldsymbol{E}_0 e^{j(\omega t - \boldsymbol{k}\cdot\boldsymbol{r})} \tag{2.91}$$

と書き表される．ここで，$\boldsymbol{k}$ を**波数ベクトル**（wave vector）といい，

$$\boldsymbol{k} = k_x\widehat{\boldsymbol{x}} + k_y\widehat{\boldsymbol{y}} + k_z\widehat{\boldsymbol{z}} \tag{2.92}$$

と定義される．ただし，$k^2 = k_x^2 + k_y^2 + k_z^2$ である．なお，誘電率 ε，透磁率 μ の媒質中の波数は $k = \omega\sqrt{\mu\varepsilon}$ である．

図2.9(a)に示すように k_x 軸，k_y 軸，k_z 軸で定義される領域を波数領域（またはスペクトル領域）という．球座標（spherical coordinate system）の角度 θ, φ を用いて波数ベクトルの各成分を表すと，

$$k_x = k\sin\theta\cos\varphi, \quad k_y = k\sin\theta\sin\varphi, \quad k_z = k\cos\theta \tag{2.93}$$

である．また，式 (2.91) において $e^{-j\boldsymbol{k}\cdot\boldsymbol{r}}$ の項は位相遅れを表しており，波の伝搬とともに位相は遅れることになる．前節までは $\boldsymbol{k} = k\widehat{\boldsymbol{z}}$, $\boldsymbol{r} = z\widehat{\boldsymbol{z}}$ であったので $\boldsymbol{k}\cdot\boldsymbol{r} = kz$ であり，e^{-jkz} が位相遅れを表していた．

図2.9(b)において二つの異なる位置ベクトル $\boldsymbol{r}_1, \boldsymbol{r}_2$ を考える．$\boldsymbol{k}\cdot\boldsymbol{r}_1 = \boldsymbol{k}\cdot\boldsymbol{r}_2$ が成立するとき，それらの位置ベクトルでは等位相（同位相）となる．この関係が成立する面を**等位相面**（equiphase surface）といい，平面波では等位相面は波数ベクトル $\boldsymbol{k}$ と直交する．

このように波数ベクトル $\boldsymbol{k}$ を導入すると，強制電流項がなく正弦振動する平面波の場合において，マクスウェルの電磁方程式の式 (1.8) は，

$$\boldsymbol{k}\times\boldsymbol{E}(\boldsymbol{r}) = \omega\mu\boldsymbol{H}(\boldsymbol{r}) \tag{2.94}$$

と書き改めることができる．式 (1.8) におけるベクトル微分演算子 ∇ は位置

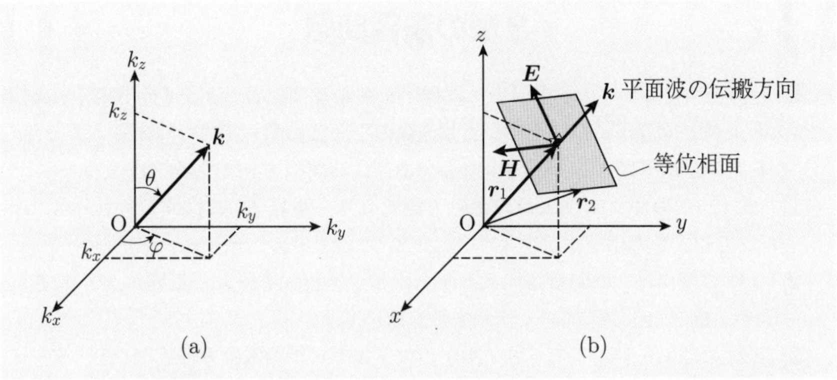

図2.9　**(a)** 波数領域（スペクトル領域）における波数ベクトル，**(b)** 空間領域における平面波の伝搬方向と波数ベクトル

ベクトル $\boldsymbol{r}$ に作用することから，$\frac{\partial}{\partial t} \to j\omega$ と同様に $\nabla \to -j\boldsymbol{k}$ の置き換えを行った．平面波の場合，電界ベクトル $\boldsymbol{E}$ と磁界ベクトル $\boldsymbol{H}$ は直交していることから，式 (2.94) より波数ベクトル $\boldsymbol{k}$ も電界ベクトル $\boldsymbol{E}$ と磁界ベクトル $\boldsymbol{H}$ に直交していることがわかる．よって，図2.9(b)に示すように電界ベクトル $\boldsymbol{E}$ から磁界ベクトル $\boldsymbol{H}$ へ右ねじを回す方向は波数ベクトル $\boldsymbol{k}$ の方向と一致し，平面波の進む方向であることがわかる．また，平面波の波動インピーダンス Z を用いて，

$$Z\boldsymbol{H}(\boldsymbol{r}) = \widehat{\boldsymbol{\eta}} \times \boldsymbol{E}(\boldsymbol{r}) \tag{2.95}$$

と表すこともできる．ただし，$\widehat{\boldsymbol{\eta}}$ は平面波の伝搬方向（図2.9(b)ではベクトル $\boldsymbol{r}_1$ の方向）の単位ベクトルである．

2章の演習問題

□**2.1** 真空中において xz 平面上に電界ベクトル及び磁界ベクトルが存在し，電界ベクトルが z 成分 E_z のみを持つ正弦振動の平面波に関して次の問に答えよ．ただし，真空の誘電率は ε_0，透磁率は μ_0 であり，時間因子 $e^{j\omega t}$ は省略してよい．

(1) 式 (2.6) のマクスウェルの電磁方程式より，電界 E_z に関する同次ヘルムホルツ方程式を導出せよ．

(2) (1) の電界 E_z に関する同次ヘルムホルツ方程式を解き，電界ベクトル $\boldsymbol{E}$ を示せ．なお，必要に応じて任意定数を用いてよい．

(3) (2) の結果を利用して，式 (2.6) のマクスウェルの電磁方程式（ファラデーの法則）より磁界ベクトル $\boldsymbol{H}$ を求めよ．

□**2.2** 式 (2.14) の第一式の電界ベクトル $\boldsymbol{E}$ に関する同次ベクトルヘルムホルツ方程式 $\nabla^2\boldsymbol{E}(\boldsymbol{r}) + k^2\boldsymbol{E}(\boldsymbol{r}) = \boldsymbol{0}$ を考える．この解を $\boldsymbol{E}(\boldsymbol{r}) = \boldsymbol{E}_0 e^{-j\boldsymbol{k}\cdot\boldsymbol{r}}$ と仮定するとき，次の問に答えよ．ただし，直角座標系において $\boldsymbol{E}_0$ 及び $\boldsymbol{k}$ は $\boldsymbol{E}_0 = (E_{0x}, E_{0y}, E_{0z})$, $\boldsymbol{k} = (k_x, k_y, k_z)$ なるベクトルであり，$\boldsymbol{r} = (x, y, z)$ は位置ベクトルである．

(1) 仮定した解を同次ベクトルヘルムホルツ方程式に代入し，$\boldsymbol{E} = \boldsymbol{0}$ の自明解が存在しないために $\boldsymbol{k}$ が満足すべき条件を導出せよ．

(2) 仮定した解を $\nabla\cdot\boldsymbol{E} = 0$ に代入し，電界は横波であることを示せ．

□**2.3** 正弦振動する進行波において $\omega t - \boldsymbol{k}\cdot\boldsymbol{r} =$ 一定 より平面波の位相速度の速度ベクトル $\boldsymbol{v}_\mathrm{p}$ を求めよ．ここで，ω は角周波数，t は時間，$\boldsymbol{k}$ は波数ベクトル，$\boldsymbol{r}$ は位置ベクトルである．

□**2.4** 楕円偏波に表れる楕円の方程式である式 (2.52) を導出せよ．

□**2.5** 物質中の減衰定数を表す式 (2.65) と位相定数を表す式 (2.66) を導出せよ．

□**2.6** 物質中の平面波の波動インピーダンスの実数部と虚数部を表す式 (2.73) を導出せよ．

□**2.7** 誘電体中の減衰定数と位相定数を表す式 (2.79) を導出せよ．

□**2.8** 誘電体中の平面波の波動インピーダンスの実数部と虚数部を表す式 (2.80) を導出せよ．

□**2.9** 導体中の減衰定数と位相定数を表す式 (2.82) を導出せよ．

□**2.10** 導体中の平面波の波動インピーダンスの実数部と虚数部を表す式 (2.83) を導出せよ．

第3章

電磁界のエネルギー

本章では，電磁界のエネルギーについて説明する．マクスウェルの電磁方程式から出発して，電磁界のエネルギー保存則ならびにそれを表すのに重要なポインティングベクトルを定義する．また，正弦電磁界における複素ポインティングベクトルも定義する．更に，電磁界のエネルギーの進む速度をマクスウェルの電磁方程式より導き，位相速度と群速度の関係について考察する．

3.1 ポインティングの定理とポインティングベクトル

第 2 章にて説明したように，誘電率 ε，透磁率 μ の無損失媒質中において平面波は $\frac{1}{\sqrt{\mu\varepsilon}}$ の速さで伝搬する．ところで，電気磁気学によれば，電界 E と磁界 H を用いて単位体積あたりの電気的エネルギー w_{e} と磁気的エネルギー w_{m} はそれぞれ $w_{\mathrm{e}} = \frac{1}{2}\varepsilon E^2$, $w_{\mathrm{m}} = \frac{1}{2}\mu H^2$ と表されることが知られている．電磁波が空間中を伝搬するということはエネルギーも伝搬するだろうと予見される．そこで本節では電磁界のエネルギーを扱っていくことにする．

まず蓄積エネルギー，電力，速さの単位から，これら三つの関係を考察しよう．各々の単位は，

- 単位体積あたりの蓄積エネルギー w_{e}, w_{m} の単位：$[\mathrm{J/m^3}]$
- 電力 P の単位：$[\mathrm{W}] = [\mathrm{J/s}]$
- 速さ v の単位：$[\mathrm{m/s}]$

である．蓄積エネルギー w_{e}, w_{m} と速さ v の積の単位も考えてみると，

- $(w_{\mathrm{e}} + w_{\mathrm{m}})v$ の単位：$[\mathrm{J/m^3}] \times [\mathrm{m/s}] = [\mathrm{W/m^2}]$

となる．よって，$(w_{\mathrm{e}} + w_{\mathrm{m}})v$ は単位面積あたりの電力を表していることがわかる．一方，平面波（第 2 章と同じく x 成分の電界 $\mathcal{E}_x$ $[\mathrm{V/m}]$，y 成分の磁

界 $\mathcal{H}_y$ [A/m] を持ち，$+z$ 方向に伝搬）では，電界と磁界の積 $\mathcal{E}_x \mathcal{H}_y$ の単位は [W/m^2] となり，電界と磁界の積が電磁波の伝送電力と関係することがわかる．

以上をベクトル形式で表現し，時間 t において任意の閉曲面 S に電磁波が流れ込む電力 $\mathcal{P}$（単位 [W]）を次式で定義する．

$$\mathcal{P}(t) = -\oiint_S (\boldsymbol{\mathcal{E}}(\boldsymbol{r},t) \times \boldsymbol{\mathcal{H}}(\boldsymbol{r},t)) \cdot \widehat{\boldsymbol{n}}(\boldsymbol{r})\, dS \tag{3.1}$$

ここで，$\widehat{\boldsymbol{n}}$ は閉曲面 S に垂直な外向き単位法線ベクトルである．右辺の負符号は “流れ込む” ことを表している．上式を**ポインティングの定理**（Poynting's theorem）という．ポインティング（John Henry Poynting，1852–1914，英）が提唱したことに由来する．また，$\mathcal{P}$ をポインティング電力（Poynting power）と呼ぶこともある．ポインティングの定理の意味するところは，「ある空間の領域に流入する電磁界のエネルギーはその領域内の電界及び磁界の蓄積エネルギーとなるか，あるいはジュール熱として消費されるかのいずれかである」ということである．

以上について，マクスウェルの電磁方程式である式 (1.1) と式 (1.2) より導くことにしよう．式 (1.1) と式 (1.2) を以下に再掲する．

$$\nabla \times \boldsymbol{\mathcal{E}}(\boldsymbol{r},t) = -\frac{\partial \boldsymbol{\mathcal{B}}(\boldsymbol{r},t)}{\partial t} \tag{3.2}$$

$$\nabla \times \boldsymbol{\mathcal{H}}(\boldsymbol{r},t) = \boldsymbol{\mathcal{J}}(\boldsymbol{r},t) + \frac{\partial \boldsymbol{\mathcal{D}}(\boldsymbol{r},t)}{\partial t} \tag{3.3}$$

以降では，表記の簡単化のため $(\boldsymbol{r},t)$ を省略する．磁界ベクトル $\boldsymbol{\mathcal{H}}$ と式 (3.2) の内積，電界ベクトル $\boldsymbol{\mathcal{E}}$ と式 (3.3) の内積をとり，両者の差を求めると，

$$\boldsymbol{\mathcal{H}} \cdot \nabla \times \boldsymbol{\mathcal{E}} - \boldsymbol{\mathcal{E}} \cdot \nabla \times \boldsymbol{\mathcal{H}} = -\boldsymbol{\mathcal{H}} \cdot \frac{\partial \boldsymbol{\mathcal{B}}}{\partial t} - \boldsymbol{\mathcal{E}} \cdot \boldsymbol{\mathcal{J}} - \boldsymbol{\mathcal{E}} \cdot \frac{\partial \boldsymbol{\mathcal{D}}}{\partial t} \tag{3.4}$$

となる．左辺にベクトル公式 $\nabla \cdot (\boldsymbol{A} \times \boldsymbol{B}) = \boldsymbol{B} \cdot (\nabla \times \boldsymbol{A}) - \boldsymbol{A} \cdot (\nabla \times \boldsymbol{B})$（ただし，$\boldsymbol{A}$, $\boldsymbol{B}$ は任意のベクトル量）を用いると，

$$\nabla \cdot (\boldsymbol{\mathcal{E}} \times \boldsymbol{\mathcal{H}}) = -\boldsymbol{\mathcal{H}} \cdot \frac{\partial \boldsymbol{\mathcal{B}}}{\partial t} - \boldsymbol{\mathcal{E}} \cdot \boldsymbol{\mathcal{J}} - \boldsymbol{\mathcal{E}} \cdot \frac{\partial \boldsymbol{\mathcal{D}}}{\partial t} \tag{3.5}$$

と変形される．磁束密度ベクトル $\boldsymbol{\mathcal{B}} = \mu \boldsymbol{\mathcal{H}}$，電束密度ベクトル $\boldsymbol{\mathcal{D}} = \varepsilon \boldsymbol{\mathcal{E}}$ を用いると，右辺の第一項と第三項は，

$$\boldsymbol{\mathcal{H}} \cdot \frac{\partial \boldsymbol{\mathcal{B}}}{\partial t} = \mu \boldsymbol{\mathcal{H}} \cdot \frac{\partial \boldsymbol{\mathcal{H}}}{\partial t} = \frac{\partial}{\partial t}\left(\frac{1}{2}\mu \boldsymbol{\mathcal{H}} \cdot \boldsymbol{\mathcal{H}}\right) \equiv \frac{\partial w_{\mathrm{m}}}{\partial t} \tag{3.6}$$

$$\boldsymbol{\mathcal{E}} \cdot \frac{\partial \boldsymbol{\mathcal{D}}}{\partial t} = \varepsilon \boldsymbol{\mathcal{E}} \cdot \frac{\partial \boldsymbol{\mathcal{E}}}{\partial t} = \frac{\partial}{\partial t}\left(\frac{1}{2}\varepsilon \boldsymbol{\mathcal{E}} \cdot \boldsymbol{\mathcal{E}}\right) \equiv \frac{\partial w_{\mathrm{e}}}{\partial t} \tag{3.7}$$

と書き改められる．ここで，w_{e} と w_{m} はそれぞれ単位体積あたりの**電気的エネルギー**（electric energy）と**磁気的エネルギー**（magnetic energy）なる蓄積エネルギー（単位 [J/m^3]）を表す．よって，

$$-\nabla\cdot(\boldsymbol{\mathcal{E}}\times\boldsymbol{\mathcal{H}})=\frac{\partial}{\partial t}(w_{\mathrm{e}}+w_{\mathrm{m}})+\boldsymbol{\mathcal{E}}\cdot\boldsymbol{\mathcal{J}} \tag{3.8}$$

となる．この式はポイティングの定理の微分形と呼ばれることもある．任意の閉曲面 S で囲まれる閉領域の体積 V で両辺を積分すると，

$$-\iiint_V \nabla\cdot(\boldsymbol{\mathcal{E}}\times\boldsymbol{\mathcal{H}})\,dV=\iiint_V\left\{\frac{\partial}{\partial t}(w_{\mathrm{e}}+w_{\mathrm{m}})+\boldsymbol{\mathcal{E}}\cdot\boldsymbol{\mathcal{J}}\right\}dV \tag{3.9}$$

となる．更に左辺にガウスの発散定理を適用すると，

$$\begin{aligned}-\oiint_S(\boldsymbol{\mathcal{E}}\times\boldsymbol{\mathcal{H}})\cdot\hat{\boldsymbol{n}}\,dS&=\iiint_V\frac{\partial}{\partial t}(w_{\mathrm{e}}+w_{\mathrm{m}})\,dV+\iiint_V\boldsymbol{\mathcal{E}}\cdot\boldsymbol{\mathcal{J}}\,dV\\&=\iiint_V\frac{\partial}{\partial t}(w_{\mathrm{e}}+w_{\mathrm{m}})\,dV+\iiint_V\sigma\boldsymbol{\mathcal{E}}\cdot\boldsymbol{\mathcal{E}}\,dV\end{aligned} \tag{3.10}$$

が得られる．ここで，右辺の第二項に式 (1.60) の面電流密度ベクトル $\boldsymbol{\mathcal{J}}=\sigma\boldsymbol{\mathcal{E}}$（オームの法則）を代入した．上式は電磁界のエネルギー保存則を表している．各項の物理的意味は，

- 左辺：ポインティングの定理を表す式 (3.1) そのものであり，閉曲面 S に流れ込む瞬時電力 $\mathcal{P}$ を表す
- 右辺第一項：体積 V 内に蓄えられる電磁界のエネルギーに関する項であり，被積分関数である $\frac{\partial}{\partial t}(w_{\mathrm{e}}+w_{\mathrm{m}})$ は，体積 V 内に蓄えられる単位体積あたりの電気的及び磁気的エネルギーの増加の割合を表す
- 右辺第二項：体積 V 内で消費される熱電力損失（ジュール熱によって消費される電力）を表す

である．ただし，ここでは誘電体や磁性体の媒質損失は考慮していない．

式 (3.10) の左辺の被積分関数である $\boldsymbol{\mathcal{E}}\times\boldsymbol{\mathcal{H}}$ を**ポインティングベクトル**（Poynting vector）（単位 [W/m^2], [J/s/m^2]）といい，

$$\boldsymbol{\mathcal{S}}(\boldsymbol{r},t)\equiv\boldsymbol{\mathcal{E}}(\boldsymbol{r},t)\times\boldsymbol{\mathcal{H}}(\boldsymbol{r},t) \tag{3.11}$$

と定義される．$\boldsymbol{\mathcal{S}}$ の大きさは単位時間に単位面積を通過するエネルギーであり，$\boldsymbol{\mathcal{S}}$ の方向は電磁界のエネルギーの流れる方向を表す．なお，ポインティングベクトル $\boldsymbol{\mathcal{S}}$ は瞬時値である．

例題3.1（平面波のポインティングベクトル）

第2章と同じく $+z$ 方向に伝搬し，電界は x 成分 $\mathcal{E}_x$，磁界は y 成分 $\mathcal{H}_y$ のみを持つ平面波を考える．この平面波のポインティングベクトル $\boldsymbol{\mathcal{S}}$ を求めよ．

【解答】 問題の平面波のポインティングベクトル $\boldsymbol{\mathcal{S}}$ は，

$$
\begin{aligned}
\boldsymbol{\mathcal{S}}(\boldsymbol{r},t) &= \boldsymbol{\mathcal{E}}(\boldsymbol{r},t) \times \boldsymbol{\mathcal{H}}(\boldsymbol{r},t) \\
&= \mathcal{E}_x(\boldsymbol{r},t)\widehat{\boldsymbol{x}} \times \mathcal{H}_y(\boldsymbol{r},t)\widehat{\boldsymbol{y}} \\
&= \mathcal{E}_x(\boldsymbol{r},t)\mathcal{H}_y(\boldsymbol{r},t)\widehat{\boldsymbol{z}}
\end{aligned}
$$

と得られる．このように，電磁界のエネルギーは平面波の伝搬方向と同じ z 方向に運ばれる． ■

例題3.2（同軸線路の運ぶ電磁界のエネルギー）

(1)　図3.1に示すように内導体の半径が a，外導体の半径が b の同軸線路を考える．この同軸線路の内導体と外導体の間に交流電圧 $v(t)$ を印加し，内導体と外導体には往復電流 $i(t)$ が流れている．このとき，同軸線路の中心から半径 ρ における同軸線路内の電界ベクトル $\boldsymbol{\mathcal{E}}(\rho,t)$ と磁界ベクトル $\boldsymbol{\mathcal{H}}(\rho,t)$ を求めよ．

(2)　ポインティングの定理を用いて，同軸線路の断面を通過する瞬時電力 $\mathcal{P}(t)$ を求めよ．

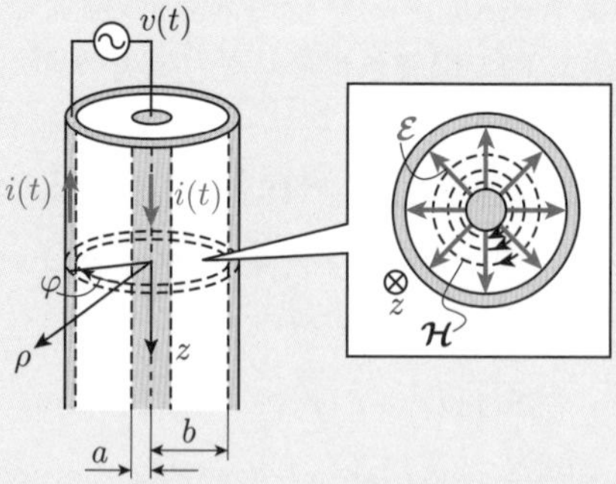

図3.1　ポインティングベクトルを用いて求める同軸線路の運ぶ電磁界のエネルギー

【解答】 (1)　ガウスの法則ならびにアンペアの法則より，同軸線路の中心から半径 ρ における電界ベクトル $\boldsymbol{\mathcal{E}}$ と磁界ベクトル $\boldsymbol{\mathcal{H}}$ は，

$$\boldsymbol{\mathcal{E}}(\rho, t) = \frac{v(t)}{\log \frac{b}{a}} \frac{1}{\rho} \widehat{\boldsymbol{\rho}}$$

$$\boldsymbol{\mathcal{H}}(\rho, t) = \frac{i(t)}{2\pi\rho} \widehat{\boldsymbol{\varphi}}$$

と求められる．

(2)　ポインティングの定理より，同軸線路の断面を通過する瞬時電力 $\mathcal{P}$ を求めると，

$$\begin{aligned}
\mathcal{P}(t) &= \iint_S \big(\boldsymbol{\mathcal{E}}(\rho, t) \times \boldsymbol{\mathcal{H}}(\rho, t)\big) \cdot \widehat{\boldsymbol{z}}\, dS \\
&= \int_a^b \int_0^{2\pi} \mathcal{E}(\rho, t)\mathcal{H}(\rho, t)\rho\, d\varphi d\rho \\
&= \int_a^b \int_0^{2\pi} \left(\frac{v(t)}{\log \frac{b}{a}} \frac{1}{\rho} \frac{i(t)}{2\pi\rho} \right) \rho\, d\varphi d\rho \\
&= v(t)\ i(t)
\end{aligned}$$

と得られる．このように，ポインティングの定理より瞬時電力を計算しても交流回路理論と同じ瞬時電力 $v(t)\ i(t)$ を得る．　■

3.2 正弦電磁界と複素ポインティングベクトル

電磁界が正弦振動する場合のポインティングベクトルを考える．時間変化として角周波数 ω の正弦振動を仮定すると，電界ベクトル $\boldsymbol{\mathcal{E}}(\boldsymbol{r},t)$ 及び磁界ベクトル $\boldsymbol{\mathcal{H}}(\boldsymbol{r},t)$ の瞬時値は，

$$\begin{aligned}\boldsymbol{\mathcal{E}}(\boldsymbol{r},t) &= \mathfrak{Re}\left\{\boldsymbol{E}(\boldsymbol{r})e^{j\omega t}\right\},\\ \boldsymbol{\mathcal{H}}(\boldsymbol{r},t) &= \mathfrak{Re}\left\{\boldsymbol{H}(\boldsymbol{r})e^{j\omega t}\right\}\end{aligned} \tag{3.12}$$

と表される．まずは，電界ベクトル $\boldsymbol{E}(\boldsymbol{r})$，磁界ベクトル $\boldsymbol{H}(\boldsymbol{r})$ の x 成分を

$$\begin{aligned}E_x(\boldsymbol{r}) &= E_{0x}(\boldsymbol{r})e^{j\varphi_x},\\ H_x(\boldsymbol{r}) &= H_{0x}(\boldsymbol{r})e^{j\psi_x}\end{aligned} \tag{3.13}$$

のようにフェーザ表示する．ここで，E_{0x} と H_{0x} は電界及び磁界の x 成分の大きさであり，φ_x, ψ_x はそれぞれの偏角である．よって，$\boldsymbol{\mathcal{E}}(\boldsymbol{r},t)$ 及び磁界ベクトル $\boldsymbol{\mathcal{H}}(\boldsymbol{r},t)$ の x 成分の瞬時値は，

$$\begin{aligned}\mathcal{E}_x(\boldsymbol{r},t) &= E_{0x}(\boldsymbol{r})\cos(\omega t+\varphi_x),\\ \mathcal{H}_x(\boldsymbol{r},t) &= H_{0x}(\boldsymbol{r})\cos(\omega t+\psi_x)\end{aligned} \tag{3.14}$$

と書き表すことができる．単位体積あたりの電気的エネルギー w_{e} と磁気的エネルギー w_{m} を求めると，

$$\begin{aligned}w_{\mathrm{e}}(\boldsymbol{r},t) &= \frac{1}{2}\varepsilon\ \mathcal{E}_x(\boldsymbol{r},t)\mathcal{E}_x(\boldsymbol{r},t)\\ &= \frac{1}{2}\varepsilon E_{0x}^2(\boldsymbol{r})\cos^2(\omega t+\varphi_x)\\ &= \frac{1}{4}\varepsilon E_{0x}^2(\boldsymbol{r})\left\{1+\cos 2(\omega t+\varphi_x)\right\}\end{aligned} \tag{3.15}$$

$$\begin{aligned}w_{\mathrm{m}}(\boldsymbol{r},t) &= \frac{1}{2}\mu\ \mathcal{H}_x(\boldsymbol{r},t)\mathcal{H}_x(\boldsymbol{r},t)\\ &= \frac{1}{2}\mu H_{0x}^2(\boldsymbol{r})\cos^2(\omega t+\psi_x)\\ &= \frac{1}{4}\mu H_{0x}^2(\boldsymbol{r})\left\{1+\cos 2(\omega t+\psi_x)\right\}\end{aligned} \tag{3.16}$$

となる．更に，単位体積あたりの電気的エネルギー w_{e} と磁気的エネルギー w_{m} の一周期 T（$=\frac{2\pi}{\omega}$）での時間平均 $\overline{w}_{\mathrm{e}}$, $\overline{w}_{\mathrm{m}}$ をそれぞれ求めると，

$$\overline{w}_{\mathrm{e}}(\boldsymbol{r}) = \frac{1}{T}\int_{-\frac{T}{2}}^{\frac{T}{2}} w_{\mathrm{e}}(\boldsymbol{r},t)\,dt = \frac{1}{4}\varepsilon E_{0x}^2(\boldsymbol{r}) \tag{3.17}$$

$$\overline{w}_{\mathrm{m}}(\boldsymbol{r}) = \frac{1}{T}\int_{-\frac{T}{2}}^{\frac{T}{2}} w_{\mathrm{m}}(\boldsymbol{r},t)\,dt = \frac{1}{4}\mu H_{0x}^2(\boldsymbol{r}) \tag{3.18}$$

と得られる．同様に y 成分と z 成分についても求めると，$\overline{w}_{\mathrm{e}}$, $\overline{w}_{\mathrm{m}}$ は，

$$\begin{aligned}\overline{w}_{\mathrm{e}}(\boldsymbol{r}) &= \frac{1}{4}\varepsilon E_{0x}^2(\boldsymbol{r}) + \frac{1}{4}\varepsilon E_{0y}^2(\boldsymbol{r}) + \frac{1}{4}\varepsilon E_{0z}^2(\boldsymbol{r}) \\ &= \frac{1}{4}\varepsilon \boldsymbol{E}(\boldsymbol{r})\cdot\boldsymbol{E}^*(\boldsymbol{r})\end{aligned} \tag{3.19}$$

$$\begin{aligned}\overline{w}_{\mathrm{m}}(\boldsymbol{r}) &= \frac{1}{4}\mu H_{0x}^2(\boldsymbol{r}) + \frac{1}{4}\mu H_{0y}^2(\boldsymbol{r}) + \frac{1}{4}\mu H_{0z}^2(\boldsymbol{r}) \\ &= \frac{1}{4}\mu \boldsymbol{H}(\boldsymbol{r})\cdot\boldsymbol{H}^*(\boldsymbol{r})\end{aligned} \tag{3.20}$$

と表されることがわかる．ただし，* は複素共役を表す．

一方，電磁界が正弦振動しているときのポインティングベクトルの瞬時値 $\boldsymbol{\mathcal{S}}(\boldsymbol{r},t)$ は，

$$\begin{aligned}\boldsymbol{\mathcal{S}}(\boldsymbol{r},t) &= \boldsymbol{\mathcal{E}}(\boldsymbol{r},t)\times\boldsymbol{\mathcal{H}}(\boldsymbol{r},t) \\ &= \mathfrak{Re}\left\{\boldsymbol{E}(\boldsymbol{r})e^{j\omega t}\right\}\times\mathfrak{Re}\left\{\boldsymbol{H}(\boldsymbol{r})e^{j\omega t}\right\} \\ &= \frac{1}{2}\left(\boldsymbol{E}(\boldsymbol{r})e^{j\omega t}+\boldsymbol{E}^*(\boldsymbol{r})e^{-j\omega t}\right)\times\frac{1}{2}\left(\boldsymbol{H}(\boldsymbol{r})e^{j\omega t}+\boldsymbol{H}^*(\boldsymbol{r})e^{-j\omega t}\right) \\ &= \frac{1}{4}\left(\boldsymbol{E}(\boldsymbol{r})\times\boldsymbol{H}^*(\boldsymbol{r})+\boldsymbol{E}^*(\boldsymbol{r})\times\boldsymbol{H}(\boldsymbol{r})\right) \\ &\quad+\frac{1}{4}\left(\boldsymbol{E}(\boldsymbol{r})\times\boldsymbol{H}(\boldsymbol{r})e^{j2\omega t}+\boldsymbol{E}^*(\boldsymbol{r})\times\boldsymbol{H}^*(\boldsymbol{r})e^{-j2\omega t}\right)\end{aligned} \tag{3.21}$$

となり，その一周期 T での時間平均 $\overline{\boldsymbol{S}}$ は，

$$\begin{aligned}\overline{\boldsymbol{S}}(\boldsymbol{r}) &= \frac{1}{T}\int_{-\frac{T}{2}}^{\frac{T}{2}}\boldsymbol{\mathcal{S}}(\boldsymbol{r},t)\,dt \\ &= \frac{1}{4}\left(\boldsymbol{E}(\boldsymbol{r})\times\boldsymbol{H}^*(\boldsymbol{r})+\boldsymbol{E}^*(\boldsymbol{r})\times\boldsymbol{H}(\boldsymbol{r})\right) \\ &= \frac{1}{2}\mathfrak{Re}\left\{\boldsymbol{E}(\boldsymbol{r})\times\boldsymbol{H}^*(\boldsymbol{r})\right\}\end{aligned} \tag{3.22}$$

と求められる．これは，電気回路において正弦波交流の時間平均電力を求めた場合と同様の結果である．

続いて，電磁界が正弦振動する場合のマクスウェルの電磁方程式よりポインティングの定理を導く．このとき，式 (1.1) と式 (1.2) は，

$$\nabla \times \boldsymbol{E}(\boldsymbol{r}) = -j\omega\mu \boldsymbol{H}(\boldsymbol{r}) \tag{3.23}$$

$$\nabla \times \boldsymbol{H}(\boldsymbol{r}) = \boldsymbol{J}(\boldsymbol{r}) + j\omega\varepsilon \boldsymbol{E}(\boldsymbol{r}) \tag{3.24}$$

となる．磁界ベクトル $\boldsymbol{H}$ の複素共役と式 (3.23) の内積，電界ベクトル $\boldsymbol{E}$ の複素共役と式 (3.24) の内積をそれぞれとり，両者の差を求めると，

$$\begin{aligned} &\boldsymbol{H}^*(\boldsymbol{r}) \cdot \nabla \times \boldsymbol{E}(\boldsymbol{r}) - \boldsymbol{E}(\boldsymbol{r}) \cdot \nabla \times \boldsymbol{H}^*(\boldsymbol{r}) \\ &= -\big(j\omega\mu \boldsymbol{H}(\boldsymbol{r}) \cdot \boldsymbol{H}^*(\boldsymbol{r}) - j\omega\varepsilon \boldsymbol{E}(\boldsymbol{r}) \cdot \boldsymbol{E}^*(\boldsymbol{r})\big) - \boldsymbol{E}(\boldsymbol{r}) \cdot \boldsymbol{J}^*(\boldsymbol{r}) \end{aligned} \tag{3.25}$$

となる．更に両辺に $\frac{1}{2}$ を乗じて，閉曲面 S で囲まれる閉領域の体積 V で積分すると，

$$\begin{aligned} &-\frac{1}{2}\oiint_S (\boldsymbol{E}(\boldsymbol{r}) \times \boldsymbol{H}^*(\boldsymbol{r})) \cdot \widehat{\boldsymbol{n}}(\boldsymbol{r})\, dS \\ &= \frac{1}{2}\iiint_V \boldsymbol{E}(\boldsymbol{r}) \cdot \boldsymbol{J}^*(\boldsymbol{r})\, dV \\ &\quad + j2\omega \iiint_V \left(\frac{1}{4}\mu \boldsymbol{H}(\boldsymbol{r}) \cdot \boldsymbol{H}^*(\boldsymbol{r}) - \frac{1}{4}\varepsilon \boldsymbol{E}(\boldsymbol{r}) \cdot \boldsymbol{E}^*(\boldsymbol{r})\right) dV \end{aligned} \tag{3.26}$$

が得られる．この式の右辺の第一項が左辺の実数部であり，右辺の第二項が左辺の虚数部である．各々の項は，

- 左辺：閉曲面 S に流れ込む複素電力を表す
- 右辺第一項：体積 V 内での平均消費電力，つまり有効電力を表す
- 右辺第二項：$2\omega \iiint_V (\overline{w}_{\mathrm{m}} - \overline{w}_{\mathrm{e}})\, dV$ は虚数部であり，無効電力を表す．括弧内は，体積 V 内に蓄えられる磁気的エネルギー密度の時間平均と電気的エネルギー密度の時間平均の差であることに注意されたい

であり，複素電力保存則が成立する．そこで，

$$\boldsymbol{S}_{\mathrm{c}}(\boldsymbol{r}) \equiv \frac{1}{2}\boldsymbol{E}(\boldsymbol{r}) \times \boldsymbol{H}^*(\boldsymbol{r}) \tag{3.27}$$

と定義して，これを**複素ポインティングベクトル**（complex Poynting vector）という．また，複素電磁界を実効値 $\boldsymbol{E}_{\mathrm{eff}} = \frac{\boldsymbol{E}(\boldsymbol{r})}{\sqrt{2}}$, $\boldsymbol{H}_{\mathrm{eff}} = \frac{\boldsymbol{H}(\boldsymbol{r})}{\sqrt{2}}$ で表せば，複素ポインティングベクトルは次式で書き表すこともできる．

$$\boldsymbol{S}_{\mathrm{c}}(\boldsymbol{r}) = \boldsymbol{E}_{\mathrm{eff}}(\boldsymbol{r}) \times \boldsymbol{H}^*_{\mathrm{eff}}(\boldsymbol{r}) \tag{3.28}$$

例題3.3（交流回路の複素電力との対応関係）

(1)　図3.2に示す正弦波交流回路の複素電力 $P\ (=\frac{1}{2}VI^*)$（ただし，V，I はそれぞれ $v(t)=\mathfrak{Re}\left\{Ve^{j\omega t}\right\}$，$i(t)=\mathfrak{Re}\left\{Ie^{j\omega t}\right\}$ の複素振幅を表す）を，抵抗での消費電力 P_{R} ならびにインダクタンスに蓄えられる磁気的エネルギー $\overline{W}_{\mathrm{m}}$，キャパシタンスに蓄えられる電気的エネルギー $\overline{W}_{\mathrm{e}}$ を用いて表せ．

(2)　複素ポインティングベクトルが与える式 (3.26) の複素電力と問 (1) の電気回路の複素電力 P との関係を議論せよ．

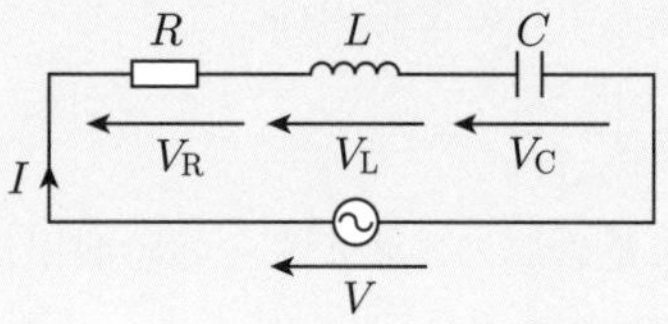

図3.2　RLC 回路における複素電力

【解答】　(1)　問題の RLC 回路の複素電力 P は次式となる．

$$P=\frac{1}{2}\left(R+j\omega L+\frac{1}{j\omega C}\right)|I|^2=\frac{1}{2}R|I|^2+j2\omega\left(\frac{1}{4}L|I|^2-\frac{1}{4}C|V_{\mathrm{C}}|^2\right)$$
$$=P_{\mathrm{R}}+j2\omega(\overline{W}_{\mathrm{m}}-\overline{W}_{\mathrm{e}})$$

(2)　体積 V 内の平均消費電力 P_{R}，平均電気的エネルギー $\overline{W}_{\mathrm{e}}$，平均磁気的エネルギー $\overline{W}_{\mathrm{m}}$ を用いて式 (3.26) を表せば，

$$P=P_{\mathrm{R}}+j2\omega(\overline{W}_{\mathrm{m}}-\overline{W}_{\mathrm{e}})$$

となる．ただし，

$$P=-\oiint_S(\boldsymbol{E}\times\boldsymbol{H}^*)\cdot\widehat{\boldsymbol{n}}\,dS,\quad P_{\mathrm{R}}=\iiint_V\frac{1}{2}\sigma\boldsymbol{E}\cdot\boldsymbol{E}^*\,dV$$
$$\overline{W}_{\mathrm{m}}=\iiint_V\frac{1}{4}\mu\boldsymbol{H}\cdot\boldsymbol{H}^*\,dV,\quad \overline{W}_{\mathrm{e}}=\iiint_V\frac{1}{4}\varepsilon\boldsymbol{E}\cdot\boldsymbol{E}^*\,dV$$

である．RLC 回路の複素電力 P と複素ポインティングベクトルが与える複素電力 P は一致し，抵抗では電力が消費され，インダクタンス（磁界）とキャパシタンス（電界）にそれぞれ磁気的エネルギー，電気的エネルギーが蓄えられる．$\overline{W}_{\mathrm{m}}>\overline{W}_{\mathrm{e}}$ であれば複素電力の虚数部は正となって電磁波回路は誘導性を示し，$\overline{W}_{\mathrm{m}}<\overline{W}_{\mathrm{e}}$ であれば複素電力の虚数部は負となって容量性を示す．■

3.3　電磁界のエネルギーの進む速度

■ 平均エネルギー速度

第2章で位相速度（等位相点が進む速度，平たく言えば波の山や谷の移動速度）を定義したが，これは一般に電磁波のエネルギーの進む速度と一致するとは限らない．正弦振動を仮定すると，均質，線形，等方性の無損失媒質中を伝搬する電磁波がエネルギーを運ぶときの速度ベクトル $\boldsymbol{v}_{\mathrm{e}}$（単位 [m/s]）を，

$$\boldsymbol{v}_{\mathrm{e}}(\boldsymbol{r}) = \frac{\text{ポインティングベクトルの時間平均}\,[\mathrm{W/m^2}] = [\mathrm{J/s/m^2}]}{\text{単位体積あたりの電磁界のエネルギーの時間平均}\,[\mathrm{J/m^3}]} = \frac{\overline{\boldsymbol{S}}(\boldsymbol{r})}{\overline{w}_{\mathrm{e}}(\boldsymbol{r}) + \overline{w}_{\mathrm{m}}(\boldsymbol{r})} \tag{3.29}$$

と定義する．このように電磁界のエネルギーの時間平均を用いて定義される速度を**平均エネルギー速度**（velocity of energy flow）と呼ぶ．

■ 平均エネルギー速度の導出*

マクスウェルの電磁方程式より上式の平均エネルギー速度を導出する．均質，線形，等方性かつ非分散性の無損失媒質を伝搬する正弦振動（時間因子 $e^{j\omega t}$）の電磁界を考える．強制電流項がない場合，マクスウェルの電磁方程式の式 (1.1) と式 (1.2) は，

$$\nabla \times \boldsymbol{E}(\boldsymbol{r}) = -j\omega\mu \boldsymbol{H}(\boldsymbol{r}) \tag{3.30}$$

$$\nabla \times \boldsymbol{H}(\boldsymbol{r}) = j\omega\varepsilon \boldsymbol{E}(\boldsymbol{r}) \tag{3.31}$$

である．進行波の電界ベクトル $\boldsymbol{E}$ と磁界ベクトル $\boldsymbol{H}$ を複素表示すると，

$$\boldsymbol{E}(\boldsymbol{r}) = \boldsymbol{E}_0 e^{-j\boldsymbol{k}(\omega)\cdot\boldsymbol{r}} \tag{3.32}$$

$$\boldsymbol{H}(\boldsymbol{r}) = \boldsymbol{H}_0 e^{-j\boldsymbol{k}(\omega)\cdot\boldsymbol{r}} \tag{3.33}$$

と表される．ただし，$\boldsymbol{E}_0$, $\boldsymbol{H}_0$ は任意のベクトルである．一般に波数ベクトル $\boldsymbol{k}$ は ω の関数となることから，$\boldsymbol{k} = \boldsymbol{k}(\omega)$ と書かれる．以降の計算では表記の簡単化のため，$(\boldsymbol{r})$ 及び (ω) は省略する．

非分散性媒質では誘電率 ε と透磁率 μ は周波数に依存しない定数であるので，式 (3.30) 及び式 (3.31) の複素共役をとって両辺を ω で偏微分すると，

$$\nabla \times \frac{\partial \boldsymbol{E}^*}{\partial\omega} = j\mu \boldsymbol{H}^* + j\omega\mu\frac{\partial \boldsymbol{H}^*}{\partial\omega} \tag{3.34}$$

$$\nabla \times \frac{\partial \boldsymbol{H}^*}{\partial\omega} = -j\varepsilon \boldsymbol{E}^* - j\omega\varepsilon\frac{\partial \boldsymbol{E}^*}{\partial\omega} \tag{3.35}$$

となる．前節までに示したポインティングの定理の導出と同様の手順に従い，$\frac{\partial \boldsymbol{H}^*}{\partial \omega}$ と式 (3.30) の内積，$\frac{\partial \boldsymbol{E}^*}{\partial \omega}$ と式 (3.31) の内積，$\boldsymbol{H}$ と式 (3.34) の内積，$\boldsymbol{E}$ と式 (3.35) の内積をそれぞれとり，それらの式の辺々の和差をとると．

$$\begin{aligned}
&\frac{\partial \boldsymbol{H}^*}{\partial \omega} \cdot (\nabla \times \boldsymbol{E}) - \boldsymbol{E} \cdot \left(\nabla \times \frac{\partial \boldsymbol{H}^*}{\partial \omega}\right) + \boldsymbol{H} \cdot \left(\nabla \times \frac{\partial \boldsymbol{E}^*}{\partial \omega}\right) - \frac{\partial \boldsymbol{E}^*}{\partial \omega} \cdot (\nabla \times \boldsymbol{H}) \\
&= -j\omega\mu \frac{\partial \boldsymbol{H}^*}{\partial \omega} \cdot \boldsymbol{H} + j\omega\varepsilon \boldsymbol{E} \cdot \frac{\partial \boldsymbol{E}^*}{\partial \omega} + j\varepsilon \boldsymbol{E} \cdot \boldsymbol{E}^* + j\omega\mu \boldsymbol{H} \cdot \frac{\partial \boldsymbol{H}^*}{\partial \omega} \\
&\quad + j\mu \boldsymbol{H} \cdot \boldsymbol{H}^* - j\omega\varepsilon \frac{\partial \boldsymbol{E}^*}{\partial \omega} \cdot \boldsymbol{E}
\end{aligned} \tag{3.36}$$

のようになる．更に，左辺にベクトル公式 $\nabla \cdot (\boldsymbol{A} \times \boldsymbol{B}) = \boldsymbol{B} \cdot (\nabla \times \boldsymbol{A}) - \boldsymbol{A} \cdot (\nabla \times \boldsymbol{B})$（ただし，$\boldsymbol{A}$, $\boldsymbol{B}$ は任意のベクトル量）を用いると，

$$\nabla \cdot \left(\boldsymbol{E} \times \frac{\partial \boldsymbol{H}^*}{\partial \omega} + \frac{\partial \boldsymbol{E}^*}{\partial \omega} \times \boldsymbol{H}\right) = j\mu \boldsymbol{H} \cdot \boldsymbol{H}^* + j\varepsilon \boldsymbol{E} \cdot \boldsymbol{E}^* \tag{3.37}$$

と整理される．上式に式 (3.32) 及び式 (3.33) を代入すると，

$$\nabla \cdot \left\{\left(\boldsymbol{r} \cdot \frac{\partial \boldsymbol{k}}{\partial \omega}\right) \boldsymbol{E}_0 \times \boldsymbol{H}_0^* + \left(\boldsymbol{r} \cdot \frac{\partial \boldsymbol{k}}{\partial \omega}\right) \boldsymbol{E}_0^* \times \boldsymbol{H}_0\right\} = \mu \boldsymbol{H}_0 \cdot \boldsymbol{H}_0^* + \varepsilon \boldsymbol{E}_0 \cdot \boldsymbol{E}_0^* \tag{3.38}$$

となる．更に左辺は，

$$\begin{aligned}
&\nabla \cdot \left\{\left(\boldsymbol{r} \cdot \frac{\partial \boldsymbol{k}}{\partial \omega}\right) 2\,\mathfrak{Re}\{\boldsymbol{E}_0 \times \boldsymbol{H}_0^*\}\right\} \\
&= 2\,\mathfrak{Re}\{\boldsymbol{E}_0 \times \boldsymbol{H}_0^*\} \cdot \nabla \left(\boldsymbol{r} \cdot \frac{\partial \boldsymbol{k}}{\partial \omega}\right) \\
&= 2\,\mathfrak{Re}\{\boldsymbol{E}_0 \times \boldsymbol{H}_0^*\} \cdot \nabla \left(x\frac{\partial k_x}{\partial \omega} + y\frac{\partial k_y}{\partial \omega} + z\frac{\partial k_z}{\partial \omega}\right) \\
&= 2\,\mathfrak{Re}\{\boldsymbol{E}_0 \times \boldsymbol{H}_0^*\} \cdot \frac{\partial \boldsymbol{k}}{\partial \omega}
\end{aligned} \tag{3.39}$$

と変形される．したがって，両辺に $\frac{1}{4}$ を乗じれば，

$$\frac{1}{2}\mathfrak{Re}\{\boldsymbol{E}_0 \times \boldsymbol{H}_0^*\} \cdot \frac{\partial \boldsymbol{k}}{\partial \omega} = \frac{1}{4}\mu \boldsymbol{H}_0 \cdot \boldsymbol{H}_0^* + \frac{1}{4}\varepsilon \boldsymbol{E}_0 \cdot \boldsymbol{E}_0^* \tag{3.40}$$

と書き表される．左辺の $\frac{1}{2}\mathfrak{Re}\{\boldsymbol{E}_0 \times \boldsymbol{H}_0^*\}$ はポインティングベクトルの時間平均であり，右辺の $\frac{1}{4}\mu \boldsymbol{H}_0 \cdot \boldsymbol{H}_0^*$, $\frac{1}{4}\varepsilon \boldsymbol{E}_0 \cdot \boldsymbol{E}_0^*$ はそれぞれ電気的エネルギーと磁気的エネルギーの時間平均であるから，平均エネルギー速度 $\boldsymbol{v}_{\mathrm{e}}$ は，

$$\boldsymbol{v}_{\mathrm{e}}(\boldsymbol{r}) \equiv \left(\frac{d\boldsymbol{k}}{d\omega}\right)^{-1} = \frac{\overline{\boldsymbol{S}}(\boldsymbol{r})}{\overline{w}_{\mathrm{e}}(\boldsymbol{r}) + \overline{w}_{\mathrm{m}}(\boldsymbol{r})} \tag{3.41}$$

のように導出される．同様の手順で分散性媒質中の平均エネルギー速度も導出できる．

■ 例題3.4（平面波の平均エネルギー速度）■

第2章と同じく $+z$ 方向に伝搬し，電界は x 成分 E_x，磁界は y 成分 H_y のみを持つ平面波を考える．その平面波が真空中（$\varepsilon = \varepsilon_0$, $\mu = \mu_0$）を伝搬するときの平均エネルギー速度 $\boldsymbol{v}_\mathrm{e}$ を求めよ．

【解答】 問題の平面波の平均エネルギー速度 $\boldsymbol{v}_\mathrm{e}$ を求めると，

$$\boldsymbol{v}_\mathrm{e} = \frac{\frac{1}{2}\Re\mathfrak{e}\{\boldsymbol{E}(\boldsymbol{r}) \times \boldsymbol{H}^*(\boldsymbol{r})\}}{\frac{1}{4}\varepsilon_0 \boldsymbol{E}(\boldsymbol{r}) \cdot \boldsymbol{E}^*(\boldsymbol{r}) + \frac{1}{4}\mu_0 \boldsymbol{H}(\boldsymbol{r}) \cdot \boldsymbol{H}^*(\boldsymbol{r})}$$

$$= \frac{\frac{1}{2}\sqrt{\frac{\varepsilon_0}{\mu_0}}|E_x|^2 \widehat{\boldsymbol{z}}}{\frac{1}{4}\varepsilon_0 |E_x|^2 + \frac{1}{4}\mu_0 \frac{\varepsilon_0}{\mu_0}|E_x|^2}$$

$$= \frac{1}{\sqrt{\mu_0 \varepsilon_0}}\widehat{\boldsymbol{z}}$$

■

平面波の伝搬速度は式 (2.25) で与えられるように光速 $c = \frac{1}{\sqrt{\mu_0 \varepsilon_0}}$ であり，その位相速度 v_p は式 (2.39) より $v_\mathrm{p} = \frac{\omega}{k_0} = \frac{1}{\sqrt{\mu_0 \varepsilon_0}}$ である．真空中を伝搬する平面波の位相速度 v_p は光速 c と等しく，平面波の平均エネルギー速度 v_e も光速 c と等しい．

■ 群速度

さて無線通信においては，単一の角周波数 ω の搬送波の振幅，周波数，位相のいずれかに信号を重畳して情報が伝送される．そこで，変調された波の伝搬速度を求め，平均エネルギー速度との関係を示そう．

簡単な例として，均質，線形，等方性の無損失媒質中において角周波数がわずかに異なる二つの正弦電界の線形和を考える．一般に波数は角周波数の関数なので，角周波数がわずかに異なれば波数 k_0 も Δk だけわずかに異なる．そのような進行波の二つの角周波数を $\omega_0 - \Delta\omega$, $\omega_0 + \Delta\omega$ と表すと，振幅が E_0 で等しく z 方向に進む二つの波の電界の和は，

$$\mathcal{E}(z,t)$$
$$= E_0 \cos\{(\omega_0 - \Delta\omega)t - (k_0 - \Delta k)z\} + E_0 \cos\{(\omega_0 + \Delta\omega)t - (k_0 + \Delta k)z\}$$

$$= 2E_0 \cos(\varDelta\omega t - \varDelta k z) \cos(\omega_0 t - k_0 z) \tag{3.42}$$

と書き表される．$\varDelta\omega$ が ω_0 に比べて十分に小さいものとして，式 (3.42) の大きさの時間変化の様子を図3.3に示す．図からわかるように，$\cos(\omega_0 t - k_0 z)$ の形で伝搬する波の振幅が $\cos(\varDelta\omega t - \varDelta k z)$ で変化している．いわゆる，うなりが生じている．つまり，$\cos(\varDelta\omega t - \varDelta k z)$ は包絡線の波形を表している．これは，単一の角周波数 ω_0 の搬送波の振幅に信号を重畳して情報を伝送する振幅変調である．角周波数 ω_0 の搬送波の速度（位相速度）が

$$v_{\mathrm{p}} = \frac{\omega_0}{k_0} \tag{3.43}$$

であるのに対して，包絡線の速度は次式で表される．

$$v_{\mathrm{g}} = \lim_{\varDelta\omega \to 0} \frac{\varDelta\omega}{\varDelta k} = \frac{\partial\omega}{\partial k} = \left(\frac{\partial k}{\partial\omega}\right)^{-1} \tag{3.44}$$

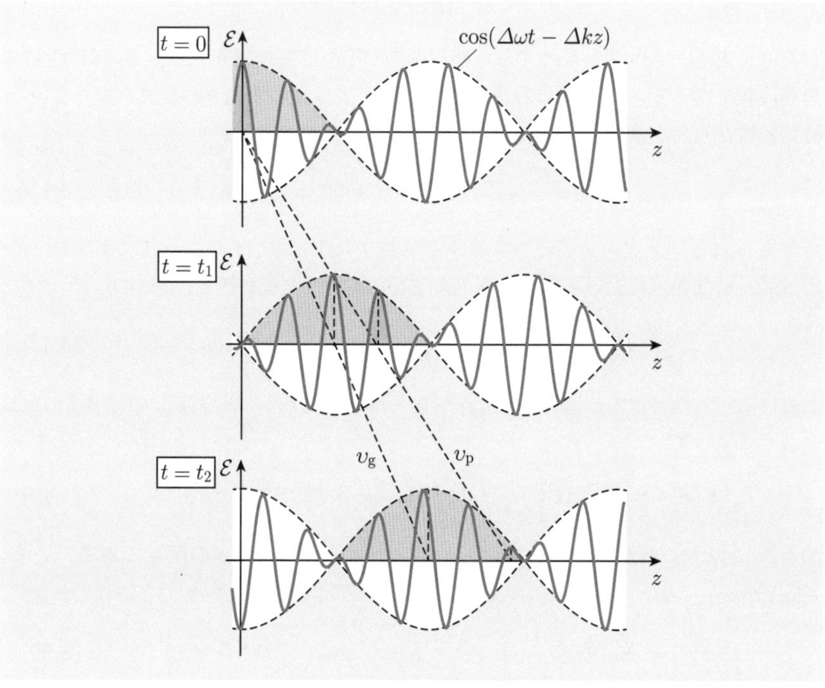

図3.3　周波数のわずかに異なる波の合成例（図中，位相速度 $\boldsymbol{v}_{\mathbf{p}}$ は濃色の山の進む速度であり，群速度 $\boldsymbol{v}_{\mathbf{g}}$ は淡色の包絡線の山の進む速度）

式 (3.44) で表される速度を**群速度** v_{g} (group velocity) といい，平均エネルギー速度を表す式 (3.41) と同じであることがわかる．伝送線路においては，その位相定数 β を用いて位相速度 v_{p} と群速度 v_{g} は，

$$v_{\mathrm{p}} = \frac{\omega}{\beta}, \quad v_{\mathrm{g}} = \left(\frac{\partial \beta}{\partial \omega}\right)^{-1} \tag{3.45}$$

のようにそれぞれ表される．角周波数 ω と位相定数 β が比例関係にあれば位相速度と群速度は一致し，そうでない場合には一致しない．

■ 群速度の導出*

ここまでの議論をもう少し一般化して群速度を求めてみよう．いま，次式で表される時間領域の電界ベクトル $\boldsymbol{\mathcal{E}}(t)$ を考える．

$$\begin{aligned}\boldsymbol{\mathcal{E}}(t) &= \boldsymbol{E}_0 \mathcal{F}(t) \cos(\omega_0 t) \\ &= \mathfrak{Re}\left\{\boldsymbol{E}_0 \mathcal{F}(t) e^{j\omega_0 t}\right\}\end{aligned} \tag{3.46}$$

ただし，$\boldsymbol{E}_0$ は実ベクトルとする．時間関数 $\mathcal{F}(t)$ は包絡線を表し，ω_0 は搬送波の角周波数であるから，式 (3.42) と同じように上式は振幅変調された波を表している．時間領域から角周波数領域への $\mathcal{F}(t)e^{j\omega_0 t}$ のフーリエ変換は，

$$F(\omega - \omega_0) = \int_{-\infty}^{\infty} \mathcal{F}(t) e^{j\omega_0 t} e^{-j\omega t}\, dt \tag{3.47}$$

で与えられる．上式の角周波数に関する関数 $F(\omega)$ は $\mathcal{F}(t)$ のフーリエ変換である．よって，時間領域における電界ベクトル $\boldsymbol{\mathcal{E}}(t)$ はフーリエ逆変換を用いて，

$$\boldsymbol{\mathcal{E}}(t) = \boldsymbol{E}_0 \mathfrak{Re}\left\{\frac{1}{2\pi}\int_{-\infty}^{\infty} F(\omega - \omega_0) e^{j\omega t}\, d\omega\right\} \tag{3.48}$$

と書ける．したがって，進行波の電界ベクトル $\boldsymbol{\mathcal{E}}(\boldsymbol{r}, t)$ は角周波数 ω の平面波の重ね合わせによって，

$$\boldsymbol{\mathcal{E}}(\boldsymbol{r}, t) = \boldsymbol{E}_0 \mathfrak{Re}\left\{\frac{1}{2\pi}\int_{-\infty}^{\infty} F(\omega - \omega_0) e^{j(\omega t - \boldsymbol{k}\cdot\boldsymbol{r})}\, d\omega\right\} \tag{3.49}$$

のように表すことができる．ただし，波数ベクトル $\boldsymbol{k}$ は ω の関数である．いま，$F(\omega)$ が $\omega_0 - \Delta\omega \leq \omega \leq \omega_0 + \Delta\omega$ の角周波数内においてのみ 0 でないとすると，

$$\boldsymbol{\mathcal{E}}(\boldsymbol{r}, t) = \boldsymbol{E}_0 \mathfrak{Re}\left\{\frac{1}{2\pi}\int_{\omega_0 - \Delta\omega}^{\omega_0 + \Delta\omega} F(\omega - \omega_0) e^{j(\omega t - \boldsymbol{k}\cdot\boldsymbol{r})}\, d\omega\right\} \tag{3.50}$$

となる．一般に波数ベクトル $\boldsymbol{k}$ は角周波数 ω の関数として表されるが，$\Delta\omega$ が ω_0 に比べて十分小さい場合，$\boldsymbol{k}(\omega)$ は，

$$\boldsymbol{k}(\omega) = \boldsymbol{k}(\omega_0) + \left.\frac{d\boldsymbol{k}}{d\omega}\right|_{\omega=\omega_0} (\omega - \omega_0) + \cdots \tag{3.51}$$

のようにテイラー展開することができる．二次以降の微小項を無視すると，

$$\omega t - \boldsymbol{k}\cdot\boldsymbol{r} \approx (\omega_0 t - \boldsymbol{k}_0\cdot\boldsymbol{r}) + (\omega - \omega_0)\left(t - \left.\frac{d\boldsymbol{k}}{d\omega}\right|_{\omega=\omega_0}\cdot\boldsymbol{r}\right) \tag{3.52}$$

となる．ただし，$\boldsymbol{k}_0 = \boldsymbol{k}(\omega_0)$ である．以上から電界ベクトル $\boldsymbol{\mathcal{E}}(\boldsymbol{r}, t)$ は，

$$\boldsymbol{\mathcal{E}}(\boldsymbol{r}, t) = \mathfrak{Re}\left\{\boldsymbol{E}_0 \mathcal{F}(\boldsymbol{r}, t) e^{j(\omega_0 t - \boldsymbol{k}_0\cdot\boldsymbol{r})}\right\} \tag{3.53}$$

と書ける．ここで，

$$\mathcal{F}(\boldsymbol{r}, t) = \frac{1}{2\pi}\int_{\omega_0-\Delta\omega}^{\omega_0+\Delta\omega} F(\omega - \omega_0) e^{j(\omega-\omega_0)\left(t - \left.\frac{d\boldsymbol{k}}{d\omega}\right|_{\omega=\omega_0}\cdot\boldsymbol{r}\right)} d\omega \tag{3.54}$$

である．更に $\omega - \omega_0 = w$ なる変数変換を行うと，

$$\begin{aligned}\mathcal{F}(\boldsymbol{r}, t) &= \frac{1}{2\pi}\int_{-\Delta\omega}^{\Delta\omega} F(w) e^{jw\left(t - \left.\frac{d\boldsymbol{k}}{d\omega}\right|_{\omega=\omega_0}\cdot\boldsymbol{r}\right)} dw \\ &= \mathcal{F}\left(t - \left.\frac{d\boldsymbol{k}}{d\omega}\right|_{\omega=\omega_0}\cdot\boldsymbol{r}\right)\end{aligned} \tag{3.55}$$

となる．したがって，時間領域における進行波の電界ベクトル $\boldsymbol{\mathcal{E}}(\boldsymbol{r}, t)$ は，

$$\boldsymbol{\mathcal{E}}(\boldsymbol{r}, t) = \boldsymbol{E}_0 \mathcal{F}\left(t - \left.\frac{d\boldsymbol{k}}{d\omega}\right|_{\omega=\omega_0}\cdot\boldsymbol{r}\right)\cos(\omega_0 t - \boldsymbol{k}_0\cdot\boldsymbol{r}) \tag{3.56}$$

と表される．前述の“うなり”と同じく $\cos(\omega_0 t - \boldsymbol{k}_0\cdot\boldsymbol{r})$ が搬送波であり，関数 $\mathcal{F}$ が式 (3.42) の包絡線に対応することがわかる．包絡線の速度ベクトルを求めると，

$$\begin{aligned}\boldsymbol{v}_{\mathrm{g}} &= \frac{d\boldsymbol{r}}{dt} \\ &= \left(\left.\frac{d\boldsymbol{k}}{d\omega}\right|_{\omega=\omega_0}\right)^{-1}\end{aligned} \tag{3.57}$$

のように群速度が得られ，平均エネルギー速度と一致する．ただし，上式で群速度が計算できるのは，搬送波の角周波数 ω_0 近傍の狭帯域の信号の場合に限られる．

例題3.5（方形導波管の位相速度と群速度）

第 6 章で述べる方形導波管の位相定数 β は，真空における波数 k_0（$=\omega\sqrt{\mu_0\varepsilon_0}$）と定数 k_{c}（導波管の遮断波数）を用いて，$\beta=\sqrt{k_0^2-k_{\mathrm{c}}^2}$ と表される．ただし，$k_0^2>k_{\mathrm{c}}^2$ を満足する角周波数 ω を考える．次の問に答えよ．

(1) 方形導波管内を伝搬する電磁波の位相速度 v_{p} と群速度 v_{g} を，k_0, k_{c}，光速 c を用いて表せ．

(2) 問 (1) の結果より位相速度 v_{p}，群速度 v_{g}，光速 c の関係を示せ．

【解答】 (1) 位相速度は，

$$v_{\mathrm{p}}=\frac{\omega}{\beta}=\frac{ck_0}{\beta}=\frac{ck_0}{\sqrt{k_0^2-k_{\mathrm{c}}^2}}$$

である．方形導波管では $\beta=\sqrt{k_0^2-k_{\mathrm{c}}^2}<k_0$ であるから，$v_{\mathrm{p}}>c$ となり，位相速度が光速よりも大きくなる．そのため，導波管の位相速度はしばしば“見かけの速度”と表現されることがある．また，群速度 v_{g} は，

$$v_{\mathrm{g}}=\left(\frac{\partial\beta}{\partial\omega}\right)^{-1}=\frac{c\beta}{k_0}$$

$$=\frac{c\sqrt{k_0^2-k_{\mathrm{c}}^2}}{k_0}$$

と求められる．

(2) 問 (1) より，$v_{\mathrm{g}}v_{\mathrm{p}}=c^2$ が成立する．群速度 v_{g} は光速 c よりも小さくなる．つまり，位相速度が光速を超えたからといって電磁波のエネルギーが光速を超えて伝搬されるわけではない． ■

3章の演習問題

□**3.1** 誘電率 ε，透磁率 μ の無損失媒質中を伝搬する正弦振動の平面波の電界ベクトルが $\boldsymbol{E}(z,t) = E_0 e^{j(\omega t - kz)}\widehat{\boldsymbol{x}}$（$\omega$：角周波数，$k$：波数，$E_0$：定数）で与えられるとき，以下の問に答えよ．

(1) この平面波における電気的エネルギー密度の時間平均 $\overline{w}_{\mathrm{e}}$ と磁気的エネルギー密度の時間平均 $\overline{w}_{\mathrm{m}}$ は一致することを示せ．

(2) この平面波の複素ポインティングベクトル $\boldsymbol{S}_{\mathrm{c}}$ を求めよ．

□**3.2** 半径 a，高さ h の円柱形導体内を直流電流 I が $+z$ 方向に一様に流れている．以下の問に答えよ．ただし，円柱形導体の中心軸は z 軸であり，z 軸からの距離を ρ とし，導体の導電率を σ とする．

(1) 導体内における電界ベクトル $\boldsymbol{E}$ を求めよ．

(2) 導体内における磁界ベクトル $\boldsymbol{H}$ を求めよ．

(3) 導体内のポインティングベクトル $\boldsymbol{S}$ を求めよ．

(4) ポインティングの定理より，単位時間に導体側面から内部に流入するエネルギー P を求めよ．

(5) 円柱全体における単位時間あたりの熱電力損失 P（ジュール損）を求め，問 (4) の結果を踏まえ考察せよ．

□**3.3** 真空中に半径 a の導体円板を間隔 d（$\ll a$）で平行に配置したコンデンサがある．この平行平板コンデンサに印加された電圧が $\mathcal{V}(t) = V_0 e^{-\alpha t}$（時間 $t \geq 0$, $\alpha > 0$）で時間変化している．ただし，導体円板の中心軸は z 軸であり，z 軸からの距離を ρ（$0 \leq \rho \leq a$）とする．また，印加電圧の向きは $+z$ 方向であり，導体上の電荷は一様に分布しているとし，端部効果は無視できるものとする．なお，真空の誘電率は ε_0 である．以下の問に答えよ．

(1) コンデンサ内部に生じる変位電流の面密度ベクトル $\boldsymbol{\mathcal{J}}_d$ を求めよ．

(2) コンデンサ内部に生じる磁界ベクトル $\boldsymbol{\mathcal{H}}$ を求めよ．

(3) 導体極板間におけるポインティングベクトル $\boldsymbol{\mathcal{S}}$ を求めよ．

(4) ポインティングの定理より，コンデンサ内部から単位時間に流出するエネルギー $\mathcal{P}$ を求めよ．

(5) ある時間 t においてコンデンサに蓄えられている電荷量 Q を求めよ．

(6) 電荷保存の法則を用いて問 (5) の結果を時間微分することによって，コンデンサから流出する電流 $\mathcal{I}$ を求めよ．

(7) 問 (6) の結果を用いて瞬時電力 $\mathcal{P}$ を求め，問 (4) の結果と一致することを示せ．

□**3.4**　相加相乗平均の不等式 $(AB)^{\frac{1}{2}} \leq \frac{1}{2}(A+B)$（ただし，$A$, B は任意の正の実数）を用いて，式 (3.29) で表される平均エネルギー速度 $\boldsymbol{v}_{\mathrm{e}}$ の絶対値が次式のように光速 c 以下になることを示せ.

$$|\boldsymbol{v}_{\mathrm{e}}| \leq \frac{1}{\sqrt{\mu_0 \varepsilon_0}} = c$$

第4章

電磁界の境界条件と境界値問題

本章では，電磁界の境界条件について説明する．二種の異なる媒質が接する境界面における電磁界の境界条件をマクスウェルの電磁方程式から導出する．境界条件を用いた電磁界の境界値問題の例として，境界面に平面波が入射したときの透過係数と反射係数を求め，その特徴的な振る舞いについても述べる．

4.1　電磁界の境界条件

4.1.1　電界ベクトルの境界条件

媒質が複数存在する場合の電磁波の振る舞いを記述するには，電磁界が媒質界面での**境界条件**（boundary condition）を満足する必要がある．ある与えられた境界条件によって定式化される問題を一般に**境界値問題**（boundary value problem）という．

まず，図4.1に示すように媒質 1 と媒質 2 が境界面 S で接している場合を考える．便宜上，境界面を平面で図示しているが，平面には限定されない．境界面に対して垂直な単位法線ベクトルを $\widehat{\boldsymbol{n}}$（媒質 2 から媒質 1 に向かう方向），

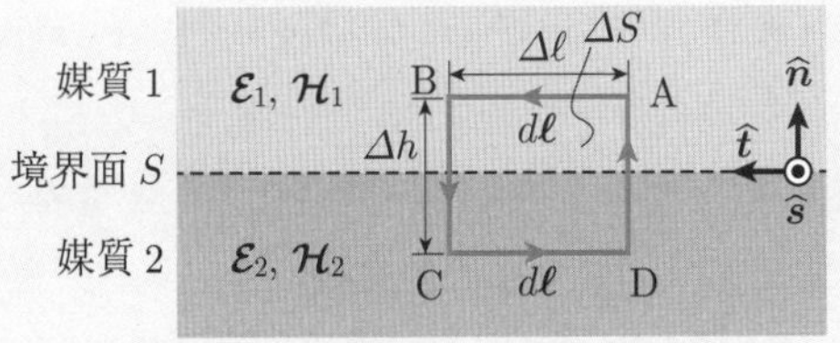

図4.1　電界ベクトル，磁界ベクトルの境界条件式の導出

境界面に接して面 $\varDelta S$（辺 AB, BC, CD, DA で囲まれる面）に垂直な単位ベクトルを $\hat{\boldsymbol{s}}$，境界面に接して面 S ならびに境界面に平行な単位接線ベクトルを $\hat{\boldsymbol{t}}$ とする．これらの単位ベクトルには $\hat{\boldsymbol{t}} = \hat{\boldsymbol{s}} \times \hat{\boldsymbol{n}}$ の直交関係がある．

マクスウェルの電磁方程式の一つである式 (1.1) より，電界ベクトルが媒質 1 と媒質 2 の境界面において満足すべき条件を導出する．式 (1.1) の両辺を面 $\varDelta S$ で積分すると，

$$\iint_{\varDelta S} \nabla \times \boldsymbol{\mathcal{E}}(\boldsymbol{r}, t) \cdot \hat{\boldsymbol{s}}(\boldsymbol{r})\, dS = -\iint_{\varDelta S} \frac{\partial \boldsymbol{\mathcal{B}}(\boldsymbol{r}, t)}{\partial t} \cdot \hat{\boldsymbol{s}}(\boldsymbol{r})\, dS \tag{4.1}$$

となる．ただし，$\hat{\boldsymbol{s}}\, dS$ は面素ベクトルである．左辺に対してストークスの定理を適用すると，

$$\oint_C \boldsymbol{\mathcal{E}}(\boldsymbol{r}, t) \cdot d\boldsymbol{\ell} = -\iint_{\varDelta S} \frac{\partial \boldsymbol{\mathcal{B}}(\boldsymbol{r}, t)}{\partial t} \cdot \hat{\boldsymbol{s}}(\boldsymbol{r})\, dS \tag{4.2}$$

のように面 $\varDelta S$ を作る閉経路 C（A→B→C→D の経路）で積分する形となる．なお，$d\boldsymbol{\ell}$ は閉経路 C に沿った線素ベクトルである．面 $\varDelta S$ は任意に選べるため面 $\varDelta S$（$= \varDelta h \varDelta \ell$）を長方形 ABCD とする．辺 AB 及び辺 CD を境界面に近づけると，左辺の線積分において $\varDelta h$（辺 BC 及び辺 DA）に関する積分は 0 へと近づく．媒質 1 中の電界ベクトルを $\boldsymbol{\mathcal{E}}_1$，媒質 2 中の電界ベクトルを $\boldsymbol{\mathcal{E}}_2$ と表すと，式 (4.2) は境界面 S 上において，

$$\boldsymbol{\mathcal{E}}_1(\boldsymbol{r}, t) \cdot \hat{\boldsymbol{t}} \varDelta \ell - \boldsymbol{\mathcal{E}}_2(\boldsymbol{r}, t) \cdot \hat{\boldsymbol{t}} \varDelta \ell + \mathcal{O}(\varDelta h) = -\frac{\partial \boldsymbol{\mathcal{B}}(\boldsymbol{r}, t)}{\partial t} \cdot \hat{\boldsymbol{s}}(\boldsymbol{r}) \varDelta h \varDelta \ell \tag{4.3}$$

となる．ここで，$\mathcal{O}(\varDelta h)$ は $\varDelta h$ 程度の微小量を意味する．また，辺 AB 及び辺 CD の長さ $\varDelta \ell$ は十分小さいとし，辺 AB 及び辺 CD 上において $\boldsymbol{\mathcal{E}}_1$, $\boldsymbol{\mathcal{E}}_2$ は変化しないと近似している．媒質 2 では閉経路 C 上の線素ベクトル $d\boldsymbol{\ell}$ と単位接線ベクトル $\hat{\boldsymbol{t}}$ は反平行であるため，左辺の第二項に負符号が表れていることに注意されたい．更に，$\varDelta h \to 0$ とすると，

$$\boldsymbol{\mathcal{E}}_1(\boldsymbol{r}, t) \cdot \hat{\boldsymbol{t}}(\boldsymbol{r}) - \boldsymbol{\mathcal{E}}_2(\boldsymbol{r}, t) \cdot \hat{\boldsymbol{t}}(\boldsymbol{r}) = \boldsymbol{0} \cdot (-\hat{\boldsymbol{s}}(\boldsymbol{r})) \tag{4.4}$$

となる．ここで，右辺の負符号は数学的には不要であるが，マクスウェルの電磁方程式における磁束密度ベクトルの時間変化 $\frac{\partial \boldsymbol{\mathcal{B}}}{\partial t}$ と電界ベクトル $\boldsymbol{\mathcal{E}}$ との物理的な関係を消失しないようにするために残している [1]．更に，$\hat{\boldsymbol{t}} = \hat{\boldsymbol{s}} \times \hat{\boldsymbol{n}}$ と

[1] 5.3 節で説明するように電磁界の双対性より仮想波源として面磁流密度ベクトル $\boldsymbol{\mathcal{M}}$ を導入すると，式 (5.20) より $\nabla \times \boldsymbol{\mathcal{E}} = -\boldsymbol{\mathcal{M}} - \frac{\partial \boldsymbol{\mathcal{B}}}{\partial t}$ と表される．これを用いて境界条件を導出すると $(\boldsymbol{\mathcal{E}}_1 - \boldsymbol{\mathcal{E}}_2) \times \hat{\boldsymbol{n}} = \boldsymbol{\mathcal{M}}_\ell$（$\boldsymbol{\mathcal{M}}_\ell$：線磁流密度ベクトル）が得られ，右辺は 0 にならないことから負符号の情報は消失しない．

スカラ三重積 $\boldsymbol{A}\cdot(\boldsymbol{B}\times\boldsymbol{C})=\boldsymbol{B}\cdot(\boldsymbol{C}\times\boldsymbol{A})=\boldsymbol{C}\cdot(\boldsymbol{A}\times\boldsymbol{B})$（ただし，$\boldsymbol{A}$, $\boldsymbol{B}$, $\boldsymbol{C}$ は任意のベクトル量）を用いると，

$$\big(\boldsymbol{\mathcal{E}}_1(\boldsymbol{r},t)-\boldsymbol{\mathcal{E}}_2(\boldsymbol{r},t)\big)\times\widehat{\boldsymbol{n}}(\boldsymbol{r})=\boldsymbol{0} \tag{4.5}$$

と表される．ここで左辺の $\widehat{\boldsymbol{n}}$ の位置が後ろにあることに注意されたい．式 (4.5) は，境界面 S 上の任意の位置ベクトル $\boldsymbol{r}$ の点において，時間的に変化する電界ベクトルの接線成分は連続であることを表している．電界ベクトル $\boldsymbol{\mathcal{E}}_1$, $\boldsymbol{\mathcal{E}}_2$ の境界面（二次元であることに注意）に平行な接線成分からなるベクトルをそれぞれ $\boldsymbol{\mathcal{E}}_{1t}$, $\boldsymbol{\mathcal{E}}_{2t}$ と表すと，式 (4.5) は次式のように書くこともできる．

$$\boldsymbol{\mathcal{E}}_{1t}(\boldsymbol{r},t)=\boldsymbol{\mathcal{E}}_{2t}(\boldsymbol{r},t) \tag{4.6}$$

例題4.1（完全導体上の電界ベクトルの境界条件）

媒質 2 が完全（電気）導体（導電率 $\sigma=\infty$）のとき，媒質 1 の電界ベクトル $\boldsymbol{\mathcal{E}}_1$ が満足すべき境界条件を導出せよ．

【解答】 媒質 2 が完全導体の場合，その内部では電界ベクトル $\boldsymbol{\mathcal{E}}_2=\boldsymbol{0}$ となるので，式 (4.5) より電界ベクトルの境界条件は，

$$\boldsymbol{\mathcal{E}}_1(\boldsymbol{r},t)\times\widehat{\boldsymbol{n}}(\boldsymbol{r})=\boldsymbol{0}$$

が得られる．電界ベクトルの接線成分 $\boldsymbol{\mathcal{E}}_{1t}$ を用いて表すと $\boldsymbol{\mathcal{E}}_{1t}(\boldsymbol{r},t)=\boldsymbol{0}$ である．図4.2に示すように導体表面に対して電界ベクトルは垂直成分のみを持つ．

完全電気導体（perfect electric conductor）はしばしば PEC と略される．一方，表面において磁界ベクトルの接線成分が 0 となる仮想導体を**完全磁気導体**（perfect magnetic conductor）といい，PMC と略される．

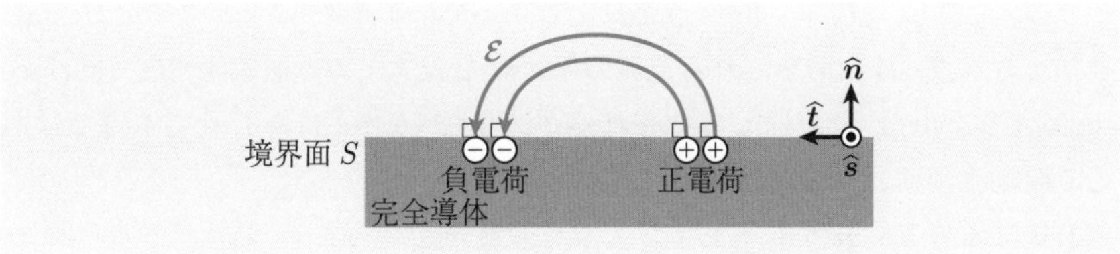

図4.2　完全導体の境界面付近における電気力線の様子

■

4.1.2　磁界ベクトルの境界条件

マクスウェルの電磁方程式の一つである式 (1.2) より，磁界ベクトルが媒質 1 と媒質 2 の境界面 S において満足すべき条件を導出する．式 (1.2) の両辺を図4.1における面 ΔS で積分すると，

$$\begin{aligned}&\iint_{\Delta S} \nabla \times \boldsymbol{\mathcal{H}}(\boldsymbol{r}, t) \cdot \widehat{\boldsymbol{s}}(\boldsymbol{r})\, dS \\ &= \iint_{\Delta S} \frac{\partial \boldsymbol{\mathcal{D}}(\boldsymbol{r}, t)}{\partial t} \cdot \widehat{\boldsymbol{s}}(\boldsymbol{r})\, dS + \iint_{\Delta S} \boldsymbol{\mathcal{J}}(\boldsymbol{r}, t) \cdot \widehat{\boldsymbol{s}}(\boldsymbol{r})\, dS \end{aligned} \tag{4.7}$$

となる．電界ベクトルの場合と同様に左辺にストークスの定理を適用すると，

$$\begin{aligned}&\oint_C \boldsymbol{\mathcal{H}}(\boldsymbol{r}, t) \cdot d\boldsymbol{\ell} \\ &= \iint_{\Delta S} \frac{\partial \boldsymbol{\mathcal{D}}(\boldsymbol{r}, t)}{\partial t} \cdot \widehat{\boldsymbol{s}}(\boldsymbol{r})\, dS + \iint_{\Delta S} \boldsymbol{\mathcal{J}}(\boldsymbol{r}, t) \cdot \widehat{\boldsymbol{s}}(\boldsymbol{r})\, dS \end{aligned} \tag{4.8}$$

のように面 ΔS を囲む閉経路 C で積分する形となる．閉経路が十分小さいとして辺 AB 及び辺 CD を境界面に近づけると，左辺において Δh（辺 BC 及び辺 DA）に関する線積分が 0 に近づく．媒質 1 中の磁界ベクトルを $\boldsymbol{\mathcal{H}}_1$，媒質 2 中の磁界ベクトルを $\boldsymbol{\mathcal{H}}_2$ と表すと，式 (4.8) は境界面 S 上において，

$$\begin{aligned}&\boldsymbol{\mathcal{H}}_1(\boldsymbol{r}, t) \cdot \widehat{\boldsymbol{t}}(\boldsymbol{r})\Delta\ell - \boldsymbol{\mathcal{H}}_2(\boldsymbol{r}, t) \cdot \widehat{\boldsymbol{t}}(\boldsymbol{r})\Delta\ell + \mathcal{O}(\Delta h) \\ &= \frac{\partial \boldsymbol{\mathcal{D}}(\boldsymbol{r}, t)}{\partial t} \cdot \widehat{\boldsymbol{s}}(\boldsymbol{r})\Delta h \Delta\ell + \boldsymbol{\mathcal{J}}(\boldsymbol{r}, t) \cdot \widehat{\boldsymbol{s}}(\boldsymbol{r})\Delta h \Delta\ell \end{aligned} \tag{4.9}$$

となる．ここで $\Delta h \to 0$ とすると，右辺の第一項は 0 となる．それに対して，右辺の第二項の面電流密度ベクトル $\boldsymbol{\mathcal{J}}$ は，無限小幅でも電流経路がある限り有限の電流が流れるため 0 にはならない．このことから式 (4.9) は，

$$\big(\boldsymbol{\mathcal{H}}_1(\boldsymbol{r}, t) - \boldsymbol{\mathcal{H}}_2(\boldsymbol{r}, t)\big) \cdot \widehat{\boldsymbol{t}}(\boldsymbol{r}) = \boldsymbol{\mathcal{J}}_\ell(\boldsymbol{r}, t) \cdot \widehat{\boldsymbol{s}}(\boldsymbol{r}) \tag{4.10}$$

となる．ただし，$\boldsymbol{\mathcal{J}}_\ell = \lim_{\Delta h \to 0} \boldsymbol{\mathcal{J}} \Delta h$ であり，線電流密度ベクトル（単位 [A/m]）を与える．$\boldsymbol{\mathcal{J}}_\ell$ は表面を流れる電流の線密度を表すため表面電流密度（surface current density）としばしば称されるが，単位 [A/m] にあわせて本書ではあえて線電流密度と呼ぶ（付録 B 参照）．

上式に $\widehat{\boldsymbol{t}} = \widehat{\boldsymbol{s}} \times \widehat{\boldsymbol{n}}$ を代入してスカラ三重積を用いると，

$$\widehat{\boldsymbol{n}}(\boldsymbol{r}) \times \big(\boldsymbol{\mathcal{H}}_1(\boldsymbol{r}, t) - \boldsymbol{\mathcal{H}}_2(\boldsymbol{r}, t)\big) = \boldsymbol{\mathcal{J}}_\ell(\boldsymbol{r}, t) \tag{4.11}$$

が得られる．これが磁界ベクトルの境界条件式である．磁界ベクトルの接線成

分は線電流密度の分だけ不連続であることを示している．

例題4.2（絶縁媒質における磁界ベクトルの境界条件）

媒質 1，媒質 2 がともに絶縁媒質（導電率 $\sigma = 0$）のとき，媒質 1 と媒質 2 の磁界ベクトル $\boldsymbol{\mathcal{H}}_1$ と $\boldsymbol{\mathcal{H}}_1$ が満足すべき境界条件を導出せよ．

【解答】 導電率 $\sigma = 0$ のとき，つまり線電流密度ベクトル $\boldsymbol{\mathcal{J}}_\ell = \mathbf{0}$ のとき，境界条件式は，

$$\widehat{\boldsymbol{n}}(\boldsymbol{r}) \times \big(\boldsymbol{\mathcal{H}}_1(\boldsymbol{r},t) - \boldsymbol{\mathcal{H}}_2(\boldsymbol{r},t)\big) = \mathbf{0}$$

と得られる．あるいは，磁界ベクトル $\boldsymbol{\mathcal{H}}_1$，$\boldsymbol{\mathcal{H}}_2$ の境界面 S に平行な接線成分 $\boldsymbol{\mathcal{H}}_{1t}$，$\boldsymbol{\mathcal{H}}_{2t}$ を用いると，$\boldsymbol{\mathcal{H}}_{1t}(\boldsymbol{r},t) = \boldsymbol{\mathcal{H}}_{2t}(\boldsymbol{r},t)$ である．すなわち，導電率 $\sigma = 0$ のときには境界面において磁界ベクトルの接線成分は連続である． ■

例題4.3（完全導体上の磁界ベクトルの境界条件）

媒質 2 が完全導体（導電率 $\sigma = \infty$）のとき，媒質 1 の磁界ベクトル $\boldsymbol{\mathcal{H}}_1$ が満足すべき境界条件を導出せよ．

【解答】 完全導体内部には電界ならびに磁界は存在しないため，媒質 2 における磁界ベクトル $\boldsymbol{\mathcal{H}}_2 = \mathbf{0}$ となる．よって，

$$\widehat{\boldsymbol{n}}(\boldsymbol{r}) \times \boldsymbol{\mathcal{H}}_1(\boldsymbol{r},t) = \boldsymbol{\mathcal{J}}_\ell(\boldsymbol{r},t)$$

が得られる．図4.3に示すように，完全導体表面において磁界ベクトルは完全導体をなす平面と平行であり，磁界ベクトルの接線成分の大きさは線電流密度に等しい．

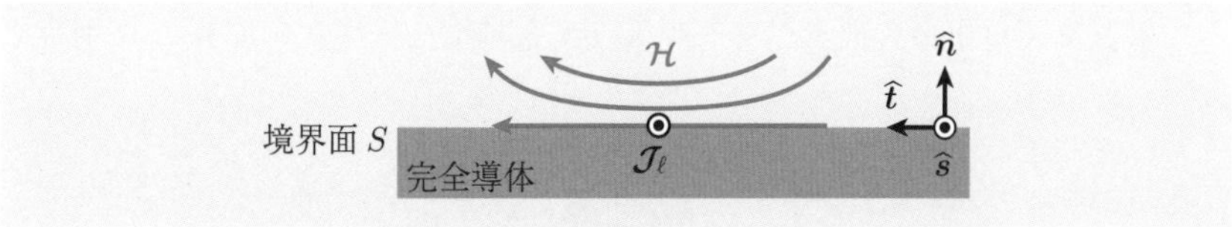

図4.3 完全導体の境界面付近における磁力線の様子

■

4.1.3　電束密度ベクトルの境界条件

続いてマクスウェルの電磁方程式の一つである式 (1.3) より，電束密度ベクトルが媒質 1 と媒質 2 の境界面 S において満足すべき条件を導出する．図4.4 に示すように境界面に対して垂直な単位法線ベクトルを $\widehat{\boldsymbol{n}}$ とする．境界面を含むように上面及び下面（微小面積 ΔS）が境界面に平行で高さ Δh の円筒形の微小な閉領域 V を定義し，式 (1.3) をその体積 V で積分すると，

$$\iiint_V \nabla \cdot \boldsymbol{\mathcal{D}}(\boldsymbol{r}, t)\, dV = \iiint_V \varrho(\boldsymbol{r}, t)\, dV \tag{4.12}$$

となる．左辺にガウスの発散定理を適用すると，

$$\oiint_{S'} \boldsymbol{\mathcal{D}}(\boldsymbol{r}, t) \cdot \widehat{\boldsymbol{s}}(\boldsymbol{r})\, dS = \iiint_V \varrho(\boldsymbol{r}, t)\, dV \tag{4.13}$$

と書き改められる．ここでの面 S' は円筒形の閉領域 V の表面を囲む閉曲面であり，$\widehat{\boldsymbol{s}}\, dS$ はその閉曲面 S' に対して外向きの面素ベクトルである．円筒形閉領域の上面及び下面を境界面に近づけると，左辺において円筒形閉領域の側面の面積分が 0 に近づく．したがって，媒質 1 中の電束密度ベクトルを $\boldsymbol{\mathcal{D}}_1$，媒質 2 中の電束密度ベクトルを $\boldsymbol{\mathcal{D}}_2$ と表すと，

$$\boldsymbol{\mathcal{D}}_1(\boldsymbol{r}, t) \cdot \widehat{\boldsymbol{s}}_1(\boldsymbol{r}) \Delta S + \boldsymbol{\mathcal{D}}_2(\boldsymbol{r}, t) \cdot \widehat{\boldsymbol{s}}_2(\boldsymbol{r}) \Delta S + \mathcal{O}(\Delta h) = \varrho(\boldsymbol{r}, t) \Delta S \Delta h \tag{4.14}$$

となる．ただし，面積 ΔS は十分小さいとし，ΔS 内において $\boldsymbol{\mathcal{D}}_1$, $\boldsymbol{\mathcal{D}}_2$, ϱ は変化しないと近似している．ここで $\Delta h \to 0$ とすると，境界面 S 上において，

$$\boldsymbol{\mathcal{D}}_1(\boldsymbol{r}, t) \cdot \widehat{\boldsymbol{s}}_1(\boldsymbol{r}) \Delta S + \boldsymbol{\mathcal{D}}_2(\boldsymbol{r}, t) \cdot \widehat{\boldsymbol{s}}_2(\boldsymbol{r}) \Delta S = \varrho_{\mathrm{s}}(\boldsymbol{r}, t) \Delta S \tag{4.15}$$

となる．ただし，$\varrho_{\mathrm{s}} = \lim_{\Delta h \to 0} \varrho \Delta h$ であり，面電荷密度（単位 $[\mathrm{C/m^2}]$）を与える．媒質 2 では下面の面素ベクトル $\widehat{\boldsymbol{s}}_2\, dS$ と単位法線ベクトル $\widehat{\boldsymbol{n}}$ が反平行で

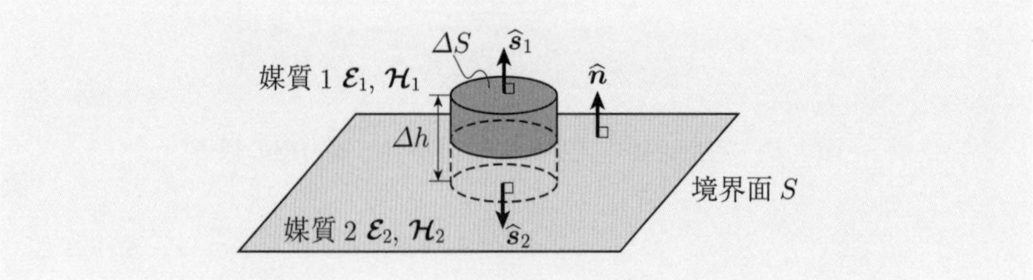

図4.4　電束密度ベクトル，磁束密度ベクトルの境界条件式の導出

あることに注意すると，

$$\big(\boldsymbol{\mathcal{D}}_1(\boldsymbol{r},t)-\boldsymbol{\mathcal{D}}_2(\boldsymbol{r},t)\big)\cdot\widehat{\boldsymbol{n}}(\boldsymbol{r})=\varrho_{\mathrm{s}}(\boldsymbol{r},t) \tag{4.16}$$

が得られる．この式が電束密度ベクトルの境界条件式であり，電束密度ベクトルの法線成分は面電荷密度の分だけ不連続であることを示している．

例題4.4（境界面に電荷が存在しない場合の電束密度ベクトルの境界条件）

境界面に電荷が存在しない場合，境界面で媒質 1 と媒質 2 の電束密度ベクトル $\boldsymbol{\mathcal{D}}_1$, $\boldsymbol{\mathcal{D}}_2$ が満足すべき境界条件を導出せよ．

【解答】 境界面に電荷が存在しない場合，面電荷密度 $\varrho_{\mathrm{s}}=0$ であるから，境界条件式は境界面 S 上において，

$$\big(\boldsymbol{\mathcal{D}}_1(\boldsymbol{r},t)-\boldsymbol{\mathcal{D}}_2(\boldsymbol{r},t)\big)\cdot\widehat{\boldsymbol{n}}(\boldsymbol{r})=0$$

が成立する．$\boldsymbol{\mathcal{D}}_1$, $\boldsymbol{\mathcal{D}}_2$ の境界面に垂直な法線成分をそれぞれ $\mathcal{D}_{1n}$, $\mathcal{D}_{2n}$ とすると，$\mathcal{D}_{1n}(\boldsymbol{r},t)=\mathcal{D}_{2n}(\boldsymbol{r},t)$ とも書ける．この式は $\varrho_{\mathrm{s}}=0$ のとき境界面で電束密度ベクトルの法線成分は連続であることを示している．■

例題4.5（完全導体上の電束密度ベクトルの境界条件）

媒質 2 が完全導体（導電率 $\sigma=\infty$）のとき，媒質 1 の電束密度ベクトル $\boldsymbol{\mathcal{D}}_1$ が満足すべき境界条件を導出せよ．

【解答】 完全導体内部には電磁界は存在しないため，媒質 2 における電束密度ベクトル $\boldsymbol{\mathcal{D}}_2=\boldsymbol{0}$ となる．よって，

$$\boldsymbol{\mathcal{D}}_1(\boldsymbol{r},t)\cdot\widehat{\boldsymbol{n}}(\boldsymbol{r})=\varrho_{\mathrm{s}}(\boldsymbol{r},t)$$

が得られる．あるいは，$\mathcal{D}_{1n}(\boldsymbol{r},t)=\varrho_{\mathrm{s}}(\boldsymbol{r},t)$ とも書け，境界面では電束密度ベクトルの法線成分 $\mathcal{D}_{1n}$ は完全導体表面の面電荷密度と等しいことがわかる．■

4.1.4　磁束密度ベクトルの境界条件

最後にマクスウェルの電磁方程式の一つである式 (1.4) より，磁束密度ベクトルが媒質 1 と媒質 2 の境界面 S において満足すべき条件を導出する．前項と同様に図4.4のように円筒形の微小な閉領域 V で式 (1.4) を積分すると，

$$\iiint_V \nabla \cdot \boldsymbol{\mathcal{B}}(\boldsymbol{r},t)\,dV = 0 \tag{4.17}$$

となる．左辺にガウスの発散定理を適用すると，

$$\oint\!\!\!\oint_{S'} \boldsymbol{\mathcal{B}}(\boldsymbol{r},t) \cdot \widehat{\boldsymbol{s}}(\boldsymbol{r})\,dS = 0 \tag{4.18}$$

が得られる．円筒形閉領域が十分小さいとして上面及び下面を境界面に近づけると，左辺において円筒形閉領域の側面の面積分が 0 に近づく．したがって，媒質 1，媒質 2 中の磁束密度ベクトルをそれぞれ $\boldsymbol{\mathcal{B}}_1$, $\boldsymbol{\mathcal{B}}_2$ と表すと，

$$\boldsymbol{\mathcal{B}}_1(\boldsymbol{r},t) \cdot \widehat{\boldsymbol{s}}_1(\boldsymbol{r})\Delta S + \boldsymbol{\mathcal{B}}_2(\boldsymbol{r},t) \cdot \widehat{\boldsymbol{s}}_2(\boldsymbol{r})\Delta S + \mathcal{O}(\Delta h) = 0 \tag{4.19}$$

となる．媒質 2 では下面の面素ベクトル $\widehat{\boldsymbol{s}}_2\,dS$ と単位法線ベクトル $\widehat{\boldsymbol{n}}$ が反平行であることに注意し，$\Delta h \to 0$ とすると，境界面 S 上において，

$$\big(\boldsymbol{\mathcal{B}}_1(\boldsymbol{r},t) - \boldsymbol{\mathcal{B}}_2(\boldsymbol{r},t)\big) \cdot \widehat{\boldsymbol{n}}(\boldsymbol{r}) = 0 \tag{4.20}$$

が成立する．この式が磁束密度ベクトルの境界条件式である．$\boldsymbol{\mathcal{B}}_1$, $\boldsymbol{\mathcal{B}}_2$ の境界面に垂直な法線成分 $\mathcal{B}_{1n}$, $\mathcal{B}_{2n}$ とすると $\mathcal{B}_{1n}(\boldsymbol{r},t) = \mathcal{B}_{2n}(\boldsymbol{r},t)$ である．磁束密度ベクトルの法線成分は連続であることを示している．

■ 例題4.6（完全導体上の磁束密度ベクトルの境界条件）■

媒質 2 が完全導体のとき，媒質 1 の磁束密度ベクトル $\boldsymbol{\mathcal{B}}_1$ が満足すべき境界条件を導出せよ．

【解答】 媒質 2 が完全導体の場合には $\boldsymbol{\mathcal{B}}_2 = \boldsymbol{0}$ となるので，

$$\boldsymbol{\mathcal{B}}_1(\boldsymbol{r},t) \cdot \widehat{\boldsymbol{n}}(\boldsymbol{r}) = 0$$

が得られ，導体表面では磁束密度ベクトルの法線成分 $\mathcal{B}_{1n}$ は 0 である．■

以上では 4 つの境界条件式を 4 つのマクスウェルの電磁方程式より導出した．まとめると，媒質 1 と媒質 2 の境界面 S 上の位置ベクトル $\boldsymbol{r}$ において電磁界が満足すべき境界条件は**表4.1**の 4 式である．ここで注意すべき点は，実はこれら 4 式は互いに独立ではないということである．第 1 式と第 4 式は等価であり，第 2 式と第 3 式も等価である（章末の演習問題 4.1）．

媒質 2 が完全導体の境界条件式も**表4.1**にまとめる．電界ベクトルの接線成分が 0 という境界条件を満足するということは，電気的に短絡（short）することに等しい．よって，このような境界を**電気壁**（electric wall）と呼ぶ．それに対して開放（open）となる境界を**磁気壁**（magnetic wall）という．磁気壁（あるいは完全磁気導体）に対する境界条件は，5.3 節で説明する電磁界の双対性を用いて容易に導出できる．

表4.1　電磁界の境界条件式

	媒質 1 と媒質 2 の境界面 S 上における境界条件式	媒質 2 が完全導体の場合
電界	$\left(\boldsymbol{\mathcal{E}}_1(\boldsymbol{r},t)-\boldsymbol{\mathcal{E}}_2(\boldsymbol{r},t)\right)\times\widehat{\boldsymbol{n}}(\boldsymbol{r})=\boldsymbol{0}$	$\boldsymbol{\mathcal{E}}_1(\boldsymbol{r},t)\times\widehat{\boldsymbol{n}}(\boldsymbol{r})=\boldsymbol{0}$
磁界	$\widehat{\boldsymbol{n}}(\boldsymbol{r})\times\left(\boldsymbol{\mathcal{H}}_1(\boldsymbol{r},t)-\boldsymbol{\mathcal{H}}_2(\boldsymbol{r},t)\right)=\boldsymbol{\mathcal{J}}_\ell(\boldsymbol{r},t)$	$\widehat{\boldsymbol{n}}(\boldsymbol{r})\times\boldsymbol{\mathcal{H}}_1(\boldsymbol{r},t)=\boldsymbol{\mathcal{J}}_\ell(\boldsymbol{r},t)$
電束密度	$\left(\boldsymbol{\mathcal{D}}_1(\boldsymbol{r},t)-\boldsymbol{\mathcal{D}}_2(\boldsymbol{r},t)\right)\cdot\widehat{\boldsymbol{n}}(\boldsymbol{r})=\varrho_{\mathrm{s}}(\boldsymbol{r},t)$	$\boldsymbol{\mathcal{D}}_1(\boldsymbol{r},t)\cdot\widehat{\boldsymbol{n}}(\boldsymbol{r})=\varrho_{\mathrm{s}}(\boldsymbol{r},t)$
磁束密度	$\left(\boldsymbol{\mathcal{B}}_1(\boldsymbol{r},t)-\boldsymbol{\mathcal{B}}_2(\boldsymbol{r},t)\right)\cdot\widehat{\boldsymbol{n}}(\boldsymbol{r})=0$	$\boldsymbol{\mathcal{B}}_1(\boldsymbol{r},t)\cdot\widehat{\boldsymbol{n}}(\boldsymbol{r})=0$

$\widehat{\boldsymbol{n}}$：媒質 2 から媒質 1 への方向の単位法線ベクトル

4.2　平面波の透過と反射

本節では電磁界の境界値問題として，図4.5(a)のように二種の異なる媒質 1 と媒質 2 が $z = 0$ の xy 平面において接している場合を扱う．その境界面に平面波が入射したときの**透過係数**（transmission coefficient）と**反射係数**（reflection coefficient）を境界条件より求めてみよう．

入射偏波は次の二種類に分類することができ，任意の偏波面を持つ平面波であってもその二種類の波の重ね合わせで表現できる．その一つが**直交偏波**（perpendicular polarization）であり，もう一つが**平行偏波**（parallel polarization）である．前者は電界が入射面に対して垂直な場合であり，後者は電界が入射面に対して平行な場合である．ここで**入射面**（plane of incidence）とは，入射方向を表す波数ベクトルと境界面に対する単位法線ベクトル $\hat{\boldsymbol{n}}$ を含む面を指す．

図4.5(a)において**入射角**（incident angle）を θ_i，**反射角**（reflection angle）を θ_r，**透過角**（transmission angle）または**屈折角**（refraction angle）を θ_t と表す．また，入射波，反射波，透過波の波数ベクトルをそれぞれ $\boldsymbol{k}_\mathrm{i}$, $\boldsymbol{k}_\mathrm{r}$, $\boldsymbol{k}_\mathrm{t}$ とする．以降では正弦振動を考え，時間因子 $e^{j\omega t}$ は省略して表記する．媒質 1 中の入射波の電界ベクトル，磁界ベクトルをそれぞれ $\boldsymbol{E}_\mathrm{i}$, $\boldsymbol{H}_\mathrm{i}$，反射波のそれらを $\boldsymbol{E}_\mathrm{r}$, $\boldsymbol{H}_\mathrm{r}$，媒質 2 中の透過波のそれらを $\boldsymbol{E}_\mathrm{t}$, $\boldsymbol{H}_\mathrm{t}$ とする．媒質 1 と媒質 2

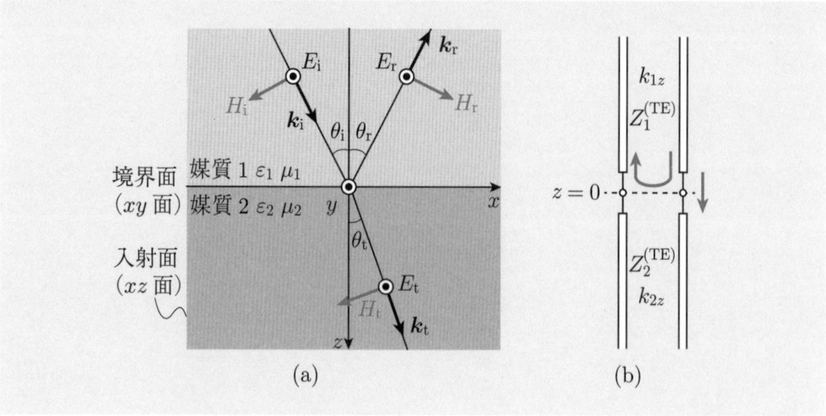

図4.5　**(a)** 境界面に対する直交偏波（TE 波）の斜め入射，**(b)** 伝送線路モデル

はともに均質，線形，等方性かつ非分散性の無損失媒質であるとし，媒質 1 の誘電率と透磁率をそれぞれ ε_1, μ_1 とし，媒質 2 のそれらを ε_2, μ_2 とする．

■ 直交偏波入射

はじめに直交偏波入射を扱う．図4.5(a)のように媒質 1 から入射電界が y 方向の入射波が境界面に対して斜め入射する場合を考える．このとき，電界ベクトルは境界面に平行な成分しか持たないため，直交偏波は **TE 波**（transverse electric wave）または **H 波**（H wave）ともいう．位置ベクトルを $\boldsymbol{r} = (x, y, z)$ とすると，入射波，反射波，透過波の電界ベクトル，磁界ベクトルの各成分は次のようになる．

(1) 入射波

$$y \text{ 成分：} E_{\mathrm{i},y}(x,z) = E_{\mathrm{i}} \exp\{-jk_{\mathrm{i}}(x\sin\theta_{\mathrm{i}} + z\cos\theta_{\mathrm{i}})\} \tag{4.21}$$

$$x \text{ 成分：} H_{\mathrm{i},x}(x,z) = -H_{\mathrm{i}} \cos\theta_{\mathrm{i}} \exp\{-jk_{\mathrm{i}}(x\sin\theta_{\mathrm{i}} + z\cos\theta_{\mathrm{i}})\} \tag{4.22}$$

$$z \text{ 成分：} H_{\mathrm{i},z}(x,z) = H_{\mathrm{i}} \sin\theta_{\mathrm{i}} \exp\{-jk_{\mathrm{i}}(x\sin\theta_{\mathrm{i}} + z\cos\theta_{\mathrm{i}})\} \tag{4.23}$$

(2) 反射波

$$y \text{ 成分：} E_{\mathrm{r},y}(x,z) = E_{\mathrm{r}} \exp\{-jk_{\mathrm{r}}(x\sin\theta_{\mathrm{r}} - z\cos\theta_{\mathrm{r}})\} \tag{4.24}$$

$$x \text{ 成分：} H_{\mathrm{r},x}(x,z) = H_{\mathrm{r}} \cos\theta_{\mathrm{r}} \exp\{-jk_{\mathrm{r}}(x\sin\theta_{\mathrm{r}} - z\cos\theta_{\mathrm{r}})\} \tag{4.25}$$

$$z \text{ 成分：} H_{\mathrm{r},z}(x,z) = H_{\mathrm{r}} \sin\theta_{\mathrm{r}} \exp\{-jk_{\mathrm{r}}(x\sin\theta_{\mathrm{r}} - z\cos\theta_{\mathrm{r}})\} \tag{4.26}$$

(3) 透過波

$$y \text{ 成分：} E_{\mathrm{t},y}(x,z) = E_{\mathrm{t}} \exp\{-jk_{\mathrm{t}}(x\sin\theta_{\mathrm{t}} + z\cos\theta_{\mathrm{t}})\} \tag{4.27}$$

$$x \text{ 成分：} H_{\mathrm{t},x}(x,z) = -H_{\mathrm{t}} \cos\theta_{\mathrm{t}} \exp\{-jk_{\mathrm{t}}(x\sin\theta_{\mathrm{t}} + z\cos\theta_{\mathrm{t}})\} \tag{4.28}$$

$$z \text{ 成分：} H_{\mathrm{t},z}(x,z) = H_{\mathrm{t}} \sin\theta_{\mathrm{t}} \exp\{-jk_{\mathrm{t}}(x\sin\theta_{\mathrm{t}} + z\cos\theta_{\mathrm{t}})\} \tag{4.29}$$

ここで，E_{i}, H_{i} はそれぞれ入射波の電界ベクトルと磁界ベクトルの大きさである．同様に E_{r}, H_{r} はそれぞれ反射波の電界ベクトルと磁界ベクトルの大きさ，E_{t}, H_{t} はそれぞれ透過波の電界ベクトルと磁界ベクトルの大きさを表す．なお，媒質 1 及び媒質 2 における波動インピーダンス Z_1, Z_2 はそれぞれ

$$\text{媒質 1：} Z_1 = \frac{E_{\mathrm{i}}}{H_{\mathrm{i}}} = \frac{E_{\mathrm{r}}}{H_{\mathrm{r}}} = \sqrt{\frac{\mu_1}{\varepsilon_1}} \tag{4.30}$$

$$\text{媒質 2：} Z_2 = \frac{E_{\mathrm{t}}}{H_{\mathrm{t}}} = \sqrt{\frac{\mu_2}{\varepsilon_2}} \tag{4.31}$$

である．また，波数ベクトルの大きさは，

$$媒質 1：k_1 = |\boldsymbol{k}_\mathrm{i}| = |\boldsymbol{k}_\mathrm{r}| = \omega\sqrt{\varepsilon_1\mu_1} \tag{4.32}$$

$$媒質 2：k_2 = |\boldsymbol{k}_\mathrm{t}| = \omega\sqrt{\varepsilon_2\mu_2} \tag{4.33}$$

である．

次に，前節で説明した境界条件を用いて反射係数と透過係数を求める．境界面（$z = 0$）における境界条件は，電界ベクトルと磁界ベクトルのそれぞれの接線成分（x 成分と y 成分）が $z = 0$ において連続であることなので，

$$y 成分：E_{\mathrm{i},y}(x,0) + E_{\mathrm{r},y}(x,0) = E_{\mathrm{t},y}(x,0) \tag{4.34}$$

$$x 成分：H_{\mathrm{i},x}(x,0) + H_{\mathrm{r},x}(x,0) = H_{\mathrm{t},x}(x,0) \tag{4.35}$$

の二式である．したがって，

$$\begin{aligned} &E_\mathrm{i}\exp(-jk_1x\sin\theta_\mathrm{i}) + E_\mathrm{r}\exp(-jk_1x\sin\theta_\mathrm{r}) \\ &= E_\mathrm{t}\exp(-jk_2x\sin\theta_\mathrm{t}) \end{aligned} \tag{4.36}$$

$$\begin{aligned} &-H_\mathrm{i}\cos\theta_\mathrm{i}\exp(-jk_1x\sin\theta_\mathrm{i}) + H_\mathrm{r}\cos\theta_\mathrm{r}\exp(-jk_1x\sin\theta_\mathrm{r}) \\ &= -H_\mathrm{t}\cos\theta_\mathrm{t}\exp(-jk_2x\sin\theta_\mathrm{t}) \end{aligned} \tag{4.37}$$

となる．これらが x の値に関係なく成立するのは，各位相項が等しいときである（位相整合条件という）．すなわち，

$$k_1\sin\theta_\mathrm{i} = k_1\sin\theta_\mathrm{r} = k_2\sin\theta_\mathrm{t} \tag{4.38}$$

である．その結果，

$$\theta_\mathrm{i} = \theta_\mathrm{r} \tag{4.39}$$

$$n_1\sin\theta_\mathrm{i} = n_2\sin\theta_\mathrm{t} \tag{4.40}$$

が得られる．ただし，n_1, n_2 はそれぞれ媒質 1，媒質 2 の屈折率であり，式 (2.69) より $k_1 = \frac{n_1\omega}{c}$, $k_2 = \frac{n_2\omega}{c}$（$c$：光速）の関係を用いた．式 (4.39) は**反射の法則**（law of reflection）であり，入射角と反射角が等しいことを示している．また，式 (4.40) は**スネルの法則**（Snell's law）または**屈折の法則**（law of refraction）と呼ばれ，入射角と透過角の関係を示す式である．反射の法則とスネルの法則が成立するとき，境界条件の二式は，

$$E_\mathrm{i} + E_\mathrm{r} = E_\mathrm{t} \tag{4.41}$$

$$\left(-\frac{E_{\mathrm{i}}}{Z_1}+\frac{E_{\mathrm{r}}}{Z_1}\right)\cos\theta_{\mathrm{i}}=-\frac{E_{\mathrm{t}}}{Z_2}\cos\theta_{\mathrm{t}} \tag{4.42}$$

となる．この連立方程式を解くと，次のように反射係数と透過係数が得られる．

$$\text{電界反射係数：}R_{\perp}^{(\mathrm{E})}=\frac{E_{\mathrm{r},y}}{E_{\mathrm{i},y}}=\frac{Z_2\cos\theta_{\mathrm{i}}-Z_1\cos\theta_{\mathrm{t}}}{Z_2\cos\theta_{\mathrm{i}}+Z_1\cos\theta_{\mathrm{t}}} \tag{4.43}$$

$$\text{電界透過係数：}T_{\perp}^{(\mathrm{E})}=\frac{E_{\mathrm{t},y}}{E_{\mathrm{i},y}}=\frac{2Z_2\cos\theta_{\mathrm{i}}}{Z_2\cos\theta_{\mathrm{i}}+Z_1\cos\theta_{\mathrm{t}}} \tag{4.44}$$

$$\text{磁界反射係数：}R_{\perp}^{(\mathrm{H})}=\frac{H_{\mathrm{r},x}}{H_{\mathrm{i},x}}=-\frac{Z_2\cos\theta_{\mathrm{i}}-Z_1\cos\theta_{\mathrm{t}}}{Z_2\cos\theta_{\mathrm{i}}+Z_1\cos\theta_{\mathrm{t}}} \tag{4.45}$$

$$\text{磁界透過係数：}T_{\perp}^{(\mathrm{H})}=\frac{H_{\mathrm{t},x}}{H_{\mathrm{i},x}}=\frac{2Z_1\cos\theta_{\mathrm{t}}}{Z_2\cos\theta_{\mathrm{i}}+Z_1\cos\theta_{\mathrm{t}}} \tag{4.46}$$

ただし，反射係数と透過係数は $z=0$ における電界ベクトルと磁界ベクトルの接線成分に対して定義される．更に，

$$Z_1^{(\mathrm{TE})}=\frac{Z_1}{\cos\theta_{\mathrm{i}}},\quad Z_2^{(\mathrm{TE})}=\frac{Z_2}{\cos\theta_{\mathrm{t}}} \tag{4.47}$$

と定義すると，

$$\text{電界反射係数：}R_{\perp}^{(\mathrm{E})}=\frac{Z_2^{(\mathrm{TE})}-Z_1^{(\mathrm{TE})}}{Z_2^{(\mathrm{TE})}+Z_1^{(\mathrm{TE})}} \tag{4.48}$$

$$\text{電界透過係数：}T_{\perp}^{(\mathrm{E})}=\frac{2Z_2^{(\mathrm{TE})}}{Z_2^{(\mathrm{TE})}+Z_1^{(\mathrm{TE})}} \tag{4.49}$$

$$\text{磁界反射係数：}R_{\perp}^{(\mathrm{H})}=-\frac{Z_2^{(\mathrm{TE})}-Z_1^{(\mathrm{TE})}}{Z_2^{(\mathrm{TE})}+Z_1^{(\mathrm{TE})}} \tag{4.50}$$

$$\text{磁界透過係数：}T_{\perp}^{(\mathrm{H})}=\frac{2Z_1^{(\mathrm{TE})}}{Z_2^{(\mathrm{TE})}+Z_1^{(\mathrm{TE})}} \tag{4.51}$$

と表される．これらの式より，電界反射係数，電界透過係数，磁界反射係数及び磁界透過係数は，**図4.5(b)**のように特性インピーダンス $Z_1^{(\mathrm{TE})}$ と $Z_2^{(\mathrm{TE})}$ の異なる二つの伝送線路が接続されたときの電圧反射係数，電圧透過係数，電流反射係数及び電流透過係数とそれぞれ同じ式を与えることがわかる．なお，単に反射係数や透過係数と称する場合には，電界（電圧）反射係数ならびに電界（電圧）透過係数を指すのが一般的である．

なお，垂直入射の場合には，電界ベクトルと磁界ベクトルの両方が境界面に平行となる．これを **TEM 波**（transverse electromagnetic wave）という．

例題4.7（平行偏波入射）

(1)　図4.6(a)に示すように，媒質 1 から入射磁界が y 方向の入射波が境界面に対して斜め入射する場合（平行偏波入射）を考える．このときの電界反射係数 $R_{//}^{(\mathrm{E})}$，電界透過係数 $T_{//}^{(\mathrm{E})}$，磁界反射係数 $R_{//}^{(\mathrm{H})}$ 及び磁界透過係数 $T_{//}^{(\mathrm{H})}$ を求めよ．

(2)　図4.6(b)の伝送線路モデルを用いて電圧反射係数 $R^{(\mathrm{V})}$，電圧透過係数 $T^{(\mathrm{V})}$，電流反射係数 $R^{(\mathrm{I})}$ 及び電流透過係数 $T^{(\mathrm{I})}$ を求め，問 (1) の結果と比較せよ．

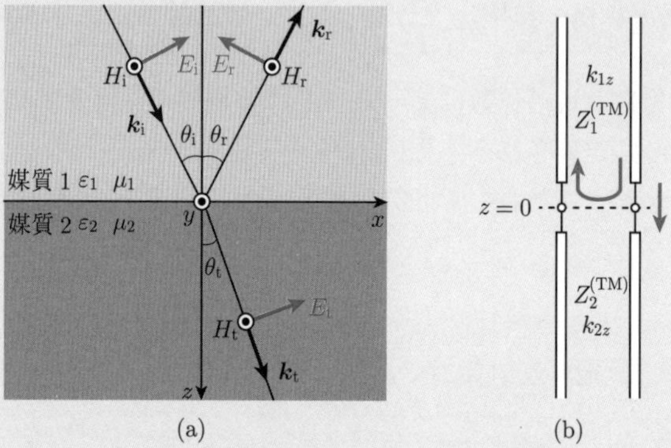

図4.6　**(a) 境界面に対する平行偏波（TM 波）の斜め入射，(b) 伝送線路モデル**

【解答】 (1)　入射波，反射波，透過波の電界ベクトル，磁界ベクトルを成分ごとに表すと次のようになる．

(a)　入射波

$$x \text{ 成分：} E_{\mathrm{i},x}(x,z) = E_{\mathrm{i}} \cos\theta_{\mathrm{i}} \exp\{-jk_{\mathrm{i}}(x\sin\theta_{\mathrm{i}} + z\cos\theta_{\mathrm{i}})\}$$

$$z \text{ 成分：} E_{\mathrm{i},z}(x,z) = -E_{\mathrm{i}} \sin\theta_{\mathrm{i}} \exp\{-jk_{\mathrm{i}}(x\sin\theta_{\mathrm{i}} + z\cos\theta_{\mathrm{i}})\}$$

$$y \text{ 成分：} H_{\mathrm{i},y}(x,z) = H_{\mathrm{i}} \exp\{-jk_{\mathrm{i}}(x\sin\theta_{\mathrm{i}} + z\cos\theta_{\mathrm{i}})\}$$

(b)　反射波

$$x \text{ 成分：} E_{\mathrm{r},x}(x,z) = -E_{\mathrm{r}} \cos\theta_{\mathrm{r}} \exp\{-jk_{\mathrm{r}}(x\sin\theta_{\mathrm{r}} - z\cos\theta_{\mathrm{r}})\}$$

$$z \text{ 成分：} E_{\mathrm{r},z}(x,z) = -E_{\mathrm{r}} \sin\theta_{\mathrm{r}} \exp\{-jk_{\mathrm{r}}(x\sin\theta_{\mathrm{r}} - z\cos\theta_{\mathrm{r}})\}$$

$$y\,成分：H_{\mathrm{r},y}(x,z) = H_\mathrm{r} \exp\{-jk_\mathrm{r}(x\sin\theta_\mathrm{r} - z\cos\theta_\mathrm{r})\}$$

(c)　透過波

$$x\,成分：E_{\mathrm{t},x}(x,z) = E_\mathrm{t}\cos\theta_\mathrm{t} \exp\{-jk_\mathrm{t}(x\sin\theta_\mathrm{t} + z\cos\theta_\mathrm{t})\}$$

$$z\,成分：E_{\mathrm{t},z}(x,z) = -E_\mathrm{t}\sin\theta_\mathrm{t} \exp\{-jk_\mathrm{t}(x\sin\theta_\mathrm{t} + z\cos\theta_\mathrm{t})\}$$

$$y\,成分：H_{\mathrm{t},y}(x,z) = H_\mathrm{t} \exp\{-jk_\mathrm{t}(x\sin\theta_\mathrm{t} + z\cos\theta_\mathrm{t})\}$$

直交偏波入射と同様に $z=0$ における境界条件より，

$$H_\mathrm{i} + H_\mathrm{r} = H_\mathrm{t}$$

$$(Z_1H_\mathrm{i} - Z_1H_\mathrm{r})\cos\theta_\mathrm{i} = Z_2H_\mathrm{t}\cos\theta_\mathrm{t}$$

となる．この連立方程式を解いて反射係数と透過係数を求めると次のようになる．

$$電界反射係数：R_{/\!/}^{(\mathrm{E})} = \frac{E_{\mathrm{r},x}}{E_{\mathrm{i},x}} = \frac{Z_2\cos\theta_\mathrm{t} - Z_1\cos\theta_\mathrm{i}}{Z_2\cos\theta_\mathrm{t} + Z_1\cos\theta_\mathrm{i}}$$

$$電界透過係数：T_{/\!/}^{(\mathrm{E})} = \frac{E_{\mathrm{t},x}}{E_{\mathrm{i},x}} = \frac{2Z_2\cos\theta_\mathrm{t}}{Z_2\cos\theta_\mathrm{t} + Z_1\cos\theta_\mathrm{i}}$$

$$磁界反射係数：R_{/\!/}^{(\mathrm{H})} = \frac{H_{\mathrm{r},y}}{H_{\mathrm{i},y}} = -\frac{Z_2\cos\theta_\mathrm{t} - Z_1\cos\theta_\mathrm{i}}{Z_2\cos\theta_\mathrm{t} + Z_1\cos\theta_\mathrm{i}}$$

$$磁界透過係数：T_{/\!/}^{(\mathrm{H})} = \frac{H_{\mathrm{t},y}}{H_{\mathrm{i},y}} = \frac{2Z_1\cos\theta_\mathrm{i}}{Z_2\cos\theta_\mathrm{t} + Z_1\cos\theta_\mathrm{i}}$$

このとき，磁界ベクトルは境界面に平行な成分しか持たないため，平行偏波は **TM 波**（transverse magnetic wave）または **E 波**（E wave）ともいう．

(2)　媒質 1 と媒質 2 の特性インピーダンスをそれぞれ $Z_1^{(\mathrm{TM})}$, $Z_2^{(\mathrm{TM})}$ とすると，伝送線路理論より，

$$電圧反射係数：R^{(\mathrm{V})} = \frac{Z_2^{(\mathrm{TM})} - Z_1^{(\mathrm{TM})}}{Z_2^{(\mathrm{TM})} + Z_1^{(\mathrm{TM})}}$$

$$電圧透過係数：T^{(\mathrm{V})} = \frac{2Z_2^{(\mathrm{TM})}}{Z_2^{(\mathrm{TM})} + Z_1^{(\mathrm{TM})}}$$

$$電流反射係数：R^{(\mathrm{I})} = -\frac{Z_2^{(\mathrm{TM})} - Z_1^{(\mathrm{TM})}}{Z_2^{(\mathrm{TM})} + Z_1^{(\mathrm{TE})}}$$

$$電流透過係数：T^{(\mathrm{I})} = \frac{2Z_1^{(\mathrm{TM})}}{Z_2^{(\mathrm{TM})} + Z_1^{(\mathrm{TM})}}$$

と求められる．前問において，

$$Z_1^{(\mathrm{TM})} = Z_1 \cos\theta_\mathrm{i}, \quad Z_2^{(\mathrm{TM})} = Z_2 \cos\theta_\mathrm{t}$$

と定義すると，TE 波の場合と同じく，特性インピーダンス $Z_1^{(\mathrm{TM})}$, $Z_2^{(\mathrm{TM})}$ の異なる二つの伝送線路が接続されたときの電圧反射係数，電圧透過係数，電流反射係数及び電流透過係数はそれぞれ電界反射係数，電界透過係数，磁界反射係数及び磁界透過係数と同じ式を与える． ■

■ ブリュースター角

次に，平行偏波（TM 波）入射時にのみ表れる特徴的な波動現象について説明する．**図4.7**に示すように平行偏波入射の場合には反射係数が 0 となる入射角が存在する．それは，例題 4.7(1) の電界反射係数を表す式において分子が 0 のときである．このときの入射角を**ブリュースター角** θ_B（Brewster angle）または**偏光角**という．いま，媒質 1 と媒質 2 が誘電体媒質であるとし，$\mu_1 = \mu_2 = \mu_0$ とする．そして，電界反射係数を表す式の 分子 $= 0$ とスネルの法則より，

$$\tan\theta_\mathrm{B} = \sqrt{\frac{\varepsilon_2}{\varepsilon_1}} \tag{4.52}$$

が得られる．このとき，入射角 θ_B と透過角（屈折角）θ_t には

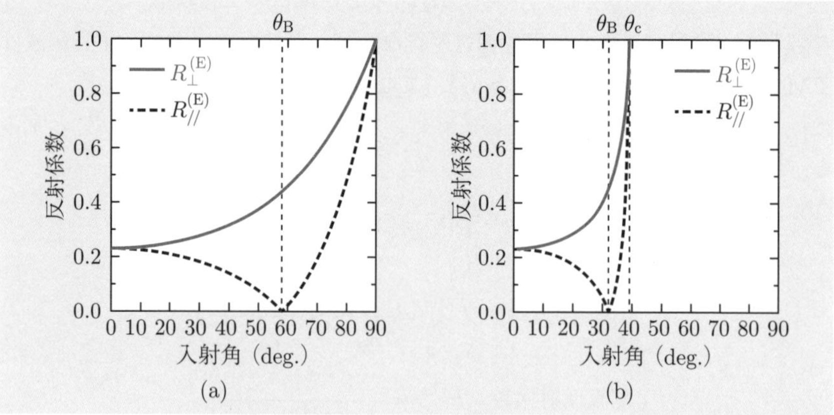

図4.7　異なる二種の誘電体媒質の境界面に平面波が入射したときの電界反射係数の一例．**(a)** $\boldsymbol{\varepsilon_1 < \varepsilon_2}$ のとき，**(b)** $\boldsymbol{\varepsilon_1 > \varepsilon_2}$ のとき

$$\theta_{\mathrm{B}} + \theta_{\mathrm{t}} = \frac{\pi}{2} \tag{4.53}$$

の関係がある．$\varepsilon_1 > \varepsilon_2$, $\varepsilon_1 < \varepsilon_2$ のいずれの場合でもブリュースター角は存在する．一方，誘電体媒質への垂直偏波（TE 波）入射時には，反射係数が 0 となるブリュースター角は存在しない（章末の演習問題 4.3）．

■ 全反射

図4.7(b)に示すように垂直偏波入射，平行偏波入射のいずれにおいても特定の入射角以上において入射波が**全反射**（total reflection）する現象について説明する．以下では垂直偏波入射を例に説明する．垂直偏波入射時の電界反射係数は，式 (4.40) のスネルの法則を用いて，

$$\begin{aligned} R_{\perp}^{(\mathrm{E})} &= \frac{Z_2 \cos\theta_{\mathrm{i}} - Z_1 \cos\theta_{\mathrm{t}}}{Z_2 \cos\theta_{\mathrm{i}} + Z_1 \cos\theta_{\mathrm{t}}} \\ &= \frac{Z_2 \cos\theta_{\mathrm{i}} - Z_1 \sqrt{1 - \left(\frac{n_1}{n_2}\right)^2 \sin^2\theta_{\mathrm{i}}}}{Z_2 \cos\theta_{\mathrm{i}} + Z_1 \sqrt{1 - \left(\frac{n_1}{n_2}\right)^2 \sin^2\theta_{\mathrm{i}}}} \end{aligned} \tag{4.54}$$

と書き表される．いま，分母と分子の第二項の根号の中が負の場合を考える．この場合，$\cos\theta_{\mathrm{t}}$ は純虚数となる．また，分母と分子は複素共役の関係となり，互いに大きさは同じであることから，反射係数の大きさは 1 となることがわかる．すなわち，全反射である．したがって，根号の中が 0 となる

$$\sin\theta_{\mathrm{c}} = \frac{n_2}{n_1} \tag{4.55}$$

のときの入射角 θ_{c} を**臨界角**（critical angle）といい，$\theta_{\mathrm{i}} \geq \theta_{\mathrm{c}}$ のとき全反射する．$\sin\theta_{\mathrm{c}} \leq 1$ 及び $n_1 \neq n_2$ より全反射の現象は屈折率が $n_1 > n_2$ のときのみに生じる．

更に，全反射時の電磁界の振る舞いを調べる．透過波の電界ベクトル $\boldsymbol{E}_{\mathrm{t}}$ の y 成分は，

$$\begin{aligned} E_{\mathrm{t},y}(x,z) &= E_{\mathrm{t}} \exp\{-jk_2(x\sin\theta_{\mathrm{t}} + z\cos\theta_{\mathrm{t}})\} \\ &= E_{\mathrm{t}} \exp(-j\beta x - \alpha z) \end{aligned} \tag{4.56}$$

と書ける．ここで，

$$\alpha = jk_2\cos\theta_{\mathrm{t}} = k_2\sqrt{\left(\frac{n_1}{n_2}\right)^2 \sin^2\theta_{\mathrm{i}} - 1} \tag{4.57}$$

$$\beta = k_2 \sin \theta_{\mathrm{t}} \tag{4.58}$$

とおいた．なお，減衰定数 α は正値であり，減衰定数の前の負符号は透過波が z 方向に伝搬するとき減衰するように選んでいる．この式からわかるように，全反射によって境界面で完全に電磁波が断ち切られて媒質 2 内の電磁界が消えてしまうわけではなく，媒質 2 内においても $\exp(-\alpha z)$ の形で境界面近傍に存在し，境界面から離れると指数関数的に減衰する．媒質の損失による減衰波ではなく，波の姿態として指数関数的に減衰する波を非伝搬波あるいは**エバネッセント波**（evanescent wave）という．

4章の演習問題

□**4.1** 図4.4に示すように媒質 1 と媒質 2 が接する境界において，境界面を含む円筒形の微小な閉領域を考えるとき，次の問に答えよ．必要に応じてベクトル公式 $\nabla\cdot(\boldsymbol{A}\times\boldsymbol{B})=\boldsymbol{B}\cdot(\nabla\times\boldsymbol{A})-\boldsymbol{A}\cdot(\nabla\times\boldsymbol{B})$（ただし，$\boldsymbol{A}$, $\boldsymbol{B}$ は任意のベクトル量）を用いてよい．

(1) マクスウェルの電磁方程式である式 (1.1) から媒質 1 と媒質 2 の境界面 S において満足すべき境界条件（表4.1に示した左側の第 4 式）を導出し，表4.1に示した左側の第 1 式と第 4 式が等価であることを示せ．

(2) マクスウェルの電磁方程式である式 (1.2) から媒質 1 と媒質 2 の境界面 S において満足すべき境界条件（表4.1に示した左側の第 3 式）を導出し，表4.1に示した左側の第 2 式と第 3 式が等価であることを示せ．ただし，境界面 S のみに面電流（面電流密度ベクトル $\boldsymbol{\mathcal{J}}$）が流れているものとする．また，電流連続の式 $\nabla\cdot\boldsymbol{\mathcal{J}}=-\frac{\partial\varrho}{\partial t}$ を用いてよい．

□**4.2** 図4.5(a)において媒質 1 が真空（誘電率 ε_0，透磁率 μ_0），媒質 2 が完全導体平面のとき，次の問に答えよ．ただし，正弦電磁界を仮定し，時間因子 $e^{j\omega t}$ は省略してよい．

(1) 媒質 1 から媒質 2 に対して平面波が垂直入射（TEM 波入射）したときの電界反射係数の大きさと位相を求めよ．

(2) 媒質 1 から媒質 2 に対して平面波が垂直入射したとき，導体表面に流れる線電流密度ベクトル $\boldsymbol{J}_\ell$ を求めよ．ただし，入射波の電界は y 方向であり，その大きさを A とせよ．

□**4.3** 図4.5(a)において誘電体媒質 1（誘電率 ε_1，透磁率 μ_0）と誘電体媒質 2（誘電率 ε_2，透磁率 μ_0）が xy 平面を境界として接している．次の問に答えよ．ただし，$\varepsilon_1\neq\varepsilon_2$ とする．また，正弦電磁界を仮定し，時間因子 $e^{j\omega t}$ は省略してよい．

(1) 媒質 1 から媒質 2 へ平面波が垂直入射するとき（TEM 波入射），入射波，反射波及び透過波の複素ポインティングベクトルをそれぞれ $\boldsymbol{S}_\mathrm{i}$, $\boldsymbol{S}_\mathrm{r}$, $\boldsymbol{S}_\mathrm{t}$ と表すことにする．このとき，次式で表される電力反射係数 R_P ならびに電力透過係数 T_P を求めよ．

$$R_\mathrm{P}=\frac{|\boldsymbol{S}_\mathrm{r}|}{|\boldsymbol{S}_\mathrm{i}|},\quad T_\mathrm{P}=\frac{|\boldsymbol{S}_\mathrm{t}|}{|\boldsymbol{S}_\mathrm{i}|}$$

(2) 媒質 1 と媒質 2 が無損失媒質のとき，問 (1) の結果を用いて境界面において電力保存則が成立することを示せ．

(3) 媒質 1 から媒質 2 へ平行偏波の平面波（TM 波）が入射するとき，反射係数が0となるブリュースター角において入射角 θ_{B} と透過角（屈折角）θ_{t} の和が 90° になることを，式 (4.40) と式 (4.52) より示せ.

(4)　媒質1から媒質2へ垂直偏波の平面波（TE 波）が入射するとき反射係数が0となるブリュースター角が存在しないことを，式 (4.40) と式 (4.43) より確かめよ.

(5)　媒質1と媒質2の屈折率を各々 n_1, n_2 とし，$n_1 > n_2$ の場合を考える．いま，媒質1から媒質2へ入射した垂直偏波の平面波（TE 波）が全反射されるとき媒質2内では $+z$ 方向に電力が伝搬しないことを，透過波の複素ポインティングベクトルを求めることにより示せ.

第5章

電磁界の諸定理

本章では，電磁界問題を解く上で有用な諸定理について説明する．まず，電磁界における相反定理を示す．続いて，マイクロ波回路やアンテナの解析で有用な界等価定理，電磁界に表れる双対性ならびに鏡像理論について説明する．

5.1 相反定理

はじめに電磁界の相反定理について説明する．図5.1に示すように，任意の閉曲面 S で囲まれる閉領域 V において二つの電流源（面電流密度ベクトル $\boldsymbol{J}_{01}$ と $\boldsymbol{J}_{02}$）を考える．それぞれの電流源により生じる電界ベクトルと磁界ベクトルの組を $\boldsymbol{E}_1$ と $\boldsymbol{H}_1$，$\boldsymbol{E}_2$ と $\boldsymbol{H}_2$ とする．なお，いずれも角周波数は ω であり，正弦振動を仮定し時間因子を $e^{j\omega t}$ とする．本節では均質，線形，等方性かつ非分散性媒質（誘電率 ε，透磁率 μ）として相反定理の式を導出する．このとき，マクスウェルの電磁方程式である式 (1.8) と式 (1.9) は，

$$\begin{cases} \nabla \times \boldsymbol{E}_1(\boldsymbol{r}) = -j\omega\mu \boldsymbol{H}_1(\boldsymbol{r}) \\ \nabla \times \boldsymbol{H}_1(\boldsymbol{r}) = \boldsymbol{J}_{01}(\boldsymbol{r}) + j\omega\varepsilon \boldsymbol{E}_1(\boldsymbol{r}) \end{cases} \tag{5.1}$$

$$\begin{cases} \nabla \times \boldsymbol{E}_2(\boldsymbol{r}) = -j\omega\mu \boldsymbol{H}_2(\boldsymbol{r}) \\ \nabla \times \boldsymbol{H}_2(\boldsymbol{r}) = \boldsymbol{J}_{02}(\boldsymbol{r}) + j\omega\varepsilon \boldsymbol{E}_2(\boldsymbol{r}) \end{cases} \tag{5.2}$$

のように表される．ここで，$\boldsymbol{r}$ は観測点の位置ベクトルである．なお，以降の導出では表記の簡単化のため $(\boldsymbol{r})$ を省略する．いま，3.1 節（ポインティングの定理）と同様に磁界ベクトル $\boldsymbol{H}_2$ と式 (5.1) の第一式との内積，電界ベクトル $\boldsymbol{E}_2$ と式 (5.1) の第二式との内積，磁界ベクトル $\boldsymbol{H}_1$ と式 (5.2) の第一式との内積，電界ベクトル $\boldsymbol{E}_1$ と式 (5.2) の第二式との内積をとると，

$$\boldsymbol{H}_2 \cdot (\nabla \times \boldsymbol{E}_1) = -j\omega\mu \boldsymbol{H}_2 \cdot \boldsymbol{H}_1 \tag{5.3}$$

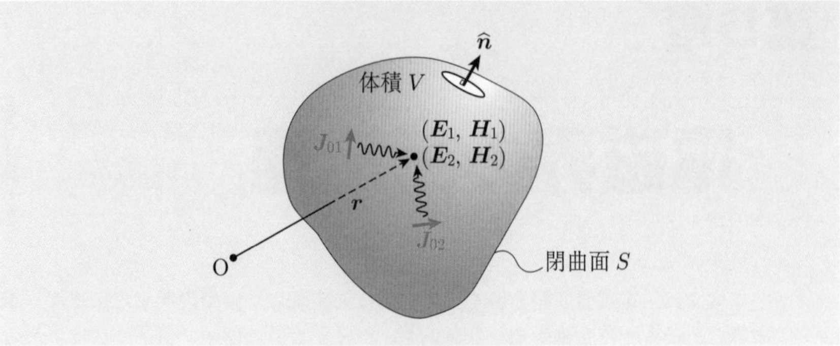

図5.1　電磁界の相反定理

$$\boldsymbol{E}_2 \cdot (\nabla \times \boldsymbol{H}_1) = \boldsymbol{E}_2 \cdot \boldsymbol{J}_{01} + j\omega\varepsilon \boldsymbol{E}_2 \cdot \boldsymbol{E}_1 \tag{5.4}$$

$$\boldsymbol{H}_1 \cdot (\nabla \times \boldsymbol{E}_2) = -j\omega\mu \boldsymbol{H}_1 \cdot \boldsymbol{H}_2 \tag{5.5}$$

$$\boldsymbol{E}_1 \cdot (\nabla \times \boldsymbol{H}_2) = \boldsymbol{E}_1 \cdot \boldsymbol{J}_{02} + j\omega\varepsilon \boldsymbol{E}_1 \cdot \boldsymbol{E}_2 \tag{5.6}$$

となる．そして，式 (5.3)–式 (5.6) より，

$$\begin{aligned}&\{\boldsymbol{H}_2 \cdot (\nabla \times \boldsymbol{E}_1) - \boldsymbol{E}_1 \cdot (\nabla \times \boldsymbol{H}_2)\} - \{\boldsymbol{H}_1 \cdot (\nabla \times \boldsymbol{E}_2) - \boldsymbol{E}_2 \cdot (\nabla \times \boldsymbol{H}_1)\}\\ &= -\boldsymbol{E}_1 \cdot \boldsymbol{J}_{02} - (-\boldsymbol{E}_2 \cdot \boldsymbol{J}_{01})\end{aligned} \tag{5.7}$$

が得られる．左辺においてベクトル公式 $\nabla \cdot (\boldsymbol{A} \times \boldsymbol{B}) = \boldsymbol{B} \cdot \nabla \times \boldsymbol{A} - \boldsymbol{A} \cdot \nabla \times \boldsymbol{B}$（ただし，$\boldsymbol{A}$, $\boldsymbol{B}$ は任意のベクトル量）を用いると，

$$\nabla \cdot (\boldsymbol{E}_1 \times \boldsymbol{H}_2 - \boldsymbol{E}_2 \times \boldsymbol{H}_1) = \boldsymbol{E}_2 \cdot \boldsymbol{J}_{01} - \boldsymbol{E}_1 \cdot \boldsymbol{J}_{02} \tag{5.8}$$

となり，更に両辺を体積 V で積分し，左辺にガウスの発散定理を適用すれば，

$$\oiint_S (\boldsymbol{E}_1 \times \boldsymbol{H}_2 - \boldsymbol{E}_2 \times \boldsymbol{H}_1) \cdot \hat{\boldsymbol{n}}\, dS = \iiint_V (\boldsymbol{E}_2 \cdot \boldsymbol{J}_{01} - \boldsymbol{E}_1 \cdot \boldsymbol{J}_{02})\, dV \tag{5.9}$$

が得られる．ただし，$\hat{\boldsymbol{n}}$ は閉曲面 S 上の外向きの単位法線ベクトルである．上式が電磁界の**相反定理**（reciprocity theorem）（ローレンツの相反定理または可逆定理ともいう）の一般形を与える式である．相反なマイクロ波回路のインピーダンス行列 $[Z]$ は対称行列（2 ポート回路の場合，$Z_{12} = Z_{21}$）を示すことや，非線形素子（能動素子など）や磁性体を含まない二つのアンテナがあった場合，アンテナ特性は送受で可逆性を示すことに関係している．

5.2 等価定理

電磁界の等価定理について説明する．等価定理を用いれば，ある与えられた境界値問題を別の等価な問題に置き換えることで問題を簡単化できる．

いま，図5.2に示すように空間を領域 1 と領域 2 の二つに分ける閉曲面 S の仮想境界を考える．ただし，領域 1 と領域 2 の媒質は同一とする．領域 2 内に電流源（面電流密度ベクトル $\boldsymbol{J}_0$，単位 [A/m^2]）を置き，この電流源により生じる領域 1 での任意の位置における正弦電磁界を電界ベクトル $\boldsymbol{E}_1(\boldsymbol{r}_1)$，磁界ベクトル $\boldsymbol{H}_1(\boldsymbol{r}_1)$ とし，領域 2 での正弦電磁界を電界ベクトル $\boldsymbol{E}_2(\boldsymbol{r}_2)$，磁界ベクトル $\boldsymbol{H}_2(\boldsymbol{r}_2)$ とする．同じ波源によって生じる電磁界なので，$\boldsymbol{E}_1(\boldsymbol{r}_1) = \boldsymbol{E}(\boldsymbol{r}_1)$，$\boldsymbol{H}_1(\boldsymbol{r}_1) = \boldsymbol{H}(\boldsymbol{r}_1)$ であり，$\boldsymbol{E}_2(\boldsymbol{r}_2) = \boldsymbol{E}(\boldsymbol{r}_2)$, $\boldsymbol{H}_2(\boldsymbol{r}_2) = \boldsymbol{H}(\boldsymbol{r}_2)$ である．よって，境界閉曲面 S 上の任意の位置ベクトル $\boldsymbol{r}$ において電磁界の境界条件より次式が成立する．

$$(\boldsymbol{E}_1(\boldsymbol{r}) - \boldsymbol{E}_2(\boldsymbol{r})) \times \widehat{\boldsymbol{n}}(\boldsymbol{r})\Big|_{\boldsymbol{r}=\boldsymbol{r}_1=\boldsymbol{r}_2 \text{ on } S} = \boldsymbol{0} \tag{5.10}$$

$$\widehat{\boldsymbol{n}}(\boldsymbol{r}) \times (\boldsymbol{H}_1(\boldsymbol{r}) - \boldsymbol{H}_2(\boldsymbol{r}))\Big|_{\boldsymbol{r}=\boldsymbol{r}_1=\boldsymbol{r}_2 \text{ on } S} = \boldsymbol{0} \tag{5.11}$$

ただし，$\widehat{\boldsymbol{n}}$ は閉曲面 S の各点において外向きの単位法線ベクトルである．

次に，領域 1 の観測点（位置ベクトル $\boldsymbol{r}_1$）に着目し，図5.2と同じ電磁界を領域 1 で与える等価な問題を考えよう．そこで，図5.3のように波源である電流源 $\boldsymbol{J}_0$ を領域 2 から取り去り，領域 2 内での電磁界は $\boldsymbol{E}_2(\boldsymbol{r}_2) = \boldsymbol{0}$, $\boldsymbol{H}_2(\boldsymbol{r}_2) = \boldsymbol{0}$ であると仮定する．ただし，領域 1 での電磁界は変わらず，$\boldsymbol{E}_1(\boldsymbol{r}_1) = \boldsymbol{E}(\boldsymbol{r}_1)$,

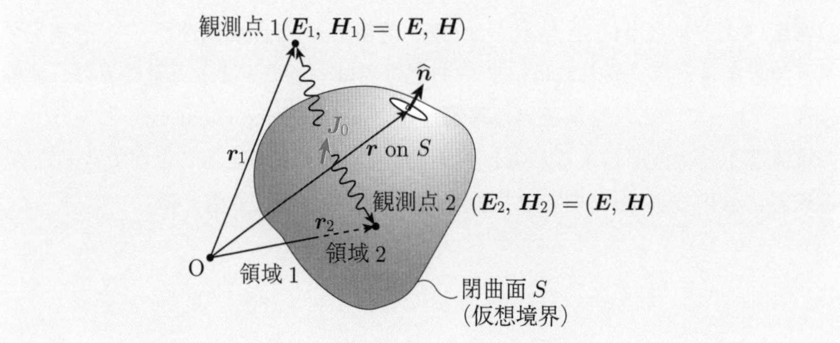

図5.2　電流源により生じる電磁界

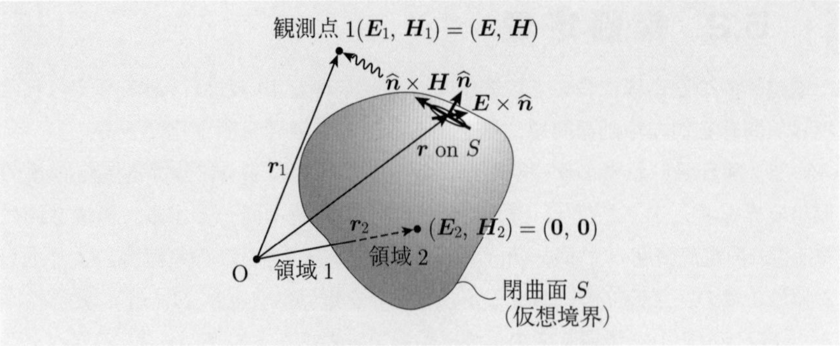

図5.3 等価電流及び等価磁流による電磁界

$\boldsymbol{H}_1(\boldsymbol{r}_1) = \boldsymbol{H}(\boldsymbol{r}_1)$ であるとする．このとき，領域 1 と領域 2 の境界である閉曲面 S 上において電磁界の接線成分は不連続となることから，境界条件を満足するためには，

$$(\boldsymbol{E}_1(\boldsymbol{r}) - \boldsymbol{0}) \times \widehat{\boldsymbol{n}}(\boldsymbol{r})\Big|_{\boldsymbol{r} \text{ on } S} = \boldsymbol{M}_{\ell \mathrm{e}}(\boldsymbol{r}) \tag{5.12}$$

$$\widehat{\boldsymbol{n}}(\boldsymbol{r}) \times (\boldsymbol{H}_1(\boldsymbol{r}) - \boldsymbol{0})\Big|_{\boldsymbol{r} \text{ on } S} = \boldsymbol{J}_{\ell \mathrm{e}}(\boldsymbol{r}) \tag{5.13}$$

となる $\boldsymbol{M}_{\ell \mathrm{e}}$, $\boldsymbol{J}_{\ell \mathrm{e}}$ が境界閉曲面 S 上に必要となる．それらは S 上において，

$$\boldsymbol{M}_{\ell \mathrm{e}}(\boldsymbol{r}) = \boldsymbol{E}_1(\boldsymbol{r}) \times \widehat{\boldsymbol{n}}(\boldsymbol{r}) = \boldsymbol{E}(\boldsymbol{r}) \times \widehat{\boldsymbol{n}}(\boldsymbol{r}) \tag{5.14}$$

$$\boldsymbol{J}_{\ell \mathrm{e}}(\boldsymbol{r}) = \widehat{\boldsymbol{n}}(\boldsymbol{r}) \times \boldsymbol{H}_1(\boldsymbol{r}) = \widehat{\boldsymbol{n}}(\boldsymbol{r}) \times \boldsymbol{H}(\boldsymbol{r}) \tag{5.15}$$

で与えられる．ここで $\boldsymbol{M}_{\ell \mathrm{e}}$ を**等価磁流**（equivalent magnetic current）の線密度ベクトル（単位 [V/m]），$\boldsymbol{J}_{\ell \mathrm{e}}$ を**等価電流**（equivalent electric current）の線密度ベクトル（単位 [A/m]）という．閉領域 V を囲む閉曲面 S 上で満足すべき境界条件が与えられれば，V 内の電磁界は一意に定まる（電磁界の一意性定理）．よって，これを電磁界の**等価定理**（equivalence theorem）という．元の電流源を一次波源とすると $\boldsymbol{M}_{\ell \mathrm{e}}$, $\boldsymbol{J}_{\ell \mathrm{e}}$ は二次波源と考えることができるため，電磁界におけるホイヘンス–フレネルの原理が等価定理と言える．

5.3 双 対 性

前節で導入した等価電流と等価磁流の対や電界と磁界の対のように電磁界には対となる組がある．そこで本節では電磁界の双対性について説明する．

均質，線形，等方性かつ非分散性の無損失媒質中において面電流密度ベクトル $\boldsymbol{J}$ の電流と体積電荷密度 ρ の電荷が存在するとき，正弦電磁界を仮定すればマクスウェルの電磁方程式の式 (1.8)–式 (1.11) に物質の構成方程式（$\boldsymbol{D} = \varepsilon\boldsymbol{E}$, $\boldsymbol{B} = \mu\boldsymbol{H}$）を代入して，

$$\begin{cases} \nabla \times \boldsymbol{E}(\boldsymbol{r}) = -j\omega\mu\boldsymbol{H}(\boldsymbol{r}) \\ \nabla \times \boldsymbol{H}(\boldsymbol{r}) = \boldsymbol{J}(\boldsymbol{r}) + j\omega\varepsilon\boldsymbol{E}(\boldsymbol{r}) \end{cases} \qquad \begin{cases} \nabla \cdot (\varepsilon\boldsymbol{E}(\boldsymbol{r})) = \rho(\boldsymbol{r}) \\ \nabla \cdot (\mu\boldsymbol{H}(\boldsymbol{r})) = 0 \end{cases} \tag{5.16}$$

と表される．これらの方程式では，

- 磁束密度ベクトル $\boldsymbol{B}$ の時間変化によって左ねじの回る方向に電界ベクトル $\boldsymbol{E}$ が生じる
- 面電流密度ベクトル $\boldsymbol{J}$ ならびに電束密度ベクトル $\boldsymbol{D}$ の時間変化（変位電流）によって右ねじの法則に従い磁界ベクトル $\boldsymbol{H}$ が生じる
- 電荷 ρ による電束密度ベクトル $\boldsymbol{D}$ は発散場である
- 磁束密度ベクトル $\boldsymbol{B}$ が発散場となる源はない

である．

次に，式 (5.16) と対となるように面電流密度ベクトル $\boldsymbol{J}$（単位 [A/m^2]）に対して**磁流**（magnetic current）の面密度ベクトル $\boldsymbol{M}$（単位 [V/m^2]），体積電荷密度 ρ（単位 [C/m^3]）に対して**磁荷**（magnetic charge）（磁極（magnetic pole）ともいう）の体積磁荷密度 ρ_{m}（単位 [Wb/m^3]）を導入して，

- 電束密度ベクトル $\boldsymbol{D}'$ の時間変化（変位電流）によって右ねじの法則に従い磁界ベクトル $\boldsymbol{H}'$ が生じる
- 面磁流密度ベクトル $\boldsymbol{M}$ ならびに磁束密度ベクトル $\boldsymbol{B}'$ の時間変化によって左ねじの回る方向に電界ベクトル $\boldsymbol{E}'$ が生じる
- 磁荷 ρ_{m} による磁束密度ベクトル $\boldsymbol{B}'$ は発散場である
- 電束密度ベクトル $\boldsymbol{D}'$ が発散場となる源はない

となる方程式を考える．ただし，磁流は仮想波源であり，実際は磁気双極子や微小ループ電流である．また，単磁荷の存在は確認されていないため，磁荷も仮想波源である．物質の構成方程式（$\boldsymbol{D}' = \varepsilon\boldsymbol{E}'$, $\boldsymbol{B}' = \mu\boldsymbol{H}'$）を考慮すると，

以上を満足するマクスウェルの電磁方程式は，

$$\begin{cases} \nabla\times\boldsymbol{H}'(\boldsymbol{r})=j\omega\varepsilon\boldsymbol{E}'(\boldsymbol{r}) \\ \nabla\times\boldsymbol{E}'(\boldsymbol{r})=-\boldsymbol{M}(\boldsymbol{r})-j\omega\mu\boldsymbol{H}'(\boldsymbol{r}) \end{cases} \quad \begin{cases} \nabla\cdot(\mu\boldsymbol{H}'(\boldsymbol{r}))=\rho_{\mathrm{m}}(\boldsymbol{r}) \\ \nabla\cdot(\varepsilon\boldsymbol{E}'(\boldsymbol{r}))=0 \end{cases} \tag{5.17}$$

と書ける．式 (5.17) は，元の式 (5.16) に次の変換を施した結果でもある．

$$\boldsymbol{E}=Z\boldsymbol{H}',\quad \boldsymbol{H}=-\frac{1}{Z}\boldsymbol{E}',\quad \boldsymbol{J}=\frac{1}{Z}\boldsymbol{M},\quad \rho=\frac{1}{Z}\rho_{\mathrm{m}} \tag{5.18}$$

ここで，$Z=\sqrt{\frac{\mu}{\varepsilon}}$ である．よって，式 (5.17) の解も式 (5.16) のマクスウェルの電磁方程式の解である．元の式 (5.16) と変換後の式 (5.17) を比較すると，

$$\begin{cases} \boldsymbol{E}\to\boldsymbol{H}', & \boldsymbol{H}\to-\boldsymbol{E}' \\ \varepsilon\to\mu, & \mu\to\varepsilon \\ \boldsymbol{J}\to\boldsymbol{M}, & \rho\to\rho_{\mathrm{m}} \end{cases} \tag{5.19}$$

なる対応関係があることがわかる．このような関係を電磁界の**双対性** (duality) という．更に重ね合わせの理より式 (1.8)–式 (1.11) は，

$$\begin{cases} \nabla\times\boldsymbol{E}(\boldsymbol{r})=-\boldsymbol{M}(\boldsymbol{r})-j\omega\mu\boldsymbol{H}(\boldsymbol{r}) \\ \nabla\times\boldsymbol{H}(\boldsymbol{r})=\boldsymbol{J}(\boldsymbol{r})+j\omega\varepsilon\boldsymbol{E}(\boldsymbol{r}) \end{cases} \quad \begin{cases} \nabla\cdot\boldsymbol{D}(\boldsymbol{r})=\rho(\boldsymbol{r}) \\ \nabla\cdot\boldsymbol{B}(\boldsymbol{r})=\rho_{\mathrm{m}}(\boldsymbol{r}) \end{cases} \tag{5.20}$$

のように電磁流源を波源として表すこともできる．

電磁界の双対性を用いると，図5.4に示すように形状はそのままで電磁流ならびに境界条件が対をなすように入れ替わった関係が成立する．例えば電気ダイポール（電流源）による電磁界が求まっているのであれば，電磁界の双対性を用いて磁気ダイポール（磁流源）による電磁界は直ちに求まることになる．

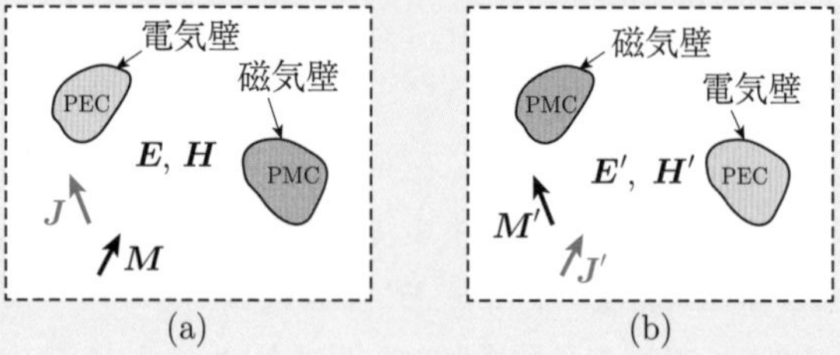

図5.4 電磁界の双対性．(a) 元の問題，(b) 図 (a) と双対な問題

5.4 鏡像理論

鏡像理論（image theory）について説明する．電気磁気学を学ぶと特殊解法として鏡像法（電気影像法）が出てくるが，それと同じである．いま，図**5.5(a)**のように $z \le 0$ の領域に完全導体（電気壁）が置かれ，$z > 0$ における電界ベクトルを $\boldsymbol{E}$，磁界ベクトルを $\boldsymbol{H}$，面電流密度ベクトルを $\boldsymbol{J}$，面磁流密度ベクトルを $\boldsymbol{M}$ とする．正弦電磁界を仮定し，電気壁に平行な接線成分と垂直な z 成分に分けて表示すると，

$$\boldsymbol{E}(x,y,z) = \boldsymbol{E}_t(x,y,z) + \widehat{\boldsymbol{z}}E_z(x,y,z) \tag{5.21}$$

$$\boldsymbol{H}(x,y,z) = \boldsymbol{H}_t(x,y,z) + \widehat{\boldsymbol{z}}H_z(x,y,z) \tag{5.22}$$

$$\boldsymbol{J}(x,y,z) = \boldsymbol{J}_t(x,y,z) + \widehat{\boldsymbol{z}}J_z(x,y,z) \tag{5.23}$$

$$\boldsymbol{M}(x,y,z) = \boldsymbol{M}_t(x,y,z) + \widehat{\boldsymbol{z}}M_z(x,y,z) \tag{5.24}$$

である．ベクトル微分演算子も $\nabla = \nabla_t + \widehat{\boldsymbol{z}}\frac{\partial}{\partial z}$ のように分けると，式 (5.20) より $z > 0$ でのマクスウェルの電磁方程式の二式は次式のように分解できる．

$$\begin{cases} \text{接線成分：} & \nabla_t \times \widehat{\boldsymbol{z}}E_z + \widehat{\boldsymbol{z}} \times \dfrac{\partial \boldsymbol{E}_t}{\partial z} = -\boldsymbol{M}_t - j\omega\mu\boldsymbol{H}_t \\ z\ \text{成分：} & \nabla_t \times \boldsymbol{E}_t = -\widehat{\boldsymbol{z}}(M_z + j\omega\mu H_z) \end{cases} \tag{5.25}$$

$$\begin{cases} \text{接線成分：} & \nabla_t \times \widehat{\boldsymbol{z}}H_z + \widehat{\boldsymbol{z}} \times \dfrac{\partial \boldsymbol{H}_t}{\partial z} = \boldsymbol{J}_t + j\omega\varepsilon\boldsymbol{E}_t \\ z\ \text{成分：} & \nabla_t \times \boldsymbol{H}_t = \widehat{\boldsymbol{z}}(J_z + j\omega\varepsilon E_z) \end{cases} \tag{5.26}$$

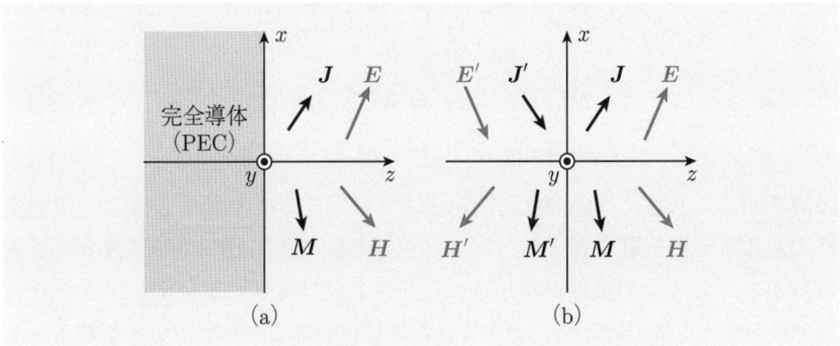

図5.5　鏡像理論．(a) 完全電気導体を境界とする電磁界及び電磁流，(b) 境界を取り去ったときに $z = 0$ の境界条件を満足する電磁界及び電磁流（$z < 0$）

次に図5.5(b)のように完全導体を取り去って，$z<0$ における電界ベクトルを $\boldsymbol{E}'$，磁界ベクトルを $\boldsymbol{H}'$，面電流密度ベクトルを $\boldsymbol{J}'$，面磁流密度ベクトルを $\boldsymbol{M}'$ とする．このとき，$z=0$ の xy 平面において満足すべき境界条件は，電界ベクトルの接線成分が $\boldsymbol{0}$ であり，磁界ベクトルの法線成分が 0 である．したがって，電界ベクトルの接線成分と磁界ベクトルの z 成分は，

$$\boldsymbol{E}_t'(x,y,-|z|) = -\boldsymbol{E}_t(x,y,|z|) \tag{5.27}$$

$$H_z'(x,y,-|z|) = -H_z(x,y,|z|) \tag{5.28}$$

を満足しなければならない．一方，

$$E_z'(x,y,-|z|) = E_z(x,y,|z|) \tag{5.29}$$

$$\boldsymbol{H}_t'(x,y,-|z|) = \boldsymbol{H}_t(x,y,|z|) \tag{5.30}$$

である．式(5.20)に $\boldsymbol{E}'$, $\boldsymbol{H}'$, $\boldsymbol{J}'$, $\boldsymbol{M}'$ 及び境界条件式を代入し，$z<0$ での偏微分に注意しながら $z<0$ でのマクスウェルの電磁方程式の二式を表すと，

$$\begin{cases} \text{接線成分：} & \nabla_t \times \hat{\boldsymbol{z}} E_z + \hat{\boldsymbol{z}} \times \dfrac{\partial \boldsymbol{E}_t}{\partial z} = -\boldsymbol{M}_t' - j\omega\mu \boldsymbol{H}_t \\ z \text{ 成分：} & -\nabla_t \times \boldsymbol{E}_t = -\hat{\boldsymbol{z}}(M_z' - j\omega\mu H_z) \end{cases} \tag{5.31}$$

$$\begin{cases} \text{接線成分：} & -\nabla_t \times \hat{\boldsymbol{z}} H_z - \hat{\boldsymbol{z}} \times \dfrac{\partial \boldsymbol{H}_t}{\partial z} = \boldsymbol{J}_t' - j\omega\varepsilon \boldsymbol{E}_t \\ z \text{ 成分：} & \nabla_t \times \boldsymbol{H}_t = \hat{\boldsymbol{z}}(J_z' + j\omega\varepsilon E_z) \end{cases} \tag{5.32}$$

となる．式(5.25)と式(5.31)，式(5.26)と式(5.32)を比較すると，

$$\boldsymbol{J}_t'(x,y,-|z|) = -\boldsymbol{J}_t(x,y,|z|) \tag{5.33}$$

$$J_z'(x,y,-|z|) = J_z(x,y,|z|) \tag{5.34}$$

$$\boldsymbol{M}_t'(x,y,-|z|) = \boldsymbol{M}_t(x,y,|z|) \tag{5.35}$$

$$M_z'(x,y,-|z|) = -M_z(x,y,|z|) \tag{5.36}$$

の関係が得られる．この関係を図示すると，図5.5(b)のようになる．境界条件である電気壁を取り去ったとき $z<0$ の領域に図5.5(b)の電磁流分布を置けば $z=0$ にて境界条件が満足される．電流及び電界に着目すれば $z=0$ の面で奇対称となることから，そのような電磁流分布及び電磁界分布を**奇モード**（odd mode）という．逆に図5.5(b)のような電磁流分布または電磁界分布のときに $z=0$ に電気壁を置けば，図5.5(a)のように解析領域を半分にできる．

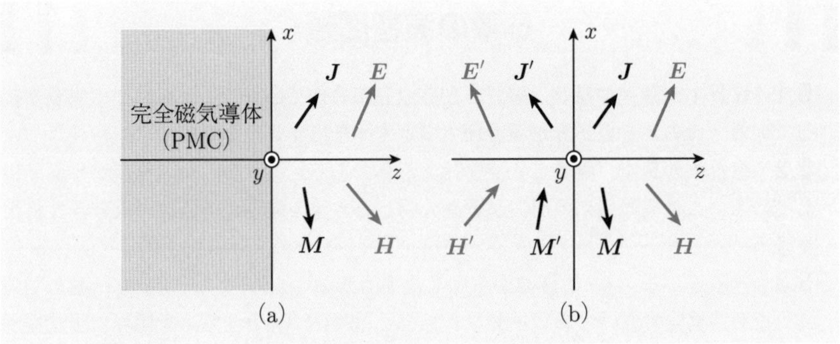

図5.6　鏡像理論. (a) 完全磁気導体を境界とする電磁界及び電磁流, (b) 境界を取り去ったときに $\boldsymbol{z = 0}$ の境界条件を満足する電磁界及び電磁流（$\boldsymbol{z < 0}$）

以上の導出方法と同様に図5.6(a)の $z \leq 0$ の領域に完全磁気導体が置かれている場合（$z = 0$ の境界が磁気壁）については,

$$\boldsymbol{J}_t'(x, y, -|z|) = \boldsymbol{J}_t(x, y, |z|) \tag{5.37}$$

$$J_z'(x, y, -|z|) = -J_z(x, y, |z|) \tag{5.38}$$

$$\boldsymbol{M}_t'(x, y, -|z|) = -\boldsymbol{M}_t(x, y, |z|) \tag{5.39}$$

$$M_z'(x, y, -|z|) = M_z(x, y, |z|) \tag{5.40}$$

の関係が得られる. ただし, $z = 0$ の xy 平面（磁気壁）において満足すべき境界条件は, 電界ベクトルの法線成分が 0 であり, 磁界ベクトルの接線成分が $\mathbf{0}$ である. この関係を図示すると, 図5.6(b)のようになる. 電流及び電界に着目すれば $z = 0$ の面で偶対称となることから, そのような電磁流分布及び電磁界分布を**偶モード**（even mode）という.

偶モード及び奇モードは, 結合した二つの対称線路や結合した二つの共振器などの電磁界分布に表れ, マイクロ波回路の解析や設計でしばしば利用される.

5章の演習問題

□**5.1**　媒質 1 が誘電体媒質，媒質 2 が完全磁気導体であり，これら二つの媒質が接している．このとき電磁界が境界面で満足すべき境界条件を導出せよ．

□**5.2**　媒質 1 が真空，媒質 2 が完全磁気導体であり，これら二つの媒質が平面で接している．この境界面に平面波が垂直入射したときの電界反射係数の大きさと位相を求めよ．

□**5.3**　無限遠 $z=-\infty$ の波源から生じた平面波が $+z$ 方向に真空中を伝搬している．なお，真空の波動インピーダンスを Z_0，波数を k_0 とする．電磁界は正弦振動を仮定し，時間因子 $e^{j\omega t}$ を省略すると，$+z$ 方向に伝搬する平面波の電界ベクトル $\boldsymbol{E}$ と磁界ベクトル $\boldsymbol{H}$ は以下の式で表される．

$$\boldsymbol{E}(z)=\widehat{\boldsymbol{x}}E_0e^{-jk_0z},\quad \boldsymbol{H}(z)=\widehat{\boldsymbol{y}}\frac{E_0}{Z_0}e^{-jk_0z} \tag{5.41}$$

ただし，E_0 は電界ベクトルの大きさである．以下の問に答えよ．

(1)　$z=0$ の xy 平面を仮想境界面 S とするとき，境界面 S 上の等価電流の線密度ベクトル $\boldsymbol{J}_{\ell\mathrm{e}}$ ならびに等価磁流の線密度ベクトル $\boldsymbol{M}_{\ell\mathrm{e}}$ を求めよ．

(2)　無限遠 $z=-\infty$ の波源を取り去り，問 (1) の等価電流の線密度ベクトル $\boldsymbol{J}_{\ell\mathrm{e}}$ のみが境界面 S 上を流れているとする．この波源は平面波を励振し，$z>0$ の領域 1 では $\boldsymbol{E}(z)=\widehat{\boldsymbol{x}}E_1e^{-jk_0z}$ なる電界ベクトルの平面波が $+z$ 方向に伝搬し，$z<0$ の領域 2 では $\boldsymbol{E}(z)=\widehat{\boldsymbol{x}}E_2e^{jk_0z}$ なる電界ベクトルの平面波が $-z$ 方向に伝搬する．$z=0$ における境界条件より未知数 E_1 と E_2 を決定せよ．また，各領域における電界ベクトルと磁界ベクトルを示せ．

(3)　無限遠 $z=-\infty$ の波源を取り去り，問 (1) の等価磁流の線密度ベクトル $\boldsymbol{M}_{\ell\mathrm{e}}$ のみが境界面 S 上を流れているとする．問 (2) の結果を用いて，電磁界の双対性より $z>0$ と $z<0$ の各領域における電界ベクトルと磁界ベクトルを示せ．

(4)　無限遠 $z=-\infty$ の波源を取り去り，問 (1) の等価磁流の線密度ベクトル $\boldsymbol{M}_{\ell\mathrm{e}}$ のみが境界面 S 上を流れているとする．この波源は平面波を励振し，$z>0$ の領域 1 では $\boldsymbol{H}=\widehat{\boldsymbol{y}}H_1e^{-jk_0z}$ なる磁界ベクトルの平面波が $+z$ 方向に伝搬し，$z<0$ の領域 2 では $\boldsymbol{H}=\widehat{\boldsymbol{y}}H_2e^{jk_0z}$ なる磁界ベクトルの平面波が $-z$ 方向に伝搬する．$z=0$ における境界条件より未知数 H_1 と H_2 を決定せよ．また，各領域における電界ベクトルと磁界ベクトルを示し，問 (3) の結果と一致することを確かめよ．

(5)　無限遠 $z=-\infty$ の波源を取り去り，境界面 S 上に問 (1) の等価電流の線密度ベクトル $\boldsymbol{J}_{\ell\mathrm{e}}$ ならびに等価磁流の線密度ベクトル $\boldsymbol{M}_{\ell\mathrm{e}}$ の両方が流れているとき，重ね合わせの理を用いて $z>0$ と $z<0$ の各領域における電界ベクトルと磁界ベクトルを求め，電磁界の等価定理が成立することを確かめよ．

(6) 問 (2) において，電磁界の対称性から $z=0$ の xy 平面に電気壁，磁気壁のいずれを設定できるか答えよ．また，問 (3) または問 (4) において，電磁界の対称性から $z=0$ の xy 平面に電気壁，磁気壁のいずれを設定できるか答えよ．

(7) 無限遠 $z=-\infty$ の波源を取り去り，$z=0$ の xy 平面上に電気壁を置く．$z>0$ の領域 1 の電磁界は式 (5.41) で表され，$z<0$ の領域 2 の電磁界はその鏡像で表される．このとき，$z=0$ の xy 平面上の等価電流の線密度ベクトル $\boldsymbol{J}_{\ell\mathrm{e}}$ ならびに等価磁流の線密度ベクトル $\boldsymbol{M}_{\ell\mathrm{e}}$ を求めよ．

(8) 無限遠 $z=-\infty$ の波源を取り去り，$z=0$ の xy 平面上に磁気壁を置く．$z>0$ の領域 1 の電磁界は式 (5.41) で表され，$z<0$ の領域 2 の電磁界はその鏡像で表される．このとき，$z=0$ の xy 平面上の等価電流の線密度ベクトル $\boldsymbol{J}_{\ell\mathrm{e}}$ ならびに等価磁流の線密度ベクトル $\boldsymbol{M}_{\ell\mathrm{e}}$ を求めよ．

第6章

伝　送　波

本章では，導体や誘電体で構成される伝送線路を伝搬する伝送波について説明する．まず，ヘルツベクトルを導入し，マクスウェルの電磁方程式を満足する伝送波の一般解を与える．そして伝送線路の境界条件に基づいてヘルツベクトルを求め，基本的な伝送線路である平行平板導波路，方形導波管などを伝搬する電磁界のモードについて詳述する．

6.1　伝送波の種類とその特徴

■ 伝送波の種類

伝送波（guided wave）とは媒体を通して伝搬する電磁波を指す．多くの電磁波回路は導体や誘電体からなり，空間中を伝搬する放射波とは異なり伝送波の伝搬は有線である．図6.1に電磁波回路で用いられる様々な伝送線路を示す．伝送波にはマクスウェルの電磁方程式の解として以下の三種類が存在する．

(1)　**TEM 波**（transverse electromagnetic wave）：伝搬方向に対して垂直な横断面方向（transverse direction：単に横方向ともいう）のみに電界及び磁界が存在し，伝搬方向（propagation direction）には電界及び磁界の成分が存在しない波である．伝搬方向は長手方向（longitudinal direction）ともいう．TEM 波は二つまたはそれ以上の導体から構成されている伝送線路を伝搬でき，TEM 波の特性インピーダンスは一意に定義できる．例えば，図6.1の (a) 平行二線路（レッヘル線）や (b) 平行平板導波路，(c) 同軸線路などが TEM 波の代表的な伝送線路である．

(2)　**TE 波**（transverse electric wave）：伝搬方向に対して垂直な横断面方向のみに電界が存在し，伝搬方向に磁界成分が存在する波である．なお，磁界成分は横断面方向にも存在する．H 波ともいう．

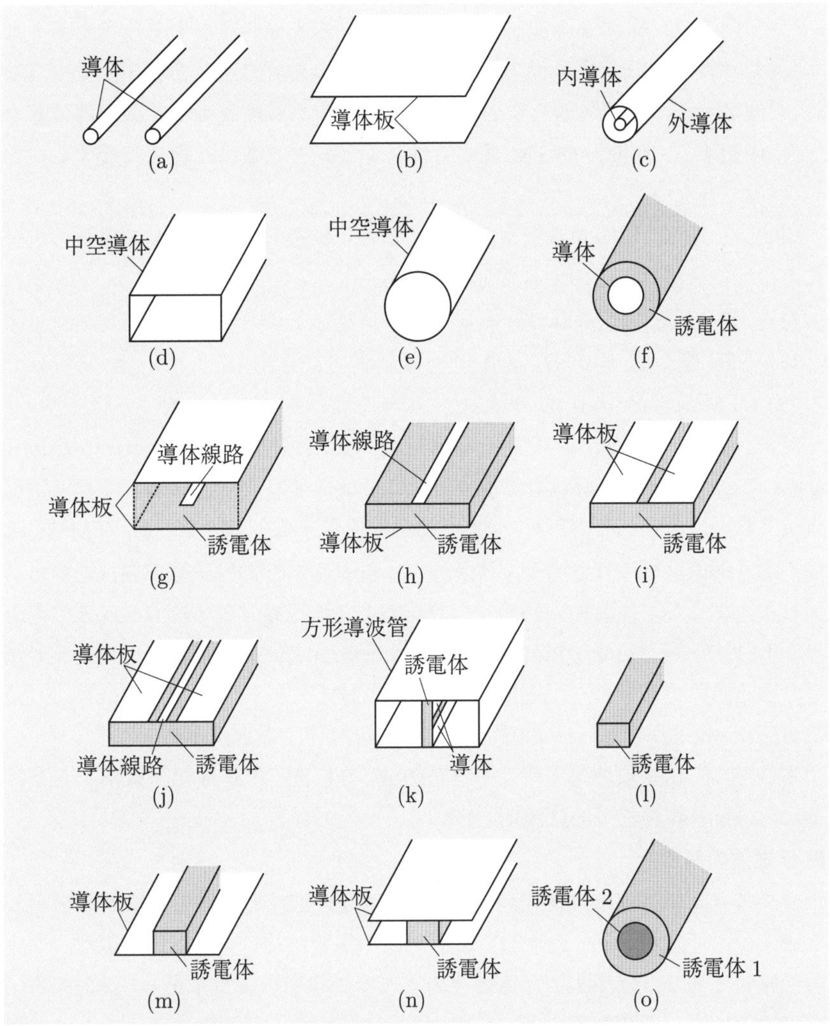

図6.1　様々な伝送線路. **(a)** レッヘル線, **(b)** 平行平板導波路, **(c)** 同軸線路, **(d)** 方形導波管, **(e)** 円形導波管, **(f)** グーボー線路, **(g)** ストリップ線路, **(h)** マイクロストリップ線路, **(i)** スロット線路, **(j)** コプレーナ線路, **(k)** フィンライン, **(l)** 誘電体導波路, **(m)** イメージ線路, **(n)** NRD ガイド (**non-radiative dielectric waveguide**), **(o)** 光ファイバ

(3) **TM 波**（transverse magnetic wave）：伝搬方向に対して垂直な横断面方向のみに磁界が存在し，伝搬方向に電界成分が存在する波である．なお，電界成分は横断面方向にも存在する．E 波ともいう．TE 波や TM 波は，一つの導体からなる図6.1の (d) 方形導波管や (e) 円形導波管を伝搬する．TE 波や TM 波の特性インピーダンスは一意に定義することはできない．

いま，z 方向に伝搬する伝送波を考えると，伝搬方向の電界及び磁界の成分によって伝送波は以下のように分類される．

(1) TEM 波：$E_z = 0,\ H_z = 0$

(2) TE 波：$E_z = 0,\ H_z \neq 0$

(3) TM 波：$E_z \neq 0,\ H_z = 0$

更に，$E_z \neq 0,\ H_z \neq 0$ である伝送波は**混成波**（hybird electromagnetic wave, HEM wave）と呼ばれ，混成波は TE 波と TM 波の和で表現される．混成波において，TE 波（H 波）が支配的な電磁界分布を HE モード，TM 波（E 波）が支配的な電磁界分布を EH モードと呼び，円柱形の誘電体導波路などに現れる．加えて，横断面方向の一成分が零となる電界分布を持つ混成波の電磁界を LSE モード（longitudinal-section electric mode），横断面方向の一成分が零となる磁界分布を持つ混成波の電磁界を LSM モード（longitudinal-section magnetic mode）といい，図6.1(n)の NRD ガイドなどに現れる．

本書では，伝送波の基本である TEM 波，TE 波，TM 波の一般解ならびにそれらの伝送特性を中心に説明していく．

■ 伝送波の解法

マクスウェルの電磁方程式から TEM 波，TE 波，TM 波の一般解を求める解法について説明する．ただし，伝送線路の媒質は均質，等方性，線形，非分散性媒質であり，無損失であるとする．また，媒質の誘電率を ε，透磁率を μ で表す．いま，正弦振動を仮定し，z 方向に伝搬する伝送波を考えると，進行波 $e^{j(\omega t-\beta z)}$（ただし，β は位相定数）の形となるため，$\frac{\partial}{\partial z} \to -j\beta,\ \frac{\partial}{\partial t} \to j\omega$ とできる．したがって，ベクトル微分演算子 ∇ を伝搬方向の成分と横断方向の成分に分解すると，

$$\nabla = \nabla_t + \frac{\partial}{\partial z}\hat{\boldsymbol{z}} = \nabla_t - j\beta\hat{\boldsymbol{z}} \tag{6.1}$$

と書ける．電界ベクトル $\boldsymbol{E}$ と磁界ベクトル $\boldsymbol{H}$ も伝搬方向の成分 E_z, H_z と横断面方向の成分 $\boldsymbol{E}_t$, $\boldsymbol{H}_t$ に分解して表現すると，

$$\boldsymbol{E}(\boldsymbol{r}) = \boldsymbol{E}_t(\boldsymbol{r}) + E_z(\boldsymbol{r})\hat{\boldsymbol{z}} \tag{6.2}$$

$$\boldsymbol{H}(\boldsymbol{r}) = \boldsymbol{H}_t(\boldsymbol{r}) + H_z(\boldsymbol{r})\hat{\boldsymbol{z}} \tag{6.3}$$

となる．上式を式 (2.55) のマクスウェルの電磁方程式に代入すると，

$$(\nabla_t - j\beta\hat{\boldsymbol{z}}) \times \big(\boldsymbol{E}_t(\boldsymbol{r}) + E_z(\boldsymbol{r})\hat{\boldsymbol{z}}\big) = -j\omega\mu\big(\boldsymbol{H}_t(\boldsymbol{r}) + H_z(\boldsymbol{r})\hat{\boldsymbol{z}}\big) \tag{6.4}$$

となる．ここで，$\hat{\boldsymbol{z}} \times \hat{\boldsymbol{z}} = \boldsymbol{0}$ ならびにベクトル公式 $\nabla \times (\phi\boldsymbol{A}) = \nabla\phi \times \boldsymbol{A} + \phi\nabla \times \boldsymbol{A}$（ただし，$\phi$ は任意のスカラ量，$\boldsymbol{A}$ は任意のベクトル量）を利用すると，次式のように分解される．

$$z\ 方向：\ \nabla_t \times \boldsymbol{E}_t(\boldsymbol{r}) = -j\omega\mu H_z(\boldsymbol{r})\hat{\boldsymbol{z}} \tag{6.5}$$

$$横方向：\ \hat{\boldsymbol{z}} \times \nabla_t E_z(\boldsymbol{r}) + j\beta\hat{\boldsymbol{z}} \times \boldsymbol{E}_t(\boldsymbol{r}) = j\omega\mu\boldsymbol{H}_t(\boldsymbol{r}) \tag{6.6}$$

式 (2.56) についても同様に，

$$z\ 方向：\ \nabla_t \times \boldsymbol{H}_t(\boldsymbol{r}) = j\omega\varepsilon E_z(\boldsymbol{r})\hat{\boldsymbol{z}} \tag{6.7}$$

$$横方向：\ \hat{\boldsymbol{z}} \times \nabla_t H_z(\boldsymbol{r}) + j\beta\hat{\boldsymbol{z}} \times \boldsymbol{H}_t(\boldsymbol{r}) = -j\omega\varepsilon\boldsymbol{E}_t(\boldsymbol{r}) \tag{6.8}$$

と分解される．$\hat{\boldsymbol{z}}$ と式 (6.6) の外積をとってベクトル三重積を用いて式を簡単化した後，式 (6.8) を用いて $\boldsymbol{H}_t$ を消去する．また，同様にして $\hat{\boldsymbol{z}}$ と式 (6.8) の外積をとってから式 (6.6) を用いて $\boldsymbol{E}_t$ を消去する．その結果，次の二式が得られる．

$$j\frac{k^2 - \beta^2}{\beta}\boldsymbol{E}_t(\boldsymbol{r}) = \nabla_t E_z(\boldsymbol{r}) + \frac{\omega\mu}{\beta}\nabla_t H_z(\boldsymbol{r}) \times \hat{\boldsymbol{z}} \tag{6.9}$$

$$j\frac{k^2 - \beta^2}{\beta}\boldsymbol{H}_t(\boldsymbol{r}) = \nabla_t H_z(\boldsymbol{r}) + \frac{\omega\varepsilon}{\beta}\hat{\boldsymbol{z}} \times \nabla_t E_z(\boldsymbol{r}) \tag{6.10}$$

ただし，$k^2 = \omega^2\mu\varepsilon$ であり，k は媒質中の波数である．このように伝送線路の横断面方向の電磁界 $\boldsymbol{E}_t$, $\boldsymbol{H}_t$ は伝搬方向の電磁界 E_z, H_z を用いて表される．これら二式に対して横断面方向の回転をとり，式 (6.5) と式 (6.7) に代入して $\boldsymbol{E}_t$, $\boldsymbol{H}_t$ を消去すると，伝搬方向の電磁界 E_z, H_z に関する同次スカラヘルムホルツ方程式として，

$$\nabla_t^2 E_z(\boldsymbol{r}) + (k^2 - \beta^2)E_z(\boldsymbol{r}) = 0 \tag{6.11}$$

$$\nabla_t^2 H_z(\boldsymbol{r}) + (k^2 - \beta^2) H_z(\boldsymbol{r}) = 0 \tag{6.12}$$

が得られる．ただし，ベクトル公式 $\nabla \times \nabla\phi = 0$（$\phi$ は任意のスカラ量）を用いた．

以上より伝送波の一般的解法の手順は次のようにまとめられる．

(1) 式 (6.11) と式 (6.12) の同次スカラヘルムホルツ方程式を解き，伝搬方向の電磁界 E_z, H_z を求める．

(2) 式 (6.9) と式 (6.10) より横断面方向の電磁界 $\boldsymbol{E}_t$, $\boldsymbol{H}_t$ を求める．

(3) 伝送線路の境界条件より位相定数 β ならびに電磁界の未知係数を求める．

TEM 波，TE 波，TM 波の各伝送波についてまとめたのが表6.1である．TEM 波では，$E_z = H_z = 0$ のとき，$\beta \neq k$ と仮定して式 (6.9) と式 (6.10) を用いると横断面方向の電磁界も全て 0 になってしまい，$\boldsymbol{E}_t \neq \boldsymbol{0}$, $\boldsymbol{H}_t \neq \boldsymbol{0}$ の条件に反する．そのため，TEM 波で式 (6.9) と式 (6.10) が成立するには $\beta = k$ であることに注意されたい．この場合は横断面方向の電磁界は式 (6.9) と式 (6.10) ではなく，式 (6.5) 及び式 (6.6) により与えられる．

表6.1 $\boldsymbol{z}$ 方向に伝搬する各伝送波の電磁界

伝送波	TEM 波	TE 波	TM 波
伝搬方向の電磁界	$E_z = 0$ $H_z = 0$	$E_z = 0$ $H_z \neq 0$	$E_z \neq 0$ $H_z = 0$
横方向の電磁界	$\nabla_t \times \boldsymbol{E}_t = \boldsymbol{0}$ $\boldsymbol{H}_t = \dfrac{\beta}{\omega\mu}\hat{\boldsymbol{z}} \times \boldsymbol{E}_t$	$\boldsymbol{E}_t = -\dfrac{j\omega\mu}{k_c^2}\nabla_t H_z \times \hat{\boldsymbol{z}}$ $\boldsymbol{H}_t = -\dfrac{j\beta}{k_c^2}\nabla_t H_z$ $\nabla_t^2 H_z + k_c^2 H_z = 0$	$\boldsymbol{E}_t = -\dfrac{j\beta}{k_c^2}\nabla_t E_z$ $\boldsymbol{H}_t = -\dfrac{j\omega\varepsilon}{k_c^2}\hat{\boldsymbol{z}} \times \nabla_t E_z$ $\nabla_t^2 E_z + k_c^2 E_z = 0$
電界と磁界の関係	$\boldsymbol{H}_t = Y_{\mathrm{TEM}}\hat{\boldsymbol{z}} \times \boldsymbol{E}_t$	$\boldsymbol{E}_t = -Z_{\mathrm{TE}}\hat{\boldsymbol{z}} \times \boldsymbol{H}_t$	$\boldsymbol{H}_t = Y_{\mathrm{TM}}\hat{\boldsymbol{z}} \times \boldsymbol{E}_t$
位相定数	$\beta = k = \omega\sqrt{\mu\varepsilon}$	$\beta \neq k$ $\beta^2 = k^2 - k_c^2$	$\beta \neq k$ $\beta^2 = k^2 - k_c^2$
波動インピーダンス	$Z_{\mathrm{TEM}} = \dfrac{1}{Y_{\mathrm{TEM}}}$ $= \sqrt{\dfrac{\mu}{\varepsilon}}$	$Z_{\mathrm{TE}} = \dfrac{\omega\mu}{\beta}$ $= \dfrac{k}{\beta}Z_{\mathrm{TEM}}$	$Z_{\mathrm{TM}} = \dfrac{1}{Y_{\mathrm{TM}}} = \dfrac{\beta}{\omega\varepsilon}$ $= \dfrac{\beta}{k}Z_{\mathrm{TEM}}$

■ 伝送波の特徴

表6.1より各伝送波は以下のような性質を有することがわかる．

(1)　TEM 波，TE 波，TM 波の伝送線路断面における電磁界 $\boldsymbol{E}_t$, $\boldsymbol{H}_t$ は直交関係にある．それらの大きさの比（波動インピーダンス）は伝送線路断面の位置によらない定数である．

(2)　TEM 波の波動インピーダンス Z_{TEM} は媒質定数のみによって決まり，伝送線路の断面形状とは無関係である．

(3)　TEM 波の伝送線路断面の電磁界は静電界，静磁界のそれと一致する．つまり，TEM 波の伝搬には電位差が生じる二つ以上の導体が必要である．

(4)　TE 波，TM 波の波動インピーダンス Z_{TE}, Z_{TM} は媒質定数のみならず，位相定数 β にも依存する．位相定数 β は伝送線路の断面形状や周波数によって変化する．つまり，分散特性を示す．

(5)　混成波の伝送線路断面における電磁界 $\boldsymbol{E}_t$, $\boldsymbol{H}_t$ は (1) の性質がないため，その波動インピーダンスは他の波と同様の方法では求められない．

次節では，各座標系において TEM 波，TE 波，TM 波の一般解を与える．

6.2 伝送波の一般解

6.2.1 ヘルツベクトル

前節で説明したように伝搬方向の電界成分，磁界成分がわかれば全ての電磁界を求めることができる．その方法の他にヘルツベクトルを用いた解法がある．本書ではその方法で伝送波の一般解を求めていく．

まず，スカラポテンシャル ϕ とベクトルポテンシャル $\boldsymbol{\mathcal{A}}$ を用いて電界ベクトルと磁界ベクトルを表すことを考える．式 (1.50) より磁界ベクトル $\boldsymbol{\mathcal{H}}$ はベクトルポテンシャル $\boldsymbol{\mathcal{A}}$ を用いて，

$$\boldsymbol{\mathcal{H}}(\boldsymbol{r},t) = \frac{1}{\mu}\nabla \times \boldsymbol{\mathcal{A}}(\boldsymbol{r},t) \tag{6.13}$$

と表される．また，式 (1.50) を式 (1.1) に代入すると，

$$\nabla \times \left(\boldsymbol{\mathcal{E}}(\boldsymbol{r},t) + \frac{\partial \boldsymbol{\mathcal{A}}(\boldsymbol{r},t)}{\partial t} \right) = \boldsymbol{0} \tag{6.14}$$

が得られる．このとき，ベクトル公式 $\nabla \times \boldsymbol{B} = \nabla \times \nabla A$（ただし，$\boldsymbol{B}$ は任意のベクトル量，A は任意のスカラ量）を用いると，式 (1.28) と同様に，

$$\boldsymbol{\mathcal{E}}(\boldsymbol{r},t) + \frac{\partial \boldsymbol{\mathcal{A}}(\boldsymbol{r},t)}{\partial t} = -\nabla\phi(\boldsymbol{r},t) \tag{6.15}$$

とおくことができる．よって，電界ベクトル $\boldsymbol{\mathcal{E}}$ はスカラポテンシャル ϕ とベクトルポテンシャル $\boldsymbol{\mathcal{A}}$ を用いて，

$$\boldsymbol{\mathcal{E}}(\boldsymbol{r},t) = -\nabla\phi(\boldsymbol{r},t) - \frac{\partial \boldsymbol{\mathcal{A}}(\boldsymbol{r},t)}{\partial t} \tag{6.16}$$

と表すことができる．スカラポテンシャル ϕ とベクトルポテンシャル $\boldsymbol{\mathcal{A}}$ を用いて表される電界ベクトルと磁界ベクトルがマクスウェルの電磁方程式を満足するために，式 (1.2) と式 (1.3) に式 (6.13) と式 (6.16) を代入すると，

$$\begin{cases} \nabla^2 \boldsymbol{\mathcal{A}}(\boldsymbol{r},t) - \mu\varepsilon \dfrac{\partial^2 \boldsymbol{\mathcal{A}}(\boldsymbol{r},t)}{\partial t^2} = -\mu \boldsymbol{\mathcal{J}}(\boldsymbol{r},t) + \nabla\left(\nabla\cdot\boldsymbol{\mathcal{A}}(\boldsymbol{r},t) + \mu\varepsilon\dfrac{\partial \phi(\boldsymbol{r},t)}{\partial t} \right) \\ \nabla^2\phi(\boldsymbol{r},t) + \nabla\cdot\dfrac{\partial \boldsymbol{\mathcal{A}}(\boldsymbol{r},t)}{\partial t} = -\dfrac{\varrho(\boldsymbol{r},t)}{\varepsilon} \end{cases} \tag{6.17}$$

となる．ここで，$\nabla\cdot\boldsymbol{\mathcal{A}}$ の $\boldsymbol{\mathcal{A}}$ には自由度があることから，

$$\nabla\cdot\boldsymbol{\mathcal{A}}(\boldsymbol{r},t) + \mu\varepsilon\frac{\partial\phi(\boldsymbol{r},t)}{\partial t} = 0 \tag{6.18}$$

となるように $\nabla\cdot\boldsymbol{\mathcal{A}}$ を決めてよい．この式を**ローレンツ条件**（Lorentz condition）という．ローレンツ条件を用いると，式 (6.17) は，

$$\begin{cases}\nabla^2\boldsymbol{\mathcal{A}}(\boldsymbol{r},t)-\mu\varepsilon\dfrac{\partial^2\boldsymbol{\mathcal{A}}(\boldsymbol{r},t)}{\partial t^2}=-\mu\boldsymbol{\mathcal{J}}(\boldsymbol{r},t)\\[2ex]\nabla^2\phi(\boldsymbol{r},t)-\mu\varepsilon\dfrac{\partial^2\phi(\boldsymbol{r},t)}{\partial t^2}=-\dfrac{\varrho(\boldsymbol{r},t)}{\varepsilon}\end{cases}\tag{6.19}$$

と書き表される．

続いて，5.3 節で説明したように磁荷源と磁流源を波源とする次のマクスウェルの電磁方程式を満足する電界ベクトル $\boldsymbol{\mathcal{E}}$ と磁界ベクトル $\boldsymbol{\mathcal{H}}$ を考える．

$$\begin{cases}\nabla\times\boldsymbol{\mathcal{H}}(\boldsymbol{r},t)=\dfrac{\partial\boldsymbol{\mathcal{D}}(\boldsymbol{r},t)}{\partial t}\\[2ex]\nabla\times\boldsymbol{\mathcal{E}}(\boldsymbol{r},t)=-\boldsymbol{\mathcal{M}}(\boldsymbol{r},t)-\dfrac{\partial\boldsymbol{\mathcal{B}}(\boldsymbol{r},t)}{\partial t}\\[2ex]\nabla\cdot\boldsymbol{\mathcal{B}}(\boldsymbol{r},t)=\varrho_{\mathrm{m}}(\boldsymbol{r},t)\\[1ex]\nabla\cdot\boldsymbol{\mathcal{D}}(\boldsymbol{r},t)=0\end{cases}\tag{6.20}$$

ここで，ϱ_{m} は体積磁荷密度であり，$\boldsymbol{\mathcal{M}}$ は面磁流密度ベクトルである．この方程式について新たなスカラポテンシャル ϕ_{m} とベクトルポテンシャル $\boldsymbol{\mathcal{A}}_{\mathrm{m}}$ を導入すると，これらが満足する方程式は電磁界の双対性より，

$$\begin{cases}\nabla^2\boldsymbol{\mathcal{A}}_{\mathrm{m}}(\boldsymbol{r},t)-\mu\varepsilon\dfrac{\partial^2\boldsymbol{\mathcal{A}}_{\mathrm{m}}(\boldsymbol{r},t)}{\partial t^2}=-\varepsilon\boldsymbol{\mathcal{M}}(\boldsymbol{r},t)\\[2ex]\nabla^2\phi_{\mathrm{m}}(\boldsymbol{r},t)-\mu\varepsilon\dfrac{\partial^2\phi_{\mathrm{m}}(\boldsymbol{r},t)}{\partial t^2}=-\dfrac{\varrho_{\mathrm{m}}(\boldsymbol{r},t)}{\mu}\end{cases}\tag{6.21}$$

と表される．ただし，このときのローレンツ条件は，

$$\nabla\cdot\boldsymbol{\mathcal{A}}_{\mathrm{m}}(\boldsymbol{r},t)+\mu\varepsilon\frac{\partial\phi_{\mathrm{m}}(\boldsymbol{r},t)}{\partial t}=0\tag{6.22}$$

である．

例題6.1（電磁界の双対性）

電磁界の双対性より，式 (6.20) のマクスウェルの電磁方程式に従う電界ベクトル $\boldsymbol{\mathcal{E}}$ と磁界ベクトル $\boldsymbol{\mathcal{H}}$ を，スカラポテンシャル ϕ_{m} とベクトルポテンシャル $\boldsymbol{\mathcal{A}}_{\mathrm{m}}$ を用いて示せ．

【解答】 式 (6.13) と式 (6.16) に対して式 (5.19) の電磁界の双対性を用いると，式 (6.20) のマクスウェルの電磁方程式を満足する $\boldsymbol{\mathcal{E}}$ と $\boldsymbol{\mathcal{H}}$ は，

$$\begin{cases} \boldsymbol{\mathcal{E}}(\boldsymbol{r},t) = -\dfrac{1}{\varepsilon}\nabla\times\boldsymbol{\mathcal{A}}_{\mathrm{m}}(\boldsymbol{r},t) \\ \boldsymbol{\mathcal{H}}(\boldsymbol{r},t) = -\nabla\phi_{\mathrm{m}}(\boldsymbol{r},t) - \dfrac{\partial\boldsymbol{\mathcal{A}}_{\mathrm{m}}(\boldsymbol{r},t)}{\partial t} \end{cases}$$

と表される．■

以上より二組のポテンシャル ϕ, $\boldsymbol{\mathcal{A}}$ と ϕ_{m}, $\boldsymbol{\mathcal{A}}_{\mathrm{m}}$ を用いて電界ベクトル $\boldsymbol{\mathcal{E}}$ と磁界ベクトル $\boldsymbol{\mathcal{H}}$ は，重ね合わせの理より，

$$\begin{cases} \boldsymbol{\mathcal{E}}(\boldsymbol{r},t) = -\nabla\phi(\boldsymbol{r},t) - \dfrac{\partial\boldsymbol{\mathcal{A}}(\boldsymbol{r},t)}{\partial t} - \dfrac{1}{\varepsilon}\nabla\times\boldsymbol{\mathcal{A}}_{\mathrm{m}}(\boldsymbol{r},t) \\ \boldsymbol{\mathcal{H}}(\boldsymbol{r},t) = \dfrac{1}{\mu}\nabla\times\boldsymbol{\mathcal{A}}(\boldsymbol{r},t) - \nabla\phi_{\mathrm{m}}(\boldsymbol{r},t) - \dfrac{\partial\boldsymbol{\mathcal{A}}_{\mathrm{m}}(\boldsymbol{r},t)}{\partial t} \end{cases} \tag{6.23}$$

で与えられる．いま，新たに**電気型ヘルツベクトル** $\boldsymbol{\pi}_{\mathrm{e}}$（electric-type Hertz vector）と**磁気型ヘルツベクトル** $\boldsymbol{\pi}_{\mathrm{m}}$（magnetic-type Hertz vector）を

$$\boldsymbol{\mathcal{A}}(\boldsymbol{r},t) = \mu\varepsilon\frac{\partial\boldsymbol{\pi}_{\mathrm{e}}(\boldsymbol{r},t)}{\partial t},\quad \boldsymbol{\mathcal{A}}_{\mathrm{m}}(\boldsymbol{r},t) = \mu\varepsilon\frac{\partial\boldsymbol{\pi}_{\mathrm{m}}(\boldsymbol{r},t)}{\partial t} \tag{6.24}$$

と定義する．電流源や電荷源を波源とする場合には “電気型”，磁流源や磁荷源を波源とする場合には “磁気型” と呼ばれる．この命名方法に従えば，ϕ, $\boldsymbol{A}$ をそれぞれ電気型スカラポテンシャル，電気型ベクトルポテンシャルと呼び，ϕ_{m}, $\boldsymbol{A}_{\mathrm{m}}$ をそれぞれ磁気型スカラポテンシャル，磁気型ベクトルポテンシャルと呼ぶ[1)]．

電気型ヘルツベクトル $\boldsymbol{\pi}_{\mathrm{e}}$，磁気型ヘルツベクトル $\boldsymbol{\pi}_{\mathrm{m}}$ を式 (6.18)，式 (6.22) のローレンツ条件にそれぞれ代入すると，

$$\phi(\boldsymbol{r},t) = -\nabla\cdot\boldsymbol{\pi}_{\mathrm{e}}(\boldsymbol{r},t),\quad \phi_{\mathrm{m}}(\boldsymbol{r},t) = -\nabla\cdot\boldsymbol{\pi}_{\mathrm{m}}(\boldsymbol{r},t) \tag{6.25}$$

であるから，式 (6.23) は，

$$\begin{cases} \boldsymbol{\mathcal{E}}(\boldsymbol{r},t) = \nabla\nabla\cdot\boldsymbol{\pi}_{\mathrm{e}}(\boldsymbol{r},t) - \mu\varepsilon\dfrac{\partial^2\boldsymbol{\pi}_{\mathrm{e}}(\boldsymbol{r},t)}{\partial t^2} - \mu\nabla\times\dfrac{\partial\boldsymbol{\pi}_{\mathrm{m}}(\boldsymbol{r},t)}{\partial t} \\ \boldsymbol{\mathcal{H}}(\boldsymbol{r},t) = \nabla\nabla\cdot\boldsymbol{\pi}_{\mathrm{m}}(\boldsymbol{r},t) - \mu\varepsilon\dfrac{\partial^2\boldsymbol{\pi}_{\mathrm{m}}(\boldsymbol{r},t)}{\partial t^2} + \varepsilon\nabla\times\dfrac{\partial\boldsymbol{\pi}_{\mathrm{e}}(\boldsymbol{r},t)}{\partial t} \end{cases} \tag{6.26}$$

[1)] $\boldsymbol{A}$ が磁界 $\boldsymbol{H}$ と関係することから $\boldsymbol{A}$ を “磁気的” ベクトルポテンシャル，$\boldsymbol{A}_{\mathrm{m}}$ が電界 $\boldsymbol{E}$ と関係することから $\boldsymbol{A}_{\mathrm{m}}$ を “電気的” ベクトルポテンシャルと呼ぶ場合もある．

と表される．

更に，伝送波の電磁界の時間変化として正弦振動（時間因子 $e^{j\omega t}$）を考えると，ベクトルポテンシャル $\boldsymbol{A}$, $\boldsymbol{A}_{\mathrm{m}}$ のみを用いて電界ベクトル $\boldsymbol{E}$ と磁界ベクトル $\boldsymbol{H}$ は，

$$\begin{cases} \boldsymbol{E}(\boldsymbol{r}) = -j\omega\boldsymbol{A}(\boldsymbol{r}) + \dfrac{\nabla\nabla\cdot\boldsymbol{A}(\boldsymbol{r})}{j\omega\varepsilon\mu} - \dfrac{1}{\varepsilon}\nabla\times\boldsymbol{A}_{\mathrm{m}}(\boldsymbol{r}) \\ \boldsymbol{H}(\boldsymbol{r}) = \dfrac{1}{\mu}\nabla\times\boldsymbol{A}(\boldsymbol{r}) - j\omega\boldsymbol{A}_{\mathrm{m}}(\boldsymbol{r}) + \dfrac{\nabla\nabla\cdot\boldsymbol{A}_{\mathrm{m}}(\boldsymbol{r})}{j\omega\varepsilon\mu} \end{cases} \tag{6.27}$$

と表される．また，電気型ヘルツベクトル $\boldsymbol{\Pi}_{\mathrm{e}}$，磁気型ヘルツベクトル $\boldsymbol{\Pi}_{\mathrm{m}}$ は，

$$\boldsymbol{\Pi}_{\mathrm{e}}(\boldsymbol{r}) = \frac{\boldsymbol{A}(\boldsymbol{r})}{j\omega\mu\varepsilon}, \quad \boldsymbol{\Pi}_{\mathrm{m}}(\boldsymbol{r}) = \frac{\boldsymbol{A}_{\mathrm{m}}(\boldsymbol{r})}{j\omega\mu\varepsilon} \tag{6.28}$$

と表されるので，電界ベクトル $\boldsymbol{E}$ と磁界ベクトル $\boldsymbol{H}$ は，

$$\begin{cases} \boldsymbol{E}(\boldsymbol{r}) = \nabla\nabla\cdot\boldsymbol{\Pi}_{\mathrm{e}}(\boldsymbol{r}) + k^2\boldsymbol{\Pi}_{\mathrm{e}}(\boldsymbol{r}) - j\omega\mu\nabla\times\boldsymbol{\Pi}_{\mathrm{m}}(\boldsymbol{r}) \\ \boldsymbol{H}(\boldsymbol{r}) = \nabla\nabla\cdot\boldsymbol{\Pi}_{\mathrm{m}}(\boldsymbol{r}) + k^2\boldsymbol{\Pi}_{\mathrm{m}}(\boldsymbol{r}) + j\omega\varepsilon\nabla\times\boldsymbol{\Pi}_{\mathrm{e}}(\boldsymbol{r}) \end{cases} \tag{6.29}$$

と書くことができる．上式において $\boldsymbol{\Pi}_{\mathrm{e}}$, $\boldsymbol{\Pi}_{\mathrm{m}}$ が満足すべき式は，

$$\begin{cases} \nabla^2\boldsymbol{\Pi}_{\mathrm{e}}(\boldsymbol{r}) + k^2\boldsymbol{\Pi}_{\mathrm{e}}(\boldsymbol{r}) = -\dfrac{\boldsymbol{J}(\boldsymbol{r})}{j\omega\varepsilon} \\ \nabla^2\boldsymbol{\Pi}_{\mathrm{m}}(\boldsymbol{r}) + k^2\boldsymbol{\Pi}_{\mathrm{m}}(\boldsymbol{r}) = -\dfrac{\boldsymbol{M}(\boldsymbol{r})}{j\omega\mu} \end{cases} \tag{6.30}$$

である．伝送線路を伝搬する伝送波の一般解は，強制電磁流源ならびに電荷源や磁流源が 0 の場合，つまり波源がない場合の次の同次ベクトルヘルムホルツ方程式を解くことによって求めることができる．

$$\begin{cases} \nabla^2\boldsymbol{\Pi}_{\mathrm{e}}(\boldsymbol{r}) + k^2\boldsymbol{\Pi}_{\mathrm{e}}(\boldsymbol{r}) = \boldsymbol{0} \\ \nabla^2\boldsymbol{\Pi}_{\mathrm{m}}(\boldsymbol{r}) + k^2\boldsymbol{\Pi}_{\mathrm{m}}(\boldsymbol{r}) = \boldsymbol{0} \end{cases} \tag{6.31}$$

よって，ヘルツベクトル $\boldsymbol{\Pi}_{\mathrm{e}}$, $\boldsymbol{\Pi}_{\mathrm{m}}$ が伝送線路の境界条件の下で求められれば，その伝送線路を伝搬する伝送波の電界ベクトル $\boldsymbol{E}$ と磁界ベクトル $\boldsymbol{H}$ が決定されることになる．

6.2.2　直交曲線座標 *

さて，ここで**直交曲線座標**（orthogonal curvilinear coordinates）を導入しておく．直交曲線座標は任意の位置で座標軸方向の単位ベクトルが互いに直交するように選んだ座標系であり，直角（デカルト）座標，円筒座標，球座標を一般化して取り扱うことができる．

図6.2に示すように，直交曲線座標における位置ベクトルを $\boldsymbol{r}$ とすると，この点から微小量 (du_1, du_2, du_3) だけ変位した点 $(u_1+du_1, u_2+du_2, u_3+du_3)$ までの変位ベクトル $d\boldsymbol{r}$ は，

$$d\boldsymbol{r} = \frac{\partial \boldsymbol{r}}{\partial u_1}\,du_1 + \frac{\partial \boldsymbol{r}}{\partial u_2}\,du_2 + \frac{\partial \boldsymbol{r}}{\partial u_3}\,du_3 \tag{6.32}$$

と表される．いま，

$$\boldsymbol{a}_i = \frac{\partial \boldsymbol{r}}{\partial u_i} \quad (i = 1, 2, 3) \tag{6.33}$$

とおくと，$d\boldsymbol{r}$ は，

$$d\boldsymbol{r} = \boldsymbol{a}_1\,du_1 + \boldsymbol{a}_2\,du_2 + \boldsymbol{a}_3\,du_3 \tag{6.34}$$

と書ける．直交曲線座標系では直交性 $\boldsymbol{a}_i \cdot \boldsymbol{a}_j = 0$ $(i \neq j)$ が成り立つ場合を考えていく．まず，$\boldsymbol{a}_i$ の大きさを 1 とした単位ベクトル $\boldsymbol{i}_i$ を

$$\boldsymbol{i}_i = \frac{\boldsymbol{a}_i}{\sqrt{\boldsymbol{a}_i \cdot \boldsymbol{a}_i}} \quad (i = 1, 2, 3) \tag{6.35}$$

で定義する．この単位ベクトルは互いに直交するので，$\boldsymbol{i}_i \cdot \boldsymbol{i}_j = \delta_{ij}$ が成立する．ただし，δ_{ij} はクロネッカーのデルタ[2]である．また，$\boldsymbol{a}_i$ の大きさ h_i $(i = 1, 2, 3)$ は，

$$h_i = \sqrt{\boldsymbol{a}_i \cdot \boldsymbol{a}_i} = \sqrt{\frac{\partial \boldsymbol{r}}{\partial u_i} \cdot \frac{\partial \boldsymbol{r}}{\partial u_i}} \tag{6.36}$$

である．さて，$\boldsymbol{i}_i$ $(i = 1, 2, 3)$ に関するベクトル積は，

$$\boldsymbol{i}_1 \times \boldsymbol{i}_2 = \boldsymbol{i}_3, \quad \boldsymbol{i}_2 \times \boldsymbol{i}_3 = \boldsymbol{i}_1, \quad \boldsymbol{i}_3 \times \boldsymbol{i}_1 = \boldsymbol{i}_2 \tag{6.37}$$

であるから，$\boldsymbol{a}_i$ $(i = 1, 2, 3)$ に関するベクトル積は，

$$\boldsymbol{a}_1 \times \boldsymbol{a}_2 = h_1\boldsymbol{i}_1 \times h_2\boldsymbol{i}_2 = h_1h_2\boldsymbol{i}_3 \tag{6.38}$$

$$\boldsymbol{a}_2 \times \boldsymbol{a}_3 = h_2\boldsymbol{i}_2 \times h_3\boldsymbol{i}_3 = h_2h_3\boldsymbol{i}_1 \tag{6.39}$$

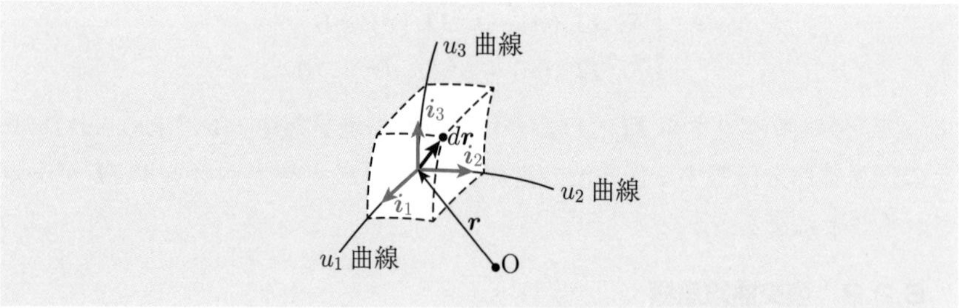

図6.2 直交曲線座標

[2] クロネッカーのデルタは次式で定義される．

$$\delta_{ij} = \begin{cases} 1 & i = j \\ 0 & i \neq j \end{cases}$$

$$\boldsymbol{a}_3 \times \boldsymbol{a}_1 = h_3\boldsymbol{i}_3 \times h_1\boldsymbol{i}_1 = h_3h_1\boldsymbol{i}_2 \tag{6.40}$$

となる．また，変位ベクトル $d\boldsymbol{r}$ は，

$$d\boldsymbol{r} = h_1\boldsymbol{i}_1\,du_1 + h_2\boldsymbol{i}_2\,du_2 + h_3\boldsymbol{i}_3\,du_3 = \sum_{i=1}^{3} h_i\boldsymbol{i}_i\,du_i = \sum_{i=1}^{3} d\boldsymbol{\ell}_i \tag{6.41}$$

と表される．上式の $d\boldsymbol{\ell}_i$ は線素ベクトル（line element vector）であり，

$$d\boldsymbol{\ell}_i = h_i\boldsymbol{i}_i\,du_i = \boldsymbol{i}_i\,d\ell_i \tag{6.42}$$

とおけば線素 $d\ell_i$（$i = 1, 2, 3$）が定義される．ここで，h_i（$i = 1, 2, 3$）は u_i の測度係数（metrical coefficients）と呼ばれる．図6.3に示した直角座標，円筒座標，球座標における測度係数を表6.2に示す．これより変位の大きさの二乗は，

$$d\boldsymbol{r}\cdot d\boldsymbol{r} = (d\ell_1)^2 + (d\ell_2)^2 + (d\ell_3)^2 = h_1^2(du_1)^2 + h_2^2(du_2)^2 + h_3^2(du_3)^2 \tag{6.43}$$

である．また，面素ベクトル（surface element vector）$d\boldsymbol{s}_i$（$i = 1, 2, 3$）は，

$$d\boldsymbol{s}_1 = d\boldsymbol{\ell}_2 \times d\boldsymbol{\ell}_3 = h_2h_3\boldsymbol{i}_1\,du_2du_3 \equiv ds_1\boldsymbol{i}_1 \tag{6.44}$$

$$d\boldsymbol{s}_2 = d\boldsymbol{\ell}_3 \times d\boldsymbol{\ell}_1 = h_3h_1\boldsymbol{i}_2\,du_3du_1 \equiv ds_2\boldsymbol{i}_2 \tag{6.45}$$

$$d\boldsymbol{s}_3 = d\boldsymbol{\ell}_1 \times d\boldsymbol{\ell}_2 = h_1h_2\boldsymbol{i}_3\,du_1du_2 \equiv ds_3\boldsymbol{i}_3 \tag{6.46}$$

で与えられる．

このような直交曲線座標系における各種のベクトル演算を以下にまとめておく．ただし，直交曲線座標系の単位ベクトル $\boldsymbol{i}_i$（$i = 1, 2, 3$）を用いてベクトル $\boldsymbol{F}$ は次式で与えられる．

$$\boldsymbol{F} = F_1\boldsymbol{i}_1 + F_2\boldsymbol{i}_2 + F_3\boldsymbol{i}_3 \tag{6.47}$$

- スカラ関数 ϕ の勾配 $\nabla\phi$

$$\nabla\phi = \sum_{i=1}^{3} \frac{1}{h_i}\frac{\partial\phi}{\partial u_i}\boldsymbol{i}_i \tag{6.48}$$

- ベクトル関数 $\boldsymbol{F}$ の発散 $\nabla\cdot\boldsymbol{F}$

$$\nabla\cdot\boldsymbol{F} = \frac{1}{h_1h_2h_3}\left\{\frac{\partial}{\partial u_1}(h_2h_3F_1) + \frac{\partial}{\partial u_2}(h_3h_1F_2) + \frac{\partial}{\partial u_3}(h_1h_2F_3)\right\} \tag{6.49}$$

- ベクトル関数 $\boldsymbol{F}$ の回転 $\nabla\times\boldsymbol{F}$

$$\nabla\times\boldsymbol{F} = \frac{1}{h_1h_2h_3}\begin{vmatrix} h_1\boldsymbol{i}_1 & h_2\boldsymbol{i}_2 & h_3\boldsymbol{i}_3 \\ \dfrac{\partial}{\partial u_1} & \dfrac{\partial}{\partial u_2} & \dfrac{\partial}{\partial u_3} \\ h_1F_1 & h_2F_2 & h_3F_3 \end{vmatrix} \tag{6.50}$$

● スカラ関数 ϕ のラプラシアン $\nabla^2\phi$

$$\nabla^2\phi = \frac{1}{h_1h_2h_3}\left\{\frac{\partial}{\partial u_1}\left(\frac{h_2h_3}{h_1}\frac{\partial\phi}{\partial u_1}\right)+\frac{\partial}{\partial u_2}\left(\frac{h_3h_1}{h_2}\frac{\partial\phi}{\partial u_2}\right)+\frac{\partial}{\partial u_3}\left(\frac{h_1h_2}{h_3}\frac{\partial\phi}{\partial u_3}\right)\right\} \tag{6.51}$$

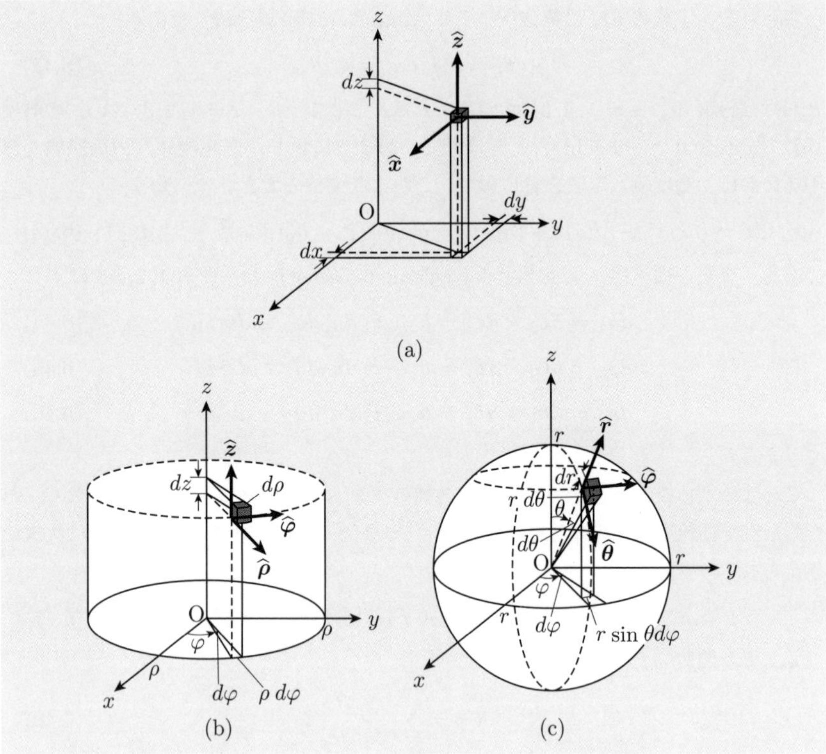

図6.3 座標系と単位ベクトル．(a) 直角座標，(b) 円筒座標，(c) 球座標

表6.2 直交曲線座標系における測度係数

直交曲線座標 (u_1, u_2, u_3)	h_1	h_2	h_3
直角座標 (x, y, z)	1	1	1
円筒座標 (ρ, φ, z)	1	ρ	1
球座標 (r, θ, φ)	1	r	$r\sin\theta$

6.2.3 直角座標における一般解

本項以降では正弦電磁界を考え，まず直角座標（単位ベクトル $\boldsymbol{i}_1 = \widehat{\boldsymbol{x}}$, $\boldsymbol{i}_2 = \widehat{\boldsymbol{y}}$, $\boldsymbol{i}_3 = \widehat{\boldsymbol{z}}$）において電気型ヘルツベクトル $\boldsymbol{\Pi}_{\mathrm{e}}$ と磁気型ヘルツベクトル $\boldsymbol{\Pi}_{\mathrm{m}}$ を求めていく．

(1) $\boldsymbol{\Pi}_{\mathrm{e}} \neq \boldsymbol{0}$, $\boldsymbol{\Pi}_{\mathrm{m}} = \boldsymbol{0}$ の場合

このとき，式 (6.31) は，

$$\nabla^2 \boldsymbol{\Pi}_{\mathrm{e}}(\boldsymbol{r}) + k^2 \boldsymbol{\Pi}_{\mathrm{e}}(\boldsymbol{r}) = \boldsymbol{0} \tag{6.52}$$

と書ける．いま，電気型ヘルツベクトル $\boldsymbol{\Pi}_{\mathrm{e}}$ が単位ベクトル $\widehat{\boldsymbol{x}}$, $\widehat{\boldsymbol{y}}$, $\widehat{\boldsymbol{z}}$ を用いて，

$$\boldsymbol{\Pi}_{\mathrm{e}}(\boldsymbol{r}) = \Pi_{\mathrm{e}x}(\boldsymbol{r})\widehat{\boldsymbol{x}} + \Pi_{\mathrm{e}y}(\boldsymbol{r})\widehat{\boldsymbol{y}} + \Pi_{\mathrm{e}z}(\boldsymbol{r})\widehat{\boldsymbol{z}} \tag{6.53}$$

と表されるとき，電気型ヘルツベクトルについての同次ヘルムホルツ方程式を成分ごとに表示すると，

$$\begin{cases} \nabla^2 \Pi_{\mathrm{e}x}(\boldsymbol{r}) + k^2 \Pi_{\mathrm{e}x}(\boldsymbol{r}) = 0 \\ \nabla^2 \Pi_{\mathrm{e}y}(\boldsymbol{r}) + k^2 \Pi_{\mathrm{e}y}(\boldsymbol{r}) = 0 \\ \nabla^2 \Pi_{\mathrm{e}z}(\boldsymbol{r}) + k^2 \Pi_{\mathrm{e}z}(\boldsymbol{r}) = 0 \end{cases} \tag{6.54}$$

となる．上式を以下の三つに分けて解く．

(1-a) $\Pi_{\mathrm{e}x}(\boldsymbol{r}) = \Pi_{\mathrm{e}y}(\boldsymbol{r}) = 0, \Pi_{\mathrm{e}z}(\boldsymbol{r}) \neq 0$

(1-b) $\Pi_{\mathrm{e}y}(\boldsymbol{r}) = \Pi_{\mathrm{e}z}(\boldsymbol{r}) = 0, \Pi_{\mathrm{e}x}(\boldsymbol{r}) \neq 0$

(1-c) $\Pi_{\mathrm{e}z}(\boldsymbol{r}) = \Pi_{\mathrm{e}x}(\boldsymbol{r}) = 0, \Pi_{\mathrm{e}y}(\boldsymbol{r}) \neq 0$

(1-a) の解 $\Pi_{\mathrm{e}z}$ は，伝送線路の境界条件を満足するように次式を解けば求められる．

$$\frac{\partial^2 \Pi_{\mathrm{e}z}(\boldsymbol{r})}{\partial x^2} + \frac{\partial^2 \Pi_{\mathrm{e}z}(\boldsymbol{r})}{\partial y^2} + \frac{\partial^2 \Pi_{\mathrm{e}z}(\boldsymbol{r})}{\partial z^2} + k^2 \Pi_{\mathrm{e}z}(\boldsymbol{r}) = 0 \tag{6.55}$$

その結果，電界ベクトル $\boldsymbol{E}$ と磁界ベクトル $\boldsymbol{H}$ は，

$$\begin{aligned} \boldsymbol{E}(\boldsymbol{r}) &= \nabla\nabla \cdot \boldsymbol{\Pi}_{\mathrm{e}}(\boldsymbol{r}) + k^2 \boldsymbol{\Pi}_{\mathrm{e}}(\boldsymbol{r}) \\ &= \frac{\partial^2 \Pi_{\mathrm{e}z}(\boldsymbol{r})}{\partial x \partial z}\widehat{\boldsymbol{x}} + \frac{\partial^2 \Pi_{\mathrm{e}z}(\boldsymbol{r})}{\partial y \partial z}\widehat{\boldsymbol{y}} + \left(k^2 \Pi_{\mathrm{e}z}(\boldsymbol{r}) + \frac{\partial^2 \Pi_{\mathrm{e}z}(\boldsymbol{r})}{\partial z^2} \right)\widehat{\boldsymbol{z}} \end{aligned} \tag{6.56}$$

$$\boldsymbol{H}(\boldsymbol{r}) = j\omega\varepsilon \nabla \times \boldsymbol{\Pi}_{\mathrm{e}}(\boldsymbol{r})$$

$$= j\omega\varepsilon \frac{\partial \varPi_{\mathrm{e}z}(\boldsymbol{r})}{\partial y}\widehat{\boldsymbol{x}} - j\omega\varepsilon \frac{\partial \varPi_{\mathrm{e}z}(\boldsymbol{r})}{\partial x}\widehat{\boldsymbol{y}} \tag{6.57}$$

で与えられる．これより z 成分 $H_z = 0$ であることから，z 方向に対して TM 型の解を持つことがわかる．(1-b), (1-c) の解についても同様である．

(1-a) のとき，$H_z = 0$（z 方向に関して TM 型の解）

(1-b) のとき，$H_x = 0$（x 方向に関して TM 型の解）

(1-c) のとき，$H_y = 0$（y 方向に関して TM 型の解）

(2) $\boldsymbol{\varPi}_{\mathrm{m}} \neq \boldsymbol{0}$, $\boldsymbol{\varPi}_{\mathrm{e}} = \boldsymbol{0}$ の場合

このとき，式 (6.31) は，

$$\nabla^2 \boldsymbol{\varPi}_{\mathrm{m}}(\boldsymbol{r}) + k^2 \boldsymbol{\varPi}_{\mathrm{m}}(\boldsymbol{r}) = \boldsymbol{0} \tag{6.58}$$

と書ける．磁気型ヘルツベクトル $\boldsymbol{\varPi}_{\mathrm{m}}$ が単位ベクトル $\widehat{\boldsymbol{x}}, \widehat{\boldsymbol{y}}, \widehat{\boldsymbol{z}}$ を用いて，

$$\boldsymbol{\varPi}_{\mathrm{m}}(\boldsymbol{r}) = \varPi_{\mathrm{m}x}(\boldsymbol{r})\widehat{\boldsymbol{x}} + \varPi_{\mathrm{m}y}(\boldsymbol{r})\widehat{\boldsymbol{y}} + \varPi_{\mathrm{m}z}(\boldsymbol{r})\widehat{\boldsymbol{z}} \tag{6.59}$$

と表されるとき，以下の三つに分けて解く．

(2-a) $\varPi_{\mathrm{m}x}(\boldsymbol{r}) = \varPi_{\mathrm{m}y}(\boldsymbol{r}) = 0, \varPi_{\mathrm{m}z}(\boldsymbol{r}) \neq 0$

(2-b) $\varPi_{\mathrm{m}y}(\boldsymbol{r}) = \varPi_{\mathrm{m}z}(\boldsymbol{r}) = 0, \varPi_{\mathrm{m}x}(\boldsymbol{r}) \neq 0$

(2-c) $\varPi_{\mathrm{m}z}(\boldsymbol{r}) = \varPi_{\mathrm{m}x}(\boldsymbol{r}) = 0, \varPi_{\mathrm{m}y}(\boldsymbol{r}) \neq 0$

電気型ヘルツベクトルと同様に，(2-a) の解 $\varPi_{\mathrm{m}z}$ は，伝送線路の境界条件を満足するように次式を解けば求められる．

$$\frac{\partial^2 \varPi_{\mathrm{m}z}(\boldsymbol{r})}{\partial x^2} + \frac{\partial^2 \varPi_{\mathrm{m}z}(\boldsymbol{r})}{\partial y^2} + \frac{\partial^2 \varPi_{\mathrm{m}z}(\boldsymbol{r})}{\partial z^2} + k^2 \varPi_{\mathrm{m}z}(\boldsymbol{r}) = 0 \tag{6.60}$$

その結果，電界ベクトル $\boldsymbol{E}$ と磁界ベクトル $\boldsymbol{H}$ は，

$$\begin{aligned}\boldsymbol{E}(\boldsymbol{r}) &= -j\omega\mu\nabla \times \boldsymbol{\varPi}_{\mathrm{m}}(\boldsymbol{r}) \\ &= -j\omega\mu \frac{\partial \varPi_{\mathrm{m}z}(\boldsymbol{r})}{\partial y}\widehat{\boldsymbol{x}} + j\omega\mu \frac{\partial \varPi_{\mathrm{m}z}(\boldsymbol{r})}{\partial x}\widehat{\boldsymbol{y}}\end{aligned} \tag{6.61}$$

$$\begin{aligned}\boldsymbol{H}(\boldsymbol{r}) &= \nabla\nabla \cdot \boldsymbol{\varPi}_{\mathrm{m}}(\boldsymbol{r}) + k^2 \boldsymbol{\varPi}_{\mathrm{m}}(\boldsymbol{r}) \\ &= \frac{\partial^2 \varPi_{\mathrm{m}z}(\boldsymbol{r})}{\partial x \partial z}\widehat{\boldsymbol{x}} + \frac{\partial^2 \varPi_{\mathrm{m}z}(\boldsymbol{r})}{\partial y \partial z}\widehat{\boldsymbol{y}} \\ &\quad + \left(k^2 \varPi_{\mathrm{m}z}(\boldsymbol{r}) + \frac{\partial^2 \varPi_{\mathrm{m}z}(\boldsymbol{r})}{\partial z^2}\right)\widehat{\boldsymbol{z}}\end{aligned} \tag{6.62}$$

で与えられる．これより z 成分 $E_z = 0$ であることから，z 方向に対して

TE 型の解を持つことがわかる．(b), (c) の解についても同様である．

(2-a) のとき，$E_z = 0$（z 方向に関して TE 型の解）

(2-b) のとき，$E_x = 0$（x 方向に関して TE 型の解）

(2-c) のとき，$E_y = 0$（y 方向に関して TE 型の解）

以上より，(1-a) と (2-a) についてのみ解けば他は同様に求めることができるので，一般性は失われない．したがって，ヘルツベクトルの方向を表す定ベクトル（位置座標を動かしても変わらない一定方向を持つ単位ベクトル）として $\widehat{\boldsymbol{x}}, \widehat{\boldsymbol{y}}, \widehat{\boldsymbol{z}}$ のいずれを選んでもよい．ここでは次式のように $\widehat{\boldsymbol{z}}$ を定ベクトルに選び，z 方向に関して TM 型と TE 型の解を考える．

$$\boldsymbol{\Pi}_{\mathrm{e}}(\boldsymbol{r}) = \Pi_{\mathrm{e}z}(\boldsymbol{r})\widehat{\boldsymbol{z}}, \quad \boldsymbol{\Pi}_{\mathrm{m}}(\boldsymbol{r}) = \Pi_{\mathrm{m}z}(\boldsymbol{r})\widehat{\boldsymbol{z}} \tag{6.63}$$

このとき，電界ベクトル $\boldsymbol{E}$ と磁界ベクトル $\boldsymbol{H}$ は (1-a) と (2-a) の線形和によって与えられ，その各成分は，

$$\begin{cases} E_x(\boldsymbol{r}) = \dfrac{\partial^2 \Pi_{\mathrm{e}z}(\boldsymbol{r})}{\partial x \partial z} - j\omega\mu \dfrac{\partial \Pi_{\mathrm{m}z}(\boldsymbol{r})}{\partial y} \\ E_y(\boldsymbol{r}) = \dfrac{\partial^2 \Pi_{\mathrm{e}z}(\boldsymbol{r})}{\partial y \partial z} + j\omega\mu \dfrac{\partial \Pi_{\mathrm{m}z}(\boldsymbol{r})}{\partial x} \\ E_z(\boldsymbol{r}) = k^2 \Pi_{\mathrm{e}z}(\boldsymbol{r}) + \dfrac{\partial^2 \Pi_{\mathrm{e}z}(\boldsymbol{r})}{\partial z^2} \end{cases} \tag{6.64}$$

$$\begin{cases} H_x(\boldsymbol{r}) = j\omega\varepsilon \dfrac{\partial \Pi_{\mathrm{e}z}(\boldsymbol{r})}{\partial y} + \dfrac{\partial^2 \Pi_{\mathrm{m}z}(\boldsymbol{r})}{\partial x \partial z} \\ H_y(\boldsymbol{r}) = -j\omega\varepsilon \dfrac{\partial \Pi_{\mathrm{e}z}(\boldsymbol{r})}{\partial x} + \dfrac{\partial^2 \Pi_{\mathrm{m}z}(\boldsymbol{r})}{\partial y \partial z} \\ H_z(\boldsymbol{r}) = k^2 \Pi_{\mathrm{m}z}(\boldsymbol{r}) + \dfrac{\partial^2 \Pi_{\mathrm{m}z}(\boldsymbol{r})}{\partial z^2} \end{cases} \tag{6.65}$$

と書き表される．ここで，$\Pi_{\mathrm{e}z}, \Pi_{\mathrm{m}z}$ はスカラ関数 Ψ の重ね合わせで展開できるので，スカラ関数 Ψ は次式の同次スカラヘルムホルツ方程式を満足する．

$$\nabla^2 \Psi(\boldsymbol{r}) + k^2 \Psi(\boldsymbol{r}) = 0 \tag{6.66}$$

上式は直角座標系において，

$$\frac{\partial^2 \Psi(\boldsymbol{r})}{\partial x^2} + \frac{\partial^2 \Psi(\boldsymbol{r})}{\partial y^2} + \frac{\partial^2 \Psi(\boldsymbol{r})}{\partial z^2} = -k^2 \Psi(\boldsymbol{r}) \tag{6.67}$$

である．Ψ の解として変数分離解 $\Psi(x, y, z) = \Psi_x(x)\Psi_y(y)\Psi_z(z)$ を仮定すると，以下のように三式が得られる．

$$\begin{cases} \dfrac{1}{\Psi_x(x)}\dfrac{d^2\Psi_x(x)}{dx^2} = -k_x^2 \\ \dfrac{1}{\Psi_y(y)}\dfrac{d^2\Psi_y(y)}{dy^2} = -k_y^2 \\ \dfrac{1}{\Psi_z(z)}\dfrac{d^2\Psi_z(z)}{dz^2} = -k_z^2 \end{cases} \tag{6.68}$$

ただし，$k_x^2 + k_y^2 + k_z^2 = k^2$ であり，k_x, k_y, k_z は位置の関数ではない定数である．式 (6.68) の一般解は，

$$\Psi_x(x) = A_1\cos(k_x x) + A_2\sin(k_x x) \text{ または } A_1e^{jk_x x} + A_2e^{-jk_x x} \tag{6.69}$$

$$\Psi_y(y) = B_1\cos(k_y y) + B_2\sin(k_y y) \text{ または } B_1e^{jk_y y} + B_2e^{-jk_y y} \tag{6.70}$$

$$\Psi_z(z) = C_1\cos(k_z z) + C_2\sin(k_z z) \text{ または } C_1e^{jk_z z} + C_2e^{-jk_z z} \tag{6.71}$$

で与えられる．ここで，A_i, B_i, C_i（$i = 1, 2$）は任意の定数である．$\cos(\cdot)$ や $\sin(\cdot)$ はオイラーの公式により $\exp(\cdot)$ を用いて表されることから，Ψ_x は正負の x 方向に波数 k_x で伝搬する平面波の重ね合わせであり，Ψ_y, Ψ_z も同様である．よって，Ψ の一般解は次式となる．

$$\Psi(\boldsymbol{r}) = \Psi(x, y, z) = \Psi_x(x)\Psi_y(y)\Psi_z(z) \tag{6.72}$$

ただし，$k_z = \sqrt{k^2 - k_x^2 - k_y^2}$ であり，k_x と k_y によって決定される．このように直角座標では x, y, z の三方向の正負に進む平面波の重ね合わせとして一般解が与えられる．これらを用いて平行平板導波路や方形導波管などを伝搬する伝送波を記述することができる．

6.2.4 円筒座標における一般解

続いて円筒座標（単位ベクトル $\boldsymbol{i}_1 = \widehat{\boldsymbol{\rho}}$, $\boldsymbol{i}_2 = \widehat{\boldsymbol{\varphi}}$, $\boldsymbol{i}_3 = \widehat{\boldsymbol{z}}$）において電気型ヘルツベクトル $\boldsymbol{\Pi}_\mathrm{e}$ と磁気型ヘルツベクトル $\boldsymbol{\Pi}_\mathrm{m}$ の一般解を求める．前項と同様に，ヘルツベクトルの方向を表す定ベクトルとして $\widehat{\boldsymbol{z}}$ を選ぶと，

$$\boldsymbol{\Pi}_\mathrm{e}(\boldsymbol{r}) = \Pi_{\mathrm{e}z}(\boldsymbol{r})\widehat{\boldsymbol{z}}, \quad \boldsymbol{\Pi}_\mathrm{m}(\boldsymbol{r}) = \Pi_{\mathrm{m}z}(\boldsymbol{r})\widehat{\boldsymbol{z}} \tag{6.73}$$

と表される．このとき，式 (6.29) において式 (6.48)–式 (6.50) の円筒座標系の演算子を用いると，電界ベクトル $\boldsymbol{E}$ と磁界ベクトル $\boldsymbol{H}$ は，

$$\begin{cases} E_\rho(\boldsymbol{r}) = \dfrac{\partial^2 \mathit{\Pi}_{\mathrm{e}z}(\boldsymbol{r})}{\partial\rho\partial z} - \dfrac{j\omega\mu}{\rho}\dfrac{\partial \mathit{\Pi}_{\mathrm{m}z}(\boldsymbol{r})}{\partial\varphi} \\ E_\varphi(\boldsymbol{r}) = \dfrac{1}{\rho}\dfrac{\partial^2 \mathit{\Pi}_{\mathrm{e}z}(\boldsymbol{r})}{\partial\varphi\partial z} + j\omega\mu\dfrac{\partial \mathit{\Pi}_{\mathrm{m}z}(\boldsymbol{r})}{\partial\rho} \\ E_z(\boldsymbol{r}) = k^2\mathit{\Pi}_{\mathrm{e}z}(\boldsymbol{r}) + \dfrac{\partial^2 \mathit{\Pi}_{\mathrm{e}z}(\boldsymbol{r})}{\partial z^2} \end{cases} \tag{6.74}$$

$$\begin{cases} H_\rho(\boldsymbol{r}) = \dfrac{j\omega\varepsilon}{\rho}\dfrac{\partial \mathit{\Pi}_{\mathrm{e}z}(\boldsymbol{r})}{\partial\varphi} + \dfrac{\partial^2 \mathit{\Pi}_{\mathrm{m}z}(\boldsymbol{r})}{\partial\rho\partial z} \\ H_\varphi(\boldsymbol{r}) = -j\omega\varepsilon\dfrac{\partial \mathit{\Pi}_{\mathrm{e}z}(\boldsymbol{r})}{\partial\rho} + \dfrac{1}{\rho}\dfrac{\partial^2 \mathit{\Pi}_{\mathrm{m}z}(\boldsymbol{r})}{\partial\varphi\partial z} \\ H_z(\boldsymbol{r}) = k^2\mathit{\Pi}_{\mathrm{m}z}(\boldsymbol{r}) + \dfrac{\partial^2 \mathit{\Pi}_{\mathrm{m}z}(\boldsymbol{r})}{\partial z^2} \end{cases} \tag{6.75}$$

と書き表される．$\mathit{\Pi}_{\mathrm{e}z}$, $\mathit{\Pi}_{\mathrm{m}z}$ はスカラ関数 $\mathit{\Psi}$ の重ね合わせで展開でき，スカラ関数 $\mathit{\Psi}$ は式 (6.66) の同次スカラヘルムホルツ方程式を満足する．式 (6.51) の円筒座標系のラプラシアン ∇^2 を用いて式 (6.66) は，

$$\frac{1}{\rho}\left\{\frac{\partial}{\partial\rho}\left(\rho\frac{\partial\mathit{\Psi}(\boldsymbol{r})}{\partial\rho}\right) + \frac{\partial}{\partial\varphi}\left(\frac{1}{\rho}\frac{\partial\mathit{\Psi}(\boldsymbol{r})}{\partial\varphi}\right) + \frac{\partial}{\partial z}\left(\rho\frac{\partial\mathit{\Psi}(\boldsymbol{r})}{\partial z}\right)\right\} + k^2\mathit{\Psi}(\boldsymbol{r}) = 0 \tag{6.76}$$

と表されるので，

$$\frac{1}{\rho}\frac{\partial}{\partial\rho}\left(\rho\frac{\partial\mathit{\Psi}(\boldsymbol{r})}{\partial\rho}\right) + \frac{1}{\rho^2}\frac{\partial^2\mathit{\Psi}(\boldsymbol{r})}{\partial\varphi^2} + \frac{\partial^2\mathit{\Psi}(\boldsymbol{r})}{\partial z^2} + k^2\mathit{\Psi}(\boldsymbol{r}) = 0 \tag{6.77}$$

となる．$\mathit{\Psi}$ の解として変数分離解 $\mathit{\Psi}(\rho,\varphi,z) = \mathit{\Psi}_t(\rho,\varphi)\mathit{\Psi}_z(z)$ を仮定すると，

$$\begin{cases} \dfrac{1}{\mathit{\Psi}_z(z)}\dfrac{d^2\mathit{\Psi}_z(z)}{dz^2} = -k_z^2 \\ \dfrac{1}{\rho}\dfrac{\partial}{\partial\rho}\left(\rho\dfrac{\partial\mathit{\Psi}_t(\rho,\varphi)}{\partial\rho}\right) + \dfrac{1}{\rho^2}\dfrac{\partial^2\mathit{\Psi}_t(\rho,\varphi)}{\partial\varphi^2} + (k^2 - k_z^2)\mathit{\Psi}_t(\rho,\varphi) = 0 \end{cases} \tag{6.78}$$

が得られる．更に，変数分離解 $\mathit{\Psi}_t(\rho,\varphi) = \mathit{\Psi}_\rho(\rho)\mathit{\Psi}_\varphi(\varphi)$ を仮定すると，式 (6.78) の第二式は以下の二式に分離できる．

$$\begin{cases} \dfrac{1}{\mathit{\Psi}_\varphi(\varphi)}\dfrac{d^2\mathit{\Psi}_\varphi(\varphi)}{d\varphi^2} = -m^2 \\ \rho^2\dfrac{d^2\mathit{\Psi}_\rho(\rho)}{d\rho^2} + \rho\dfrac{d\mathit{\Psi}_\rho(\rho)}{d\rho} + \left(k_{\mathrm{c}}^2\rho^2 - m^2\right)\mathit{\Psi}_\rho(\rho) = 0 \end{cases} \tag{6.79}$$

ただし，$k_{\mathrm{c}}^2 = k^2 - k_z^2$ であり，k_{c} 及び m は位置の関数ではない定数である．

式 (6.79) の第二式の一般解 $\mathit{\Psi}_\rho$，式 (6.79) 及び式 (6.78) のそれぞれの第一式

の一般解 Ψ_φ, Ψ_z は，

$$\Psi_\rho(\rho) = A_1\mathcal{J}_m(k_c\rho) + A_2\mathcal{N}_m(k_c\rho) \tag{6.80}$$

$$\Psi_\varphi(\varphi) = B_1\cos(m\varphi) + B_2\sin(m\varphi) \quad \text{または} \quad B_1e^{jm\varphi} + B_2e^{-jm\varphi} \tag{6.81}$$

$$\Psi_z(z) = C_1\cos(k_x x) + C_2\sin(k_z z) \quad \text{または} \quad C_1e^{jk_z z} + C_2e^{-jk_z z} \tag{6.82}$$

で与えられる．ここで，A_i, B_i, C_i（$i = 1, 2$）は任意の係数である．式 (6.79) の第二式はベッセルの微分方程式と呼ばれ，その解 $\mathcal{J}_m$ 及び $\mathcal{N}_m$ はベッセル関数（円筒関数，円柱関数ともいう）で与えられる．詳細は数学の教科書に譲るが，ρ が非負の実数で m が整数であるとすると（円周方向に一回転すると元の値に戻る必要があるため），$k^2 > k_z^2$ のときベッセルの微分方程式の解として，

- m 次の第 1 種ベッセル関数：$J_m(k_c\rho)$（単にベッセル関数ともいう）
- m 次の第 2 種ベッセル関数：$N_m(k_c\rho)$（ノイマン関数ともいう．Y_m と表すこともある）

がある．J_m と N_m は直角座標系の cos と sin の関係と考えれば理解しやすいだろう．また，オイラーの公式のように，次の第 3 種ベッセル関数も解である．

- m 次の第 1 種ハンケル関数：$H_m^{(1)}(k_c\rho) = J_m(k_c\rho) + jN_m(k_c\rho)$
- m 次の第 2 種ハンケル関数：$H_m^{(2)}(k_c\rho) = J_m(k_c\rho) - jN_m(k_c\rho)$

更に，$k^2 < k_z^2$ のとき，m 次の第 1 種変形ベッセル関数 $I_m(\sqrt{k_z^2 - k^2}\rho)$，第 2 種変形ベッセル関数 $K_m(\sqrt{k_z^2 - k^2}\rho)$ が解となる（付録 C 参照）．これらの中から，伝送線路の境界条件ならびに物理現象に矛盾のない解を選択する．

以上より，円筒座標における Ψ の一般解は次式で与えられる．

$$\Psi(\boldsymbol{r}) = \Psi(\rho, \varphi, z) = \Psi_\rho(\rho)\Psi_\varphi(\varphi)\Psi_z(z) \tag{6.83}$$

これを用いて円形導波管などを伝搬する伝送波を記述することができる．

6.2.5 球座標における一般解 *

続いて球座標（単位ベクトル $\boldsymbol{i}_1 = \hat{\boldsymbol{r}}$, $\boldsymbol{i}_2 = \hat{\boldsymbol{\theta}}$, $\boldsymbol{i}_3 = \hat{\boldsymbol{\varphi}}$）において電気型ヘルツベクトル $\boldsymbol{\Pi}_\mathrm{e}$ と磁気型ヘルツベクトル $\boldsymbol{\Pi}_\mathrm{m}$ の一般解を求める．直角座標や円筒座標と異なり，球座標においては定ベクトルを与えることができないが，r 方向の単位ベクトル $\hat{\boldsymbol{r}}$ を定ベクトルとみなして電磁界を表現する．

$$\boldsymbol{\Pi}_{\mathrm{e}}(\boldsymbol{r}) = \Pi_{\mathrm{e}r}(\boldsymbol{r})\widehat{\boldsymbol{r}} \tag{6.84}$$

$$\boldsymbol{\Pi}_{\mathrm{m}}(\boldsymbol{r}) = \Pi_{\mathrm{m}r}(\boldsymbol{r})\widehat{\boldsymbol{r}} \tag{6.85}$$

このとき，電界ベクトル $\boldsymbol{E}$ と磁界ベクトル $\boldsymbol{H}$ の各成分は，式 (6.29) において式 (6.48)–式 (6.50) の球座標系の演算子を用いると，

$$\begin{cases} E_r(\boldsymbol{r}) = \dfrac{1}{r^2}\dfrac{\partial}{\partial r}\left(r^2\dfrac{\partial \Pi_{\mathrm{e}r}(\boldsymbol{r})}{\partial r}\right) + k^2\Pi_{\mathrm{e}r}(\boldsymbol{r}) = \dfrac{n(n+1)}{r^2}\Pi_{\mathrm{e}r}(\boldsymbol{r}) \\ E_\theta(\boldsymbol{r}) = \dfrac{1}{r}\dfrac{\partial^2 \Pi_{\mathrm{e}r}(\boldsymbol{r})}{\partial r\partial\theta} - \dfrac{j\omega\mu}{r\sin\theta}\dfrac{\partial \Pi_{\mathrm{m}r}(\boldsymbol{r})}{\partial\varphi} \\ E_\varphi(\boldsymbol{r}) = \dfrac{1}{r\sin\theta}\dfrac{\partial^2 \Pi_{\mathrm{e}r}(\boldsymbol{r})}{\partial r\partial\varphi} + \dfrac{j\omega\mu}{r}\dfrac{\partial \Pi_{\mathrm{m}r}(\boldsymbol{r})}{\partial\theta} \end{cases} \tag{6.86}$$

$$\begin{cases} H_r(\boldsymbol{r}) = \dfrac{\partial}{\partial r}\left(r^2\dfrac{\partial \Pi_{\mathrm{m}r}(\boldsymbol{r})}{\partial r}\right) + k^2\Pi_{\mathrm{m}r}(\boldsymbol{r}) = \dfrac{n(n+1)}{r^2}\Pi_{\mathrm{m}r}(\boldsymbol{r}) \\ H_\theta(\boldsymbol{r}) = \dfrac{1}{r}\dfrac{\partial^2 \Pi_{\mathrm{m}r}(\boldsymbol{r})}{\partial r\partial\theta} + \dfrac{j\omega\varepsilon}{r\sin\theta}\dfrac{\partial \Pi_{\mathrm{e}r}(\boldsymbol{r})}{\partial\varphi} \\ H_\varphi(\boldsymbol{r}) = \dfrac{1}{r\sin\theta}\dfrac{\partial^2 \Pi_{\mathrm{m}r}(\boldsymbol{r})}{\partial r\partial\varphi} - \dfrac{j\omega\varepsilon}{r}\dfrac{\partial \Pi_{\mathrm{e}r}(\boldsymbol{r})}{\partial\theta} \end{cases} \tag{6.87}$$

と書き表される．ただし，E_r, H_r には後述の変数分離解を事前に代入している．

$\Pi_{\mathrm{e}r}$, $\Pi_{\mathrm{m}r}$ はスカラ関数 Ψ の重ね合わせで展開でき，スカラ関数 Ψ は式 (6.66) の同次スカラヘルムホルツ方程式を満足する．式 (6.51) の球座標系のラプラシアン ∇^2 を用いて式 (6.66) は，

$$\frac{1}{r^2}\frac{\partial}{\partial r}\left(r^2\frac{\partial\Psi(\boldsymbol{r})}{\partial r}\right)+\frac{1}{r^2\sin\theta}\frac{\partial}{\partial\theta}\left(\sin\theta\frac{\partial\Psi(\boldsymbol{r})}{\partial\theta}\right)+\frac{1}{r^2\sin^2\theta}\frac{\partial^2\Psi(\boldsymbol{r})}{\partial\varphi^2}+k^2\Psi(\boldsymbol{r})=0 \tag{6.88}$$

と表される．Ψ の解として変数分離解 $\Psi(r,\theta,\varphi) = \Psi_t(r,\theta)\Psi_\varphi(\varphi)$ を仮定すると，

$$\begin{cases} \dfrac{1}{\Psi_\varphi(\varphi)}\dfrac{d^2\Psi_\varphi(\varphi)}{d\varphi^2} = -m^2 \\ \sin^2\theta\dfrac{\partial}{\partial r}\left(r^2\dfrac{\partial\Psi_t}{\partial r}\right) + \sin\theta\dfrac{\partial}{\partial\theta}\left(\sin\theta\dfrac{\partial\Psi_t}{\partial\theta}\right) + (k^2r^2\sin^2\theta - m^2)\Psi_t = 0 \end{cases} \tag{6.89}$$

の二式が得られる．更に，変数分離解 $\Psi_t(r,\theta) = \Psi_r(r)\Psi_\theta(\theta)$ を仮定すると，上の第二式は以下の二式に分離できる[3)]．

---

3) 式 (6.90) の第一式の一般形（ルジャンドルの陪微分方程式）は，

$$\frac{d}{dx}\left\{(1-x^2)\frac{dy(x)}{dx}\right\} + \left\{n(n+1) - \frac{m^2}{1-x^2}\right\}y(x) = 0$$

である．$\cos\theta = x$, $d\theta = -\frac{1}{\sin\theta}\,dx$ を上式に代入すると，式 (6.90) の第一式が得られる．

$$\begin{cases} \dfrac{1}{\sin\theta}\dfrac{d}{d\theta}\left(\sin\theta\dfrac{d\Psi_\theta(\theta)}{d\theta}\right)+\left\{n(n+1)-\dfrac{m^2}{\sin^2\theta}\right\}\Psi_\theta(\theta)=0 \\ \dfrac{d}{dr}\left(r^2\dfrac{d\Psi_r(r)}{dr}\right)+\left\{k^2r^2-n(n+1)\right\}\Psi_r(r)=0 \end{cases} \tag{6.90}$$

ただし，m 及び n は位置の関数ではない整数である．

式 (6.90) の第二式の解 Ψ_r，式 (6.90) の第一式の解 Ψ_θ ならびに式 (6.89) の第一式の解 Ψ_φ は，

$$\Psi_r(r)=A_1\mathcal{I}_n(kr)+A_2\mathcal{Y}_n(kr) \tag{6.91}$$

$$\Psi_\theta(\theta)=C_1P_n^m(\cos\theta)+C_2Q_n^m(\cos\theta) \tag{6.92}$$

$$\Psi_\varphi(\varphi)=B_1\cos(m\varphi)+B_2\sin(m\varphi)\quad\text{または}\quad B_1e^{jm\varphi}+B_2e^{-jm\varphi} \tag{6.93}$$

で与えられる．ここで，A_i, B_i, C_i $(i=1,2)$ は任意の係数である．式 (6.90) の第一式の解 P_n^m, Q_n^m をそれぞれ第 1 種，第 2 種ルジャンドル陪関数という．式 (6.90) の第二式は変形すると $(n+\frac{1}{2})$ 次のベッセルの微分方程式となり，その解 $\mathcal{I}_n$ 及び $\mathcal{Y}_m$ は球ベッセル関数や球ノイマン関数で与えられる．n 次の球ベッセル関数 j_n，球ノイマン関数 y_n はそれぞれベッセル関数，ノイマン関数を用いて，

$$j_n(kr)=\sqrt{\frac{\pi}{2kr}}J_{n+\frac{1}{2}}(kr) \tag{6.94}$$

$$y_n(kr)=\sqrt{\frac{\pi}{2kr}}N_{n+\frac{1}{2}}(kr) \tag{6.95}$$

と表される．円筒座標のハンケル関数と同様に，n 次の第 1 種ならびに第 2 種球ハンケル関数 $h_n^{(1)}$, $h_n^{(2)}$ も次式のように表される．

$$h_n^{(1)}(kr)=\sqrt{\frac{\pi}{2kr}}H_{n+\frac{1}{2}}^{(1)}(kr) \tag{6.96}$$

$$h_n^{(2)}(kr)=\sqrt{\frac{\pi}{2kr}}H_{n+\frac{1}{2}}^{(2)}(kr) \tag{6.97}$$

これらの中から境界条件ならびに物理現象に矛盾のない解を選択することになる．

以上より，球座標における Ψ の一般解は次式で与えられる．

$$\Psi(\boldsymbol{r})=\Psi(r,\theta,\varphi)=\Psi_r(r)\Psi_\theta(\theta)\Psi_\varphi(\varphi) \tag{6.98}$$

これを用いて誘電体球などを解析できるが，本書の範疇を超えるため一般解を与えるにとどめておく．

6.3　平行平板導波路

平行平板導波路（parallel-plate waveguide）は図6.4に示すように間隙 d の二枚の平行平板導体からなる．導体板間の領域には誘電率 ε，透磁率 μ の無損失媒質が充填され，導体は完全導体とする．

平行平板導波路内の伝送波の解は直角座標系で求めることができる．前節と同じく z 方向に伝搬する伝送波を考えると，式 (6.71) より $\Psi_z(z) = e^{-j\beta z}$（ただし，位相定数 $\beta = k_z$）の形となる．よって，$\frac{\partial}{\partial z} \to -j\beta$ とできる．また，y 方向に無限に広い平行平板導波路を考えると y 方向には電磁界は変化しないので，$\frac{\partial}{\partial y}\{\cdot\} = 0$ となる．

以下では，平行平板導波路を伝搬する TEM 波，TE 波，TM 波の解を境界条件より導出する．

■ TEM モード

表6.1において説明した通り，TEM 波では波数 $k = \beta$（ただし，$k = \omega\sqrt{\mu\varepsilon}$）である．このとき，式 (6.67) は，

$$\frac{\partial^2 \Psi(\boldsymbol{r})}{\partial x^2} + \frac{\partial^2 \Psi(\boldsymbol{r})}{\partial y^2} = 0 \tag{6.99}$$

となる．この微分方程式は二次元ラプラス方程式である．したがって，TEM 波の横断面内の電磁界は静電界及び静磁界のそれと同一である．特に平行平板導波路では $\frac{\partial^2 \Psi}{\partial y^2} = 0$ であるから，

$$\frac{d^2 \Psi_x(x)}{dx^2} = 0 \tag{6.100}$$

となる．すなわち，平行平板導波路では y 方向に電位の変化はなく，x 方向に

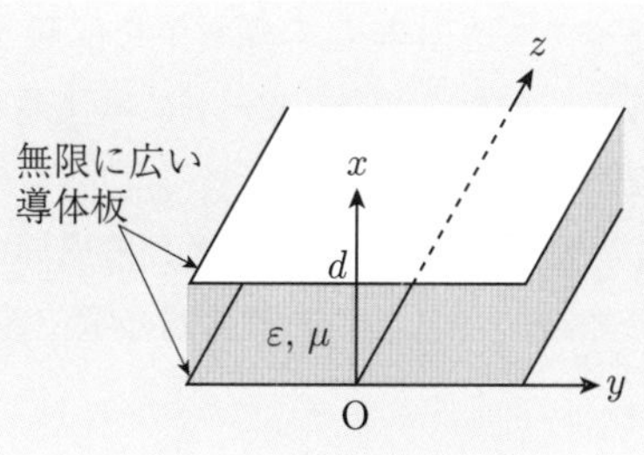

図6.4　平行平板導波路

のみ電位の変化がある．上式の解は求積法により $\Psi_x = C_1 x + C_2$（C_1, C_2：積分定数）の形で与えられるので，ヘルツベクトルの z 成分は，

$$\Pi_{\mathrm{e}z}(x,z) = (A_{\mathrm{e}1}x + A_{\mathrm{e}2})e^{-j\beta z} \tag{6.101}$$

$$\Pi_{\mathrm{m}z}(x,z) = (A_{\mathrm{m}1}x + A_{\mathrm{m}2})e^{-j\beta z} \tag{6.102}$$

と表される．ここで，$A_{\mathrm{e}1}$, $A_{\mathrm{e}2}$, $A_{\mathrm{m}1}$, $A_{\mathrm{m}2}$ は任意の係数である．よって，式 (6.64) と式 (6.65) より横断面方向の電磁界は，

$$\begin{cases} E_x(z) = -j\beta A_{\mathrm{e}1}e^{-j\beta z} \\ E_y(z) = j\omega\mu A_{\mathrm{m}1}e^{-j\beta z} \\ H_x(z) = -j\beta A_{\mathrm{m}1}e^{-j\beta z} \\ H_y(z) = -j\omega\varepsilon A_{\mathrm{e}1}e^{-j\beta z} \end{cases} \tag{6.103}$$

と与えられる．このとき，二枚の導体板 $x = 0$ 及び $x = d$ において電界ベクトルの接線成分 $E_y = 0$ が境界条件である．よって，$A_{\mathrm{m}1} = 0$ が得られる．

以上より，平行平板導波路を z 方向に伝搬する TEM 波の横断面内の電磁界 E_x, H_y は，$A_{\mathrm{m}1} = 0$ と $\beta = k$ を式 (6.103) に代入して，

$$\begin{cases} E_x(z) = -jkA_{\mathrm{e}1}e^{-jkz} = -E_0e^{-jkz} \\ H_y(z) = -j\omega\varepsilon A_{\mathrm{e}1}e^{-jkz} = -\dfrac{\omega\varepsilon}{k}E_0e^{-jkz} \end{cases} \tag{6.104}$$

と求められる．それ以外の成分は 0 である．ただし，E_x の振幅を $E_0 = jkA_{\mathrm{e}1}$ とおいた．このような電磁界の姿態を **TEM モード**（TEM mode）という．TEM モードの波動インピーダンスは電界と磁界の比より求められ，

$$Z_{\mathrm{TEM}} = \frac{-E_x}{-H_y} = \frac{k}{\omega\varepsilon} = \sqrt{\frac{\mu}{\varepsilon}} \tag{6.105}$$

となる．これは，誘電率 ε，透磁率 μ の媒質中を伝搬する平面波の波動インピーダンスと同じである．また，TEM モードには後述の遮断周波数は存在せず，零周波数より伝搬できる．

TEM 波の横断面内の電界，磁界が静電界及び静磁界のそれと同じであることから，電気磁気学の知識により二つの導体間の電位差 V を次のように求めることができる．

$$V(z) = -\int_0^d E_x(z)\,dx = E_0\,d\,e^{-jkz}\left(\equiv V^{(+)}e^{-jkz}\right) \tag{6.106}$$

また，$x=d$ の導体表面に流れる電流 I は，$\boldsymbol{J}_\ell = (-\widehat{\boldsymbol{x}}) \times (H_y \widehat{\boldsymbol{y}})$ なる線電流密度ベクトルより求めることができる（付録 B 参照）．いま，y 方向に幅 W をとると，そこを流れる電流 I は，

$$I(z) = \int_0^W \boldsymbol{J}_\ell \cdot \widehat{\boldsymbol{z}}\, dy = -H_y(z)W = \frac{E_0 W}{Z_{\mathrm{TEM}}} e^{-jkz} \left(\equiv I^{(+)} e^{-jkz} \right) \tag{6.107}$$

と求められる．したがって，電圧 V と電流 I より定義される特性インピーダンス Z_{c} と TEM 波の波動インピーダンス Z_{TEM} には，

$$Z_{\mathrm{c}} = \frac{V^{(+)}}{I^{(+)}} = \frac{d}{W} Z_{\mathrm{TEM}} \tag{6.108}$$

なる関係があることがわかる．

■ **TE モード**

$\Psi_z(z) = e^{-j\beta z}$ ならびに $\frac{\partial}{\partial y}\{\cdot\} = 0$ より，式 (6.68) において，

$$\Psi_x(x) = A_1 \cos(k_x x) + A_2 \sin(k_x x) \tag{6.109}$$

の解のみ考えればよい．よって，ヘルツベクトルの z 成分は，

$$\Pi_{\mathrm{e}z}(x,z) = \left\{ A_{\mathrm{e}1} \cos(k_x x) + A_{\mathrm{e}2} \sin(k_x x) \right\} e^{-j\beta z} \tag{6.110}$$

$$\Pi_{\mathrm{m}z}(x,z) = \left\{ A_{\mathrm{m}1} \cos(k_x x) + A_{\mathrm{m}2} \sin(k_x x) \right\} e^{-j\beta z} \tag{6.111}$$

と表される．

$\Pi_{\mathrm{m}z} \neq 0$, $\Pi_{\mathrm{e}z} = 0$ のとき TE 波の解が与えられるので，式 (6.64) と式 (6.65) より，

$$\begin{aligned} H_x(x,z) &= \frac{\partial^2 \Pi_{\mathrm{m}z}(x,z)}{\partial x \partial z} \\ &= -j\beta k_x \left\{ -A_{\mathrm{m}1} \sin(k_x x) + A_{\mathrm{m}2} \cos(k_x x) \right\} e^{-j\beta z} \end{aligned} \tag{6.112}$$

$$\begin{aligned} H_z(x,z) &= k^2 \Pi_{\mathrm{m}z}(x,z) + \frac{\partial^2 \Pi_{\mathrm{m}z}(\boldsymbol{r})}{\partial z^2} \\ &= (k^2 - \beta^2) \left\{ A_{\mathrm{m}1} \cos(k_x x) + A_{\mathrm{m}2} \sin(k_x x) \right\} e^{-j\beta z} \end{aligned} \tag{6.113}$$

$$\begin{aligned} E_y(x,z) &= j\omega\mu \frac{\partial \Pi_{\mathrm{m}z}(x,z)}{\partial x} \\ &= j\omega\mu k_x \left\{ -A_{\mathrm{m}1} \sin(k_x x) + A_{\mathrm{m}2} \cos(k_x x) \right\} e^{-j\beta z} \end{aligned} \tag{6.114}$$

となり，他の成分は 0 である．このとき，二枚の導体板 $x=0$ 及び $x=d$ にお

いて電界ベクトルの接線成分 $E_y=0$ が境界条件である[4]．

(1)　$x=0$ のとき：

$E_y(0,z)=j\omega\mu k_x A_{\mathrm{m2}}e^{-j\beta z}=0$ であるから，z によらずこの式が成立するためには $A_{\mathrm{m2}}=0$ である．

(2)　$x=d$ のとき：

$A_{\mathrm{m2}}=0$ を用いると，$E_y(d,z)=-j\omega\mu k_x A_{\mathrm{m1}}\sin(k_x d)e^{-j\beta z}=0$ であるから，z によらずこれが成立するためには $\sin(k_x d)=0$ である．よって $k_x=\frac{m\pi}{d}$（$m=1,2,3,\ldots$）である．なお，$m=0$ のとき TE モードは TEM モードと同じ電磁界を与えるため，TE モードには含まれない．

いま $k_y=0$ より $k_{\mathrm{c}}^2\equiv k_{\mathrm{c},m}^2=k_x^2$ であるから，位相定数 $\beta\equiv\beta_m$ は，

$$\beta_m=\sqrt{k^2-k_{\mathrm{c},m}^2}=\sqrt{k^2-\left(\frac{m\pi}{d}\right)^2} \tag{6.115}$$

と求められる．ただし，$k=\omega\sqrt{\mu\varepsilon}$ である．$k^2>\left(\frac{m\pi}{d}\right)^2$ のとき位相定数 β_m は実数となり，TE 波は伝搬可能である．一方，$k^2<\left(\frac{m\pi}{d}\right)^2$ では β_m は虚数となり，波は $e^{-\alpha z}$（$\alpha=\sqrt{k_{\mathrm{c},m}^2-k^2}$）の形で指数関数的に減衰する非伝搬波（**エバネッセント波**）となる．根号の中が 0 となるときの周波数を**遮断周波数**（cutoff frequency）といい，

$$f_{\mathrm{c},m}=\frac{k_{\mathrm{c},m}}{2\pi\sqrt{\mu\varepsilon}}=\frac{m}{2d\sqrt{\mu\varepsilon}} \tag{6.116}$$

と表される．ここで $k_{\mathrm{c},m}$ を**遮断波数**（cutoff wavenumber）という．このときの波長 $\lambda_{\mathrm{c},m}$ を**遮断波長**（cutoff wavelength）といい，

$$\lambda_{\mathrm{c},m}=\frac{2\pi}{k_{\mathrm{c},m}}=\frac{2d}{m} \tag{6.117}$$

と表される．m（$=1,2,3,\ldots$）はモード次数（mode index）であり，モード次数 m によって決まる TE 波の電磁界の姿態を **TE モード**（TE mode）あるいは **H モード**（H mode）という．平行平板導波路を z 方向に伝搬する TE 波の横断面内の電磁界 H_x, E_y ならびに伝搬方向の磁界 H_z は，

$$H_x(x,z)=j\beta_m k_x A_{\mathrm{m1}}\sin\left(\frac{m\pi x}{d}\right)e^{-j\beta_m z}$$

---

[4] TE 波の境界条件は一般には管壁 C 上において $\frac{\partial\Pi_{\mathrm{mz}}}{\partial n}=0$ である．ただし，n は C に垂直な成分を表す．平行平板導波路の場合，$\left.\frac{\partial\Pi_{\mathrm{mz}}}{\partial x}\right|_{x=0,d}=0$ である

$$= \frac{j\beta_m}{k_x} H_m \sin\left(\frac{m\pi x}{d}\right) e^{-j\beta_m z} \tag{6.118}$$

$$E_y(x,z) = -j\omega\mu k_x A_{\mathrm{m1}} \sin\left(\frac{m\pi x}{d}\right) e^{-j\beta_m z}$$

$$= -\frac{j\omega\mu}{k_x} H_m \sin\left(\frac{m\pi x}{d}\right) e^{-j\beta_m z} \tag{6.119}$$

$$H_z(x,z) = k_{\mathrm{c},m}^2 A_{\mathrm{m1}} \cos\left(\frac{m\pi x}{d}\right) e^{-j\beta_m z}$$

$$= H_m \cos\left(\frac{m\pi x}{d}\right) e^{-j\beta_m z} \tag{6.120}$$

と求められる．ただし，H_z の振幅を $H_m = k_{\mathrm{c},m}^2 A_{\mathrm{m1}}$ とおいた．

m 番目の TE モードを TE_m モードと呼ぶ[5]．遮断周波数 $f_{\mathrm{c},m}$ はモードによって異なり，TE_m モードは $f > f_{\mathrm{c},m}$ となる周波数 f において伝搬可能である．したがって，遮断周波数を持つ伝送線路は高域通過特性を示す．

TE_m モードの遮断周波数のうち $m = 1$ のときの遮断周波数が最も低い．これを最低次モード（lowest-order mode）という．後述する TM モードや TEM モードを含め，遮断周波数の最も低いモードを**基本モード**（fundamental mode）あるいは**主モード**（dominant mode）と呼ぶ．最低次よりも大きい次数のモードを**高次モード**（higher-order modes）という．遮断周波数はモード次数 m によって決まることから離散値をとり，周波数が高くなるほど伝搬可能なモード数は増えることになる．

更に，TE_m モードの**管内波長** λ_{g}（guide wavelength）は，

$$\lambda_{\mathrm{g}} = \frac{2\pi}{\beta_m} = \frac{2\pi}{\sqrt{k^2 - \left(\frac{m\pi}{d}\right)^2}} = \frac{\lambda}{\sqrt{1 - \left(\frac{f_{\mathrm{c},m}}{f}\right)^2}} \tag{6.121}$$

で定義される．媒質中の波長 $\lambda = \frac{2\pi}{k}$ と比較すると，管内波長 λ_{g} は媒質中の波長 λ よりも長くなる．また，TE_m モードの位相速度 v_{p} は，

$$v_{\mathrm{p}} = \frac{\omega}{\beta_m} = \frac{\omega}{\sqrt{k^2 - \left(\frac{m\pi}{d}\right)^2}} = \frac{\nu}{\sqrt{1 - \left(\frac{f_{\mathrm{c},m}}{f}\right)^2}} \tag{6.122}$$

である．ここで，$\nu = \frac{1}{\sqrt{\mu\varepsilon}}$ である．TE_m モードの波動インピーダンス Z_m は

[5] 数学的には $-k_x^2$ は境界条件の下で同次スカラヘルムホルツ方程式を解いたときの固有値（eigenvalue）であり，その解 Ψ_x は固有関数（eigenfunction）と呼ばれる．伝送路の媒質定数や断面形状によって決まる伝送線路固有の電磁界の姿態が“モード”である．

電界と磁界の比によって次式のように求められる．

$$Z_m = \frac{-E_y}{H_x} = \frac{\omega\mu}{\beta_m} \tag{6.123}$$

■ TM モード

TM 波においても次式で表される遮断周波数が存在する．

$$f_{c,n} = \frac{k_{c,n}}{2\pi\sqrt{\mu\varepsilon}} = \frac{n\pi}{2\pi\, d\sqrt{\mu\varepsilon}} \tag{6.124}$$

ここで n（$= 1, 2, 3, \ldots$）はモード次数である．モード次数 n によって決まる TM 波の電磁界の姿態を **TM モード**（TM mode）あるいは **E モード**（E mode）という．また，n 番目の TM モードを TM_n モードと呼ぶ．TE モードと TM モードでモード次数が同じであれば遮断周波数が同じであることがわかる．このように同じ遮断周波数を持つが，電磁界分布が異なるモードを**縮退モード**（degenerate mode）という．

■ 例題6.2（平行平板導波路の TM モード）■

(1)　二枚の導体板における境界条件より，平行平板導波路を z 方向に伝搬する TM_n モード（$n = 1, 2, 3, \ldots$）の横断面内の電磁界成分ならびに伝搬方向の電界成分 E_z を求めよ．ただし，E_z の任意の振幅を E_n とせよ．

(2)　問 (1) の結果より，TM_n モードの波動インピーダンス Z_n を求めよ．

【解答】 (1)　$\Pi_{\mathrm{e}z} \neq 0$, $\Pi_{\mathrm{m}z} = 0$ のとき TM 波の解が与えられるので，式 (6.64) と式 (6.65) より，

$$\begin{cases} E_x(x,z) = \dfrac{\partial^2 \Pi_{\mathrm{e}z}(x,z)}{\partial x \partial z} \\ \qquad = -j\beta k_x \left\{-A_{\mathrm{e}1}\sin(k_x x) + A_{\mathrm{e}2}\cos(k_x x)\right\} e^{-j\beta z} \\ E_z(x,z) = k^2 \Pi_{\mathrm{e}z}(x,z) + \dfrac{\partial^2 \Pi_{\mathrm{e}z}(\boldsymbol{r})}{\partial z^2} \\ \qquad = (k^2 - \beta^2)\left\{A_{\mathrm{e}1}\cos(k_x x) + A_{\mathrm{e}2}\sin(k_x x)\right\} e^{-j\beta z} \\ H_y(x,z) = -j\omega\varepsilon \dfrac{\partial \Pi_{\mathrm{e}z}(x,z)}{\partial x} \\ \qquad = -j\omega\varepsilon k_x \left\{-A_{\mathrm{e}1}\sin(k_x x) + A_{\mathrm{e}2}\cos(k_x x)\right\} e^{-j\beta z} \end{cases}$$

となり，他の成分は 0 である．

二枚の導体板 $x = 0, d$ において電界ベクトルの接線成分 $E_z = 0$ が境界条件である[6)]．TE 波と同様にして，

$$A_{\mathrm{e1}} = 0, \quad k_x = \frac{n\pi}{d} \quad (n = 1, 2, 3, \ldots)$$

が得られる．よって，TM モードの位相定数は

$$\beta_n = \sqrt{k^2 - k_{\mathrm{c},n}^2} = \sqrt{k^2 - \left(\frac{n\pi}{d}\right)^2}$$

である．なお，$n = 0$ のときの TM モードは TEM モードと同じ電磁界を与えるため，TM モードには含まれない．

以上より，平行平板導波路を z 方向に伝搬する TM 波の横断面内の電磁界 E_x, H_y ならびに伝搬方向の電界 E_z は，

$$\begin{cases} E_x(x,z) = -\dfrac{j\beta_n}{k_x} E_n \cos\left(\dfrac{n\pi x}{d}\right) e^{-j\beta_n z} \\ H_y(x,z) = -\dfrac{j\omega\varepsilon}{k_x} E_n \cos\left(\dfrac{n\pi x}{d}\right) e^{-j\beta_n z} \\ E_z(x,z) = E_n \sin\left(\dfrac{n\pi x}{d}\right) e^{-j\beta_n z} \end{cases}$$

と求められる．ただし，E_z の振幅を $E_n = k_{\mathrm{c},n}^2 A_{\mathrm{e2}}$ とおいた．

(2)　TM_n モードの波動インピーダンス Z_n は次式のように求められる．

$$Z_n = \frac{-E_x}{-H_y} = \frac{\beta_n}{\omega\varepsilon}$$

■

6) TM 波の境界条件は一般には管壁 C 上において $\mathit{\Pi}_{\mathrm{ez}} = 0$ である．平行平板導波路の場合，$\mathit{\Pi}_{\mathrm{ez}}\big|_{x=0,d} = 0$ である

6.4　方形導波管

方形導波管（rectangular waveguide）は，図6.5に示すように管幅 a，高さ b の方形断面を持つ単一の導体からなる均一伝送線路である．方形導波管内には誘電率 ε，透磁率 μ の無損失媒質が充填され，導体は完全導体とする．

方形導波管内の伝送波の解は直角座標系で求められる．前節と同じく z 方向に伝搬する伝送波を考えると，式 (6.71) より $\Psi_z(z) = e^{-j\beta z}$（ただし，位相定数 $\beta = k_z$）の形となるので，$\frac{\partial}{\partial z} \to -j\beta$ とできる．式 (6.68) においては，

$$\begin{cases} \Psi_x(x) = A_1 \cos(k_x x) + A_2 \sin(k_x x) \\ \Psi_y(y) = B_1 \cos(k_y y) + B_2 \sin(k_y y) \\ \Psi_z(z) = e^{-j\beta z} \end{cases} \tag{6.125}$$

の解を考える．よって，ヘルツベクトルの z 成分は，

$$\begin{aligned} &\Pi_{\mathrm{e}z}(x, y, z) \\ &= \{A_{\mathrm{e1}} \cos(k_x x) + A_{\mathrm{e2}} \sin(k_x x)\}\{B_{\mathrm{e1}} \cos(k_y y) + B_{\mathrm{e2}} \sin(k_y y)\} e^{-j\beta z} \end{aligned} \tag{6.126}$$

$$\begin{aligned} &\Pi_{\mathrm{m}z}(x, y, z) \\ &= \{A_{\mathrm{m1}} \cos(k_x x) + A_{\mathrm{m2}} \sin(k_x x)\}\{B_{\mathrm{m1}} \cos(k_y y) + B_{\mathrm{m2}} \sin(k_y y)\} e^{-j\beta z} \end{aligned} \tag{6.127}$$

と表される．ここで，A_{e1}，A_{e2}，B_{e1}，B_{e2}，A_{m1}，A_{m2}，B_{m1}，B_{m2} は任意の係数である．方形導波管では TEM モードは現れないので，以下では境界条件より方形導波管の TE 波，TM 波の解を導出する．

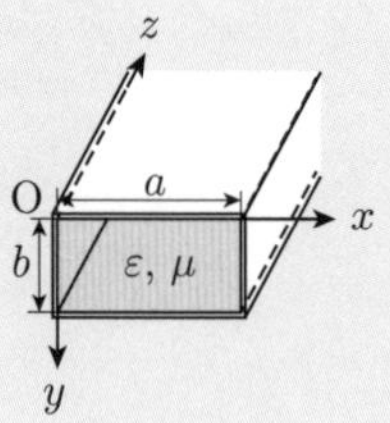

図6.5　誘電率 ε，透磁率 μ の媒質が充填された方形導波管

■ TE モード

$\varPi_{\mathrm{m}z} \neq 0$, $\varPi_{\mathrm{e}z} = 0$ のとき TE 波の解が与えられるので，式 (6.64) と式 (6.65) より，

$$\begin{cases} E_x(x,y,z) = -j\omega\mu \dfrac{\partial \varPi_{\mathrm{m}z}(x,y,z)}{\partial y} \\ E_y(x,y,z) = j\omega\mu \dfrac{\partial \varPi_{\mathrm{m}z}(x,y,z)}{\partial x} \\ E_z(x,y,z) = 0 \end{cases} \tag{6.128}$$

$$\begin{cases} H_x(x,y,z) = -j\beta \dfrac{\partial \varPi_{\mathrm{m}z}(x,y,z)}{\partial x} \\ H_y(x,y,z) = -j\beta \dfrac{\partial \varPi_{\mathrm{m}z}(x,y,z)}{\partial y} \\ H_z(x,y,z) = k_{\mathrm{c}}^2 \varPi_{\mathrm{m}z}(x,y,z) \end{cases} \tag{6.129}$$

となる．ただし，$k_{\mathrm{c}}^2 = k^2 - \beta^2$ である．境界条件より方形導波管の管壁面上において電界ベクトルの接線成分が 0 となる．したがって，

(1)　$y = 0$ 及び $y = b$ において，$E_x = 0$

(2)　$x = 0$ 及び $x = a$ において，$E_y = 0$

が境界条件である．具体的には，

$$\left\{A_{\mathrm{m}1}\cos(k_x x) + A_{\mathrm{m}2}\sin(k_x x)\right\}\left\{-B_{\mathrm{m}1}\sin(k_y y) + B_{\mathrm{m}2}\cos(k_y y)\right\}\Big|_{y=0,b} = 0$$

$$\left\{-A_{\mathrm{m}1}\sin(k_x x) + A_{\mathrm{m}2}\cos(k_x x)\right\}\left\{B_{\mathrm{m}1}\cos(k_y y) + B_{\mathrm{m}2}\sin(k_y y)\right\}\Big|_{x=0,a} = 0$$

である．境界条件 (1) より $B_{\mathrm{m}2} = 0$, $k_y = \frac{n\pi}{b}$（$n = 0, 1, 2, \ldots$）が得られ，境界条件 (2) より $A_{\mathrm{m}2} = 0$, $k_x = \frac{m\pi}{a}$（$m = 0, 1, 2, \ldots$）が得られる．このとき位相定数 $\beta \equiv \beta_{[m\,n]}$ は，

$$\beta_{[m\,n]} = \sqrt{k^2 - k_{\mathrm{c},[m\,n]}^2} = \sqrt{k^2 - k_x^2 - k_y^2} = \sqrt{k^2 - \left(\frac{m\pi}{a}\right)^2 - \left(\frac{n\pi}{b}\right)^2} \tag{6.130}$$

である．ここで $k_{\mathrm{c},[m\,n]}$ は遮断波数である．よって，境界条件を満足する $\varPi_{\mathrm{m}z}$ が求まったので，磁界ベクトルの z 成分 H_z は，

$$\begin{aligned} H_z(x,y,z) &= k_{\mathrm{c},[m\,n]}^2 A_{\mathrm{m}1} B_{\mathrm{m}1} \cos\left(\frac{m\pi x}{a}\right)\cos\left(\frac{n\pi y}{b}\right) e^{-j\beta_{[m\,n]}z} \\ &= H_{[m\,n]} \cos\left(\frac{m\pi x}{a}\right)\cos\left(\frac{n\pi y}{b}\right) e^{-j\beta_{[m\,n]}z} \end{aligned} \tag{6.131}$$

と表される．ただし，H_z の振幅を $H_{[m\,n]} = k_{\mathrm{c},[m\,n]}^2 A_{\mathrm{m}1} B_{\mathrm{m}1}$ とおいた．更に

横断面内の電磁界は，

$$\begin{cases} E_x(x,y,z) = \dfrac{j\omega\mu}{k^2_{\mathrm{c},[mn]}}\dfrac{n\pi}{b}H_{[mn]}\cos\left(\dfrac{m\pi x}{a}\right)\sin\left(\dfrac{n\pi y}{b}\right)e^{-j\beta_{[mn]}z} \\ E_y(x,y,z) = -\dfrac{j\omega\mu}{k^2_{\mathrm{c},[mn]}}\dfrac{m\pi}{a}H_{[mn]}\sin\left(\dfrac{m\pi x}{a}\right)\cos\left(\dfrac{n\pi y}{b}\right)e^{-j\beta_{[mn]}z} \end{cases} \tag{6.132}$$

$$\begin{cases} H_x(x,y,z) = \dfrac{j\beta_{[mn]}}{k^2_{\mathrm{c},[mn]}}\dfrac{m\pi}{a}H_{[mn]}\sin\left(\dfrac{m\pi x}{a}\right)\cos\left(\dfrac{n\pi y}{b}\right)e^{-j\beta_{[mn]}z} \\ H_y(x,y,z) = \dfrac{j\beta_{[mn]}}{k^2_{\mathrm{c},[mn]}}\dfrac{n\pi}{b}H_{[mn]}\cos\left(\dfrac{m\pi x}{a}\right)\sin\left(\dfrac{n\pi y}{b}\right)e^{-j\beta_{[mn]}z} \end{cases} \tag{6.133}$$

となる．このようにモード次数 m, n によって決まる TE 波の電磁界の姿態を TE_{mn} モード（$m = 0, 1, 2, \ldots,\ n = 0, 1, 2, \ldots$）と呼ぶ．一般に下付き添字の mn の順は x 方向（管幅方向），y 方向（高さ方向）である．ただし，$m = 0$ かつ $n = 0$ の場合には電磁界の成分が全て 0 となるため，$m = 0$ かつ $n = 0$ は除く．TE_{mn} モードの遮断周波数 $f_{\mathrm{c},[mn]}$ は，

$$f_{\mathrm{c},[mn]} = \frac{k_{\mathrm{c},[mn]}}{2\pi\sqrt{\mu\varepsilon}} = \frac{1}{2\pi\sqrt{\mu\varepsilon}}\sqrt{\left(\frac{m\pi}{a}\right)^2 + \left(\frac{n\pi}{b}\right)^2} \tag{6.134}$$

であり，TE_{mn} モードの遮断波長 $\lambda_{\mathrm{c},[mn]}$ は，

$$\lambda_{\mathrm{c},[mn]} = \frac{2\pi}{k_{\mathrm{c},[mn]}} = \frac{2\pi}{\sqrt{\left(\frac{m\pi}{a}\right)^2 + \left(\frac{n\pi}{b}\right)^2}} \tag{6.135}$$

と求められる．一般に $a > b$ の方形導波管が用いられることから，TE モードの最低次モードは TE_{10} モードである．TE_{10} モードの遮断周波数は後述の TM モードの最低次モードである TM_{11} モードのそれより低いことから，方形導波管の基本モードは TE_{10} モードである．更に，管内波長 λ_{g} は，

$$\lambda_{\mathrm{g}} = \frac{2\pi}{\beta_{[mn]}} = \frac{2\pi}{\sqrt{k^2 - \left(\frac{m\pi}{a}\right)^2 - \left(\frac{n\pi}{b}\right)^2}} = \frac{\lambda}{\sqrt{1 - \left(\frac{f_{\mathrm{c},[mn]}}{f}\right)^2}} \tag{6.136}$$

であり，位相速度 v_{p} は，

$$v_{\mathrm{p}} = \frac{\omega}{\beta_{[mn]}} = \frac{\omega}{\sqrt{k^2 - \left(\frac{m\pi}{a}\right)^2 - \left(\frac{n\pi}{b}\right)^2}} = \frac{\nu}{\sqrt{1 - \left(\frac{f_{\mathrm{c},[mn]}}{f}\right)^2}} \tag{6.137}$$

である．ここで，$\nu = \frac{1}{\sqrt{\mu\varepsilon}}$ である．また，TE_{mn} モードの波動インピーダンス $Z_{[m\,n]}$ は次式で与えられる．

$$Z_{[m\,n]} = \frac{E_x}{H_y} = \frac{-E_y}{H_x} = \frac{\omega\mu}{\beta_{[m\,n]}} \tag{6.138}$$

■ TM モード

TE モードと同様にモード次数 m, n によって決まる TM 波の電磁界の姿態を TM_{mn} モード（$m = 1, 2, 3, \ldots, n = 1, 2, 3, \ldots$）と呼ぶ．TM モードの場合，$m$, n のいずれかが 0 の場合，電磁界の全ての成分が 0 となるため，方形導波管内を伝搬するTM 波の最低次モードは TM_{11} モードである．TM_{mn} モードの遮断周波数，管内波長，位相速度は TE_{mn} モードのそれらと同じ式によって与えられるので，TE_{mn} モードと TM_{mn} モードは縮退モードである．

■ 例題6.3（方形導波管の TM モード）■

(1)　境界条件より方形導波管の TM_{mn} モード（$m = 1, 2, 3, \ldots$, $n = 1, 2, 3, \ldots$）の電磁界を求めよ．ただし，電界の z 成分 E_z の任意の振幅を $E_{(m\,n)}$ とせよ．

(2)　問 (1) の結果より，TM_{mn} モードの波動インピーダンス $Z_{(m\,n)}$ を求めよ．

【解答】　(1)　$\Pi_{\mathrm{e}z} \neq 0$, $\Pi_{\mathrm{m}z} = 0$ のとき TM 波の解が与えられるので，式 (6.64) と式 (6.65) より，

$$\left\{\begin{aligned} E_x(x, y, z) &= -j\beta \frac{\partial \Pi_{\mathrm{e}z}(x, y, z)}{\partial x} \\ E_y(x, y, z) &= -j\beta \frac{\partial \Pi_{\mathrm{e}z}(x, y, z)}{\partial y} \\ E_z(x, y, z) &= k_{\mathrm{c}}^2 \Pi_{\mathrm{e}z}(x, y, z) \end{aligned}\right.$$

$$\left\{\begin{aligned} H_x(x, y, z) &= j\omega\varepsilon \frac{\partial \Pi_{\mathrm{e}z}(x, y, z)}{\partial y} \\ H_y(x, y, z) &= -j\omega\varepsilon \frac{\partial \Pi_{\mathrm{e}z}(x, y, z)}{\partial x} \\ H_z(x, y, z) &= 0 \end{aligned}\right.$$

となる．ただし，$k_{\mathrm{c}}^2 = k^2 - \beta^2$ である．境界条件より方形導波管の管壁面上において電界ベクトルの接線成分が 0 となる．したがって，

(a) $x=0$ 及び $x=a$ において，$E_y=E_z=0$

(b) $y=0$ 及び $y=b$ において，$E_x=E_z=0$

が境界条件である．なお，$E_z=0$ すなわち $\Pi_{\mathrm{e}z}=0$ が満足されるとき，E_x と E_y の境界条件も満足されることから，$E_z=0$ についてのみ考える．その結果，境界条件 (a) より $A_{\mathrm{e}1}=0$, $k_x=\frac{m\pi}{a}$ $(m=1,2,3,\ldots)$ が得られ，境界条件 (b) より $B_{\mathrm{e}1}=0$, $k_y=\frac{n\pi}{b}$ $(n=1,2,3,\ldots)$ が得られる．このとき位相定数 $\beta\equiv\beta_{(mn)}$ は，

$$\beta_{(mn)}=\sqrt{k^2-k_{\mathrm{c},(mn)}^2}=\sqrt{k^2-\left(\frac{m\pi}{a}\right)^2-\left(\frac{n\pi}{b}\right)^2}$$

である．よって，境界条件を満足する電気型ヘルツベクトルの z 成分 $\Pi_{\mathrm{e}z}$ が求まったので，電界ベクトルの z 成分 E_z は，

$$\begin{aligned}E_z(x,y,z)&=k_{\mathrm{c},(mn)}^2A_{\mathrm{e}2}B_{\mathrm{e}2}\sin\left(\frac{m\pi x}{a}\right)\sin\left(\frac{n\pi y}{b}\right)e^{-j\beta_{(mn)}z}\\&=E_{(mn)}\sin\left(\frac{m\pi x}{a}\right)\sin\left(\frac{n\pi y}{b}\right)e^{-j\beta_{(mn)}z}\end{aligned}$$

と得られる．ただし，E_z の振幅を $E_{(mn)}=k_{\mathrm{c},(mn)}^2A_{\mathrm{e}2}B_{\mathrm{e}2}$ とおいた．一方，横断面内の電磁界は次のように得られる．

$$\begin{cases}E_x(x,y,z)=-\dfrac{j\beta_{(mn)}}{k_{\mathrm{c},(mn)}^2}\dfrac{m\pi}{a}E_{(mn)}\cos\left(\dfrac{m\pi x}{a}\right)\sin\left(\dfrac{n\pi y}{b}\right)e^{-j\beta_{(mn)}z}\\E_y(x,y,z)=-\dfrac{j\beta_{(mn)}}{k_{\mathrm{c},(mn)}^2}\dfrac{n\pi}{b}E_{(mn)}\sin\left(\dfrac{m\pi x}{a}\right)\cos\left(\dfrac{n\pi y}{b}\right)e^{-j\beta_{(mn)}z}\end{cases}$$

$$\begin{cases}H_x(x,y,z)=\dfrac{j\omega\varepsilon}{k_{\mathrm{c},(mn)}^2}\dfrac{n\pi}{b}E_{(mn)}\sin\left(\dfrac{m\pi x}{a}\right)\cos\left(\dfrac{n\pi y}{b}\right)e^{-j\beta_{(mn)}z}\\H_y(x,y,z)=-\dfrac{j\omega\varepsilon}{k_{\mathrm{c},(mn)}^2}\dfrac{m\pi}{a}E_{(mn)}\cos\left(\dfrac{m\pi x}{a}\right)\sin\left(\dfrac{n\pi y}{b}\right)e^{-j\beta_{(mn)}z}\end{cases}$$

(2) TM_{mn} モードの波動インピーダンス $Z_{(mn)}$ は，

$$Z_{(mn)}=\frac{-E_x}{-H_y}=\frac{-E_y}{H_x}=\frac{\beta_{(mn)}}{\omega\varepsilon}$$

と求められる． ■

■ TE モード及び TM モードの電磁界分布

方形導波管の代表的な TE モードならびに TM モードの電磁界分布を示す．図6.6(a)が TE_{10} モードの各断面での電気力線及び磁力線の様子である．横断面（xy 面上）において電界強度は x 方向に正弦波の“山一つ分”の形を示す．一方，y 方向では電界強度は一定であり，“山”は現れない．すなわち，TE_{10}

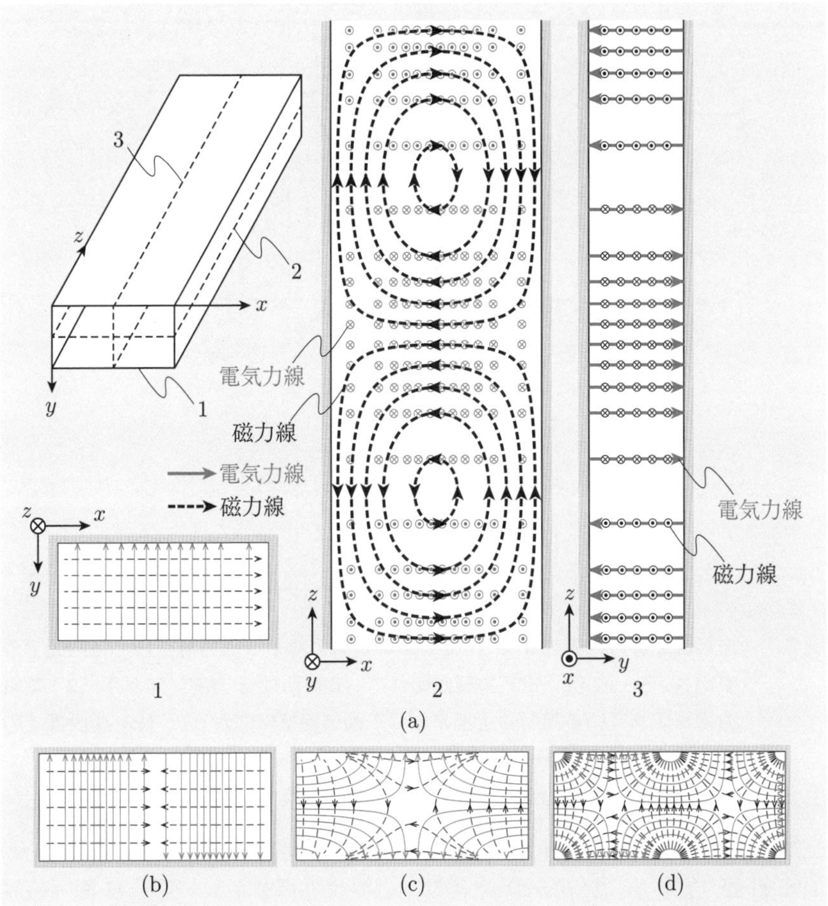

図6.6　方形導波管の代表的な **TE** モードの電気力線及び磁力線（磁力線が切れている箇所は z 方向に閉ループを描く）．**(a)** 各断面での $\mathbf{TE}_{10}$ モード，**(b)** 横断面での $\mathbf{TE}_{20}$ モード，**(c)** 横断面での $\mathbf{TE}_{11}$ モード，**(d)** 横断面での $\mathbf{TE}_{21}$ モード

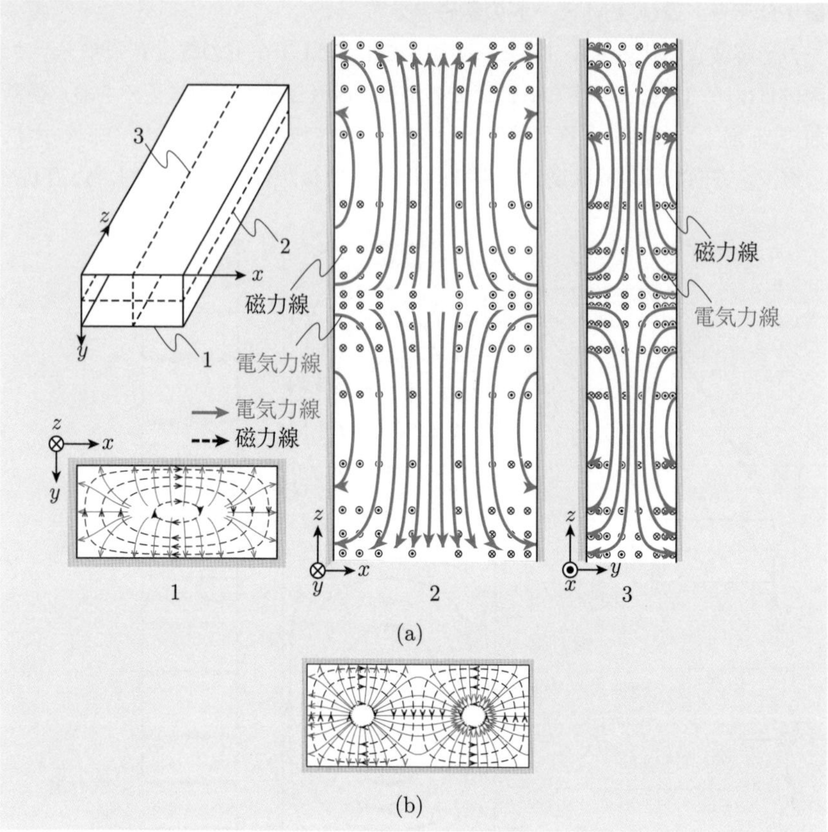

図6.7 方形導波管の代表的な **TM** モードの電気力線及び磁力線. **(a)** 各断面での $\mathbf{TM_{11}}$ モード（**1**：電気力線が切れている箇所は z 方向に向かう. **2**：電気力線が切れている箇所は上面または下面の管壁に向かう）, **(b)** 横断面での $\mathbf{TM_{21}}$ モード（電気力線が切れている箇所は z 方向に向かう）

モードの下付き添字は “山” の数と対応している. 一方, 磁力線は伝搬方向に平行に閉ループを描く. 基本モードである TE_{10} モードの電界に平行なカット面を **E 面**（電界面, E plane）と呼び, 磁界に平行なカット面を **H 面**（磁界面, H plane）と呼ぶ. 高次モードの例として, TE_{20} モード, TE_{11} モード, TE_{21} モードの横断面の電気力線ならびに磁力線の様子も図6.6(b), (c), (d)にそれぞれ示す.

代表的な TM モードの電気力線ならびに磁力線の様子を図6.7に示す．図6.7(a)のように TM_{11} モードの磁界成分は横断内のみに存在し，磁力線は閉ループを描く．一方，電気力線は導波管の中央に集中する．高次モードの例として，TM_{21} モードの横断面の電気力線ならびに磁力線の様子も図6.7(b)に示す．

■ 単一モード動作

方形導波管は効率的な伝送のために，基本モードである TE_{10} モードのみが伝搬可能な周波数範囲で使用されるのが一般的である．すなわち，TE_{10} モード以外のモードは全て遮断周波数以下の周波数範囲である．いま，$a = 2b$ として遮断波長を計算したのが表6.3である．同表から $a < \lambda < 2a$ の波長範囲において TE_{10} モードのみの単一モードで動作することがわかる．一方，複数のモードが伝搬可能な場合を**オーバーモード**（overmode）といい，そのような導波管をオーバーサイズ導波管（oversized waveguide）という．また，遮断周波数以下の非伝搬モードを**エバネッセントモード**（evanescent mode）という．

導体のみからなる中空方形導波管（hollow rectangular waveguide）の寸法は，動作周波数帯域によって標準規格として定められている．そのような導波管を標準導波管（standard waveguide）と呼ぶ．例えば，X 帯の標準方形導波管の内径寸法は $a = 22.86\,\mathrm{mm}$, $b = 10.16\,\mathrm{mm}$（インチ（inch）に換算すると，$a = 0.9\,\mathrm{in}$, $b = 0.4\,\mathrm{in}$）であり，規格上の動作周波数帯域は 8.20–12.5 GHz である．

表6.3　$\boldsymbol{a = 2b}$ のときの方形導波管の各モードの遮断波長

モード	遮断波長 λ_c
TE_{10} モード	$2a$
TE_{20} モード，TE_{01} モード（縮退）	a
TE_{11} モード，TM_{11} モード（縮退）	$0.894a$
TE_{21} モード，TM_{21} モード（縮退）	$0.707a$

例題6.4（方形導波管の遮断周波数）

X 帯の標準方形導波管における TE_{10} モードと TE_{20} モードの遮断周波数 $f_{\mathrm{c},[10]}$, $f_{\mathrm{c},[20]}$ をそれぞれ求めよ．ただし，導波管は中空（誘電率 ε_0，透磁率 μ_0）である．

【解答】 式 (6.134) に $a = 22.86\,\mathrm{mm}$, $b = 10.16\,\mathrm{mm}$，モード次数 $(m, n) = (1, 0)$ または $(2, 0)$ を代入すると，TE_{10} モードの遮断周波数は $f_{\mathrm{c},[10]} = 6.56\,\mathrm{GHz}$, TE_{20} モードの遮断周波数は $f_{\mathrm{c},[20]} = 13.11\,\mathrm{GHz}$ と求められる． ■

■ TE_{10} モードの電磁界

方形導波管の基本モードである TE_{10} モードは伝送線路の導波モードを理解する上で最も重要であるため，その伝送特性について詳述する．まず，TE_{10} モードの電磁界は，

$$\begin{cases} E_x(x, z) = 0 \\ E_y(x, z) = -\dfrac{j\omega\mu}{k_{\mathrm{c},[10]}^2}\dfrac{\pi}{a}H_{[10]}\sin\left(\dfrac{\pi x}{a}\right)e^{-j\beta_{[10]}z} \\ E_z(x, z) = 0 \end{cases} \tag{6.139}$$

$$\begin{cases} H_x(x, z) = \dfrac{j\beta_{[10]}}{k_{\mathrm{c},[10]}^2}\dfrac{\pi}{a}H_{[10]}\sin\left(\dfrac{\pi x}{a}\right)e^{-j\beta_{[10]}z} \\ H_y(x, z) = 0 \\ H_z(x, z) = H_{[10]}\cos\left(\dfrac{\pi x}{a}\right)e^{-j\beta_{[10]}z} \end{cases} \tag{6.140}$$

と表される．このとき，遮断波数 $k_{\mathrm{c},[10]}$，遮断波長 $\lambda_{\mathrm{c},[10]}$，遮断周波数 $f_{\mathrm{c},[10]}$ ならびに位相定数 $\beta_{[10]}$ はそれぞれ

$$\begin{aligned} &k_{\mathrm{c},[10]} = k_x = \frac{\pi}{a}, \quad \lambda_{\mathrm{c},[10]} = 2a, \\ &f_{\mathrm{c},[10]} = \frac{\nu}{2a}, \quad \beta_{[10]} = \sqrt{k^2 - \left(\frac{\pi}{a}\right)^2} \end{aligned} \tag{6.141}$$

である．ただし，$\nu = \frac{1}{\sqrt{\mu\varepsilon}}$ である．

TE_{10} モードの電磁界は二つの平面波の合成として表すことができる．H_z に着目し，オイラーの公式を用いて式を変形すると，

$$
\begin{aligned}
H_z(x,z) &= H_{[10]} \frac{e^{jk_x x} + e^{-jk_x x}}{2} e^{-j\beta_{[10]} z} \\
&= \frac{1}{2} H_{[10]} e^{-jk_x x - j\beta_{[10]} z} + \frac{1}{2} H_{[10]} e^{jk_x x - j\beta_{[10]} z} \\
&= \frac{1}{2} H_{[10]} e^{-jk(x \sin\theta + z \cos\theta)} + \frac{1}{2} H_{[10]} e^{-jk(-x \sin\theta + z \cos\theta)}
\end{aligned}
\tag{6.142}
$$

となる．ただし，$k_x = k \sin\theta$, $\beta_{[10]} = k \cos\theta$ である．ここで，θ は図6.8に示すように z 軸からの角度であり，平面波の進行角度を表す．図6.8には，同振幅で進行角度だけが異なる二つの平面波の合成の様子を表している．二つの平面波の電界がちょうど打ち消し合う点を結んだのが $x = 0, a$ の z 軸に平行な二本の線である．これらの線上では電界が 0 であるから，等価的に電気壁と考えることができる．よって，二本の線に挟まれた間の電磁界が方形導波管の TE_{10} モードである．$x = \frac{a}{2}$ においては二つの平面波の電界が強め合う（もしくは弱め合う）点が周期的に表れ，その周期が管内波長 λ_{g} である．

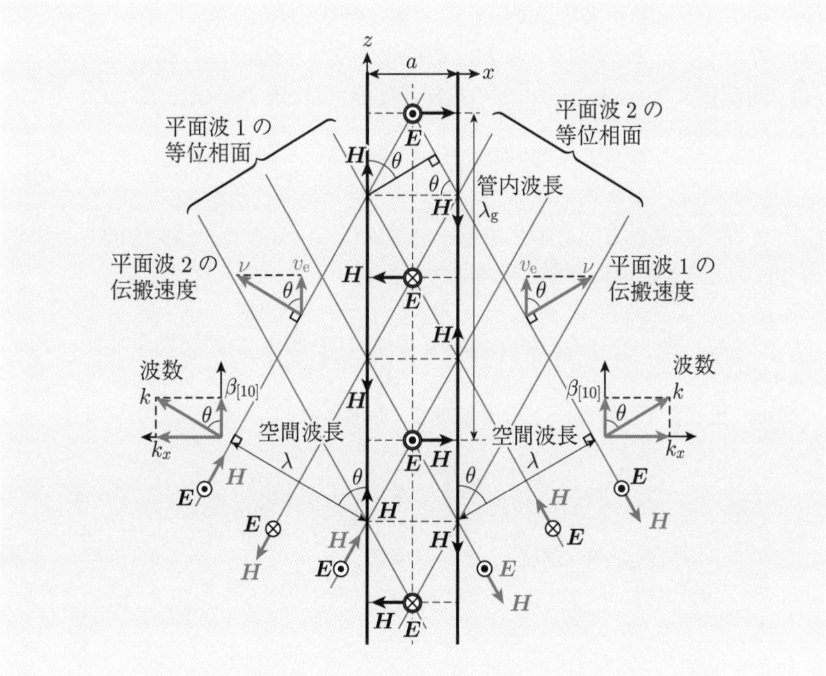

図6.8　平面波の合成による方形導波管の $\mathbf{TE_{10}}$ モード

例題6.5（TE_{10}モードの幾何学的解法）

図6.8よりTE_{10}モードの以下の諸量を求めよ．

(1) 空間波長λ，管内波長λ_{g}，管幅aを用いて$\cos\theta$, $\sin\theta$を表せ．

(2) 問(1)の結果より，λとaを用いて管内波長λ_{g}を表せ．

(3) 問(2)の結果よりTE_{10}モードの遮断波長$\lambda_{\mathrm{c},[10]}$を求めよ．

(4) 二つの平面波の位相速度をνとするとき，ν, λ, aを用いてTE_{10}モードの位相速度v_{p}を表せ．

(5) ν, λ, aを用いて，$+z$方向に進むTE_{10}モードの平均エネルギー速度v_{e}を表せ．

【解答】 (1) 図6.8より，$\cos\theta = \frac{\lambda}{\lambda_{\mathrm{g}}}$, $\sin\theta = \frac{\lambda}{2a}$である．

(2) $\cos^2\theta + \sin^2\theta = 1$より$TE_{10}$モードの管内波長$\lambda_{\mathrm{g}}$は次式となる．

$$\lambda_{\mathrm{g}} = \frac{\lambda}{\sqrt{1-\left(\frac{\lambda}{2a}\right)^2}}$$

(3) 問(2)の結果で根号の中が0となるための条件から，TE_{10}モードの遮断波長は$\lambda_{\mathrm{c},[10]} = 2a$である．なお，遮断波長のとき$\theta = \frac{\pi}{2}$である．

(4) 図6.8より，TE_{10}モードの位相速度v_{p}は次式である．

$$v_{\mathrm{p}} = \frac{\nu}{\cos\theta} = \frac{\nu}{\sqrt{1-\left(\frac{\lambda}{2a}\right)^2}}$$

(5) 平面波の進む方向にエネルギーが運ばれているので，伝搬方向（z方向）のTE_{10}モードの平均エネルギー速度v_{e}は，

$$v_{\mathrm{e}} = \nu\cos\theta = \nu\sqrt{1-\left(\frac{\lambda}{2a}\right)^2}$$

である．更に，TE_{10}モードの群速度v_{g}も求めると，

$$v_{\mathrm{g}} = \left(\frac{\partial\beta_{[10]}}{\partial\omega}\right)^{-1} = \nu\sqrt{1-\left(\frac{\lambda}{2a}\right)^2}$$

となり，平均エネルギー速度v_{e}と一致する． ■

例題6.6（TE_{10} モードの伝送電力）

$+z$ 方向に伝搬する TE_{10} モードが方形導波管の断面（管幅 a，高さ b）を通過するときの伝送電力 $P^{(+)}$ を複素ポインティングベクトルより求めよ．ただし，TE_{10} モードの電磁界は式 (6.139) 及び式 (6.140) で与えられる．

【解答】 TE_{10} モードの伝送電力 $P^{(+)}$ は，

$$\begin{aligned} P^{(+)} &= \frac{1}{2}\iint_S \mathfrak{Re}\left\{\boldsymbol{E}(\boldsymbol{r}) \times \boldsymbol{H}^*(\boldsymbol{r})\right\} \cdot \widehat{\boldsymbol{z}}\, dS \\ &= \frac{1}{2}\int_0^a \int_0^b \frac{\omega\mu\beta_{[10]}}{k_{\mathrm{c},[10]}^4}\left(\frac{\pi}{a}\right)^2 \left|H_{[10]}\right|^2 \sin^2\left(\frac{\pi x}{a}\right) dxdy \\ &= \frac{\omega\mu\beta_{[10]}a^3b}{4\pi^2}\left|H_{[10]}\right|^2 \end{aligned}$$

と得られる．■

■ TE_{10} モードの特性インピーダンス

TE_{10} モードの波動インピーダンスと特性インピーダンスについて考えよう．TE_{10} モードの波動インピーダンス $Z_{[10]}$ は，電界と磁界の大きさの比より，

$$Z_{[10]} = \frac{-E_y}{H_x} = \frac{\omega\mu}{\beta_{[10]}} = \frac{k}{\beta_{[10]}}Z = \frac{Z}{\cos\theta} = \frac{\lambda_{\mathrm{g}}}{\lambda}Z \tag{6.143}$$

と表される．ここで，Z は誘電率 ε，透磁率 μ の媒質中を伝搬する平面波の波動インピーダンス $Z = \sqrt{\frac{\mu}{\varepsilon}}$ である．

一方，特性インピーダンスは，(1) 電圧と電流，(2) 電力と電圧，(3) 電力と電流のいずれからでも求められる．導波管では電圧は一義的に定義できないが，TE_{10} モードの電界最大点 $x = \frac{a}{2}$ における電位差として，

$$\begin{aligned} V(z) &= -\int_0^b E_y\left(\frac{a}{2}, z\right) dy = \int_0^b \frac{j\omega\mu}{k_{\mathrm{c},[10]}^2}\frac{\pi}{a}H_{[10]}e^{-j\beta_{[10]}z}\, dy \\ &= \frac{j\omega\mu ab}{\pi}H_{[10]}e^{-j\beta_{[10]}z}\left(\equiv V^{(+)}e^{-j\beta_{[10]}z}\right) \end{aligned} \tag{6.144}$$

と定義することにする．一方，管壁の導体表面を流れる電流の線電流密度ベクトル $\boldsymbol{J}_\ell$ は $\boldsymbol{J}_\ell = \widehat{\boldsymbol{n}} \times \boldsymbol{H}$ より求められる．管壁を流れる電流のうち方形導波管の下部の導体表面（$y = b$）を z 方向に流れる電流 I を求めると（付録 B 参照），

$$
\begin{aligned}
I(z) &= \int_0^a \boldsymbol{J}_\ell \cdot \widehat{\boldsymbol{z}}\, dx \\
&= \int_0^a \left\{ -\widehat{\boldsymbol{y}} \times \left(\widehat{\boldsymbol{x}} H_x(x,z)\big|_{y=b} + \widehat{\boldsymbol{z}} H_z(x,z)\big|_{y=b} \right) \right\} \cdot \widehat{\boldsymbol{z}}\, dx \\
&= \int_0^a \left(\frac{j\beta_{[10]}}{k_{\mathrm{c},[10]}^2} \frac{\pi}{a} \right) H_{[10]} \sin\left(\frac{\pi x}{a} \right) e^{-j\beta_{[10]} z}\, dx \\
&= 2 \frac{j\beta_{[10]} a^2}{\pi^2} H_{[10]} e^{-j\beta_{[10]} z} \left(\equiv I^{(+)} e^{-j\beta_{[10]} z} \right)
\end{aligned}
\tag{6.145}
$$

と得られる．これらの電力，電圧，電流を用いて TE_{10} モードの特性インピーダンス Z_c を求めると以下のようになる．

(1)　電圧 V と電流 I による特性インピーダンス

$$
Z_{\mathrm{c},VI} = \frac{V^{(+)}}{I^{(+)}} = \frac{\pi}{2} \frac{b}{a} \frac{\omega\mu}{\beta_{[10]}} = \frac{\pi}{2} \frac{b}{a} Z_{[10]} \tag{6.146}
$$

(2)　電力 P と電圧 V による特性インピーダンス（ただし，時間平均電力は $P^{(+)} = \frac{1}{2}\mathfrak{Re}\{V^{(+)} I^{(+)*}\}$）

$$
Z_{\mathrm{c},PV} = \frac{|V^{(+)}|^2}{2P^{(+)}} = 2\frac{b}{a} Z_{[10]} \tag{6.147}
$$

(3)　電力 P と電流 I による特性インピーダンス

$$
Z_{\mathrm{c},PI} = \frac{2P^{(+)}}{|I^{(+)}|^2} = \frac{\pi^2}{8} \frac{b}{a} Z_{[10]} \tag{6.148}
$$

このようにいずれも異なる特性インピーダンスとなり，TE モードの特性インピーダンス Z_c は一意に定義することはできない．

■ 位相定数，減衰定数，位相速度及び平均エネルギー速度

最後に，$\mathrm{TE}_{m\,0}$ モードを例に位相定数 $\beta_{[m\,0]}$，減衰定数 $\alpha_{[m\,0]}$，位相速度 v_p 及び平均エネルギー速度 v_e（群速度 v_g）の関係をまとめて図6.9に示しておく．

$$
\beta_{[m\,0]} = \sqrt{k^2 - \left(\frac{m\pi}{a} \right)^2} \quad (k\text{ が遮断波数以上のとき}) \tag{6.149}
$$

$$
\alpha_{[m\,0]} = \sqrt{\left(\frac{m\pi}{a} \right)^2 - k^2} \quad (k\text{ が遮断波数以下のとき}) \tag{6.150}
$$

$$
v_\mathrm{p} = \frac{\omega}{\beta_{[m\,0]}} = \nu \frac{k}{\beta_{[m\,0]}} = \frac{\nu}{\sqrt{1 - \left(\frac{m\pi}{ka} \right)^2}} \tag{6.151}
$$

$$
v_\mathrm{e} = v_\mathrm{g} = \left(\frac{\partial \beta_{[m\,0]}}{\partial \omega} \right)^{-1} = \nu \frac{\beta_{[m\,0]}}{k} = \nu \sqrt{1 - \left(\frac{m\pi}{ka} \right)^2} \tag{6.152}
$$

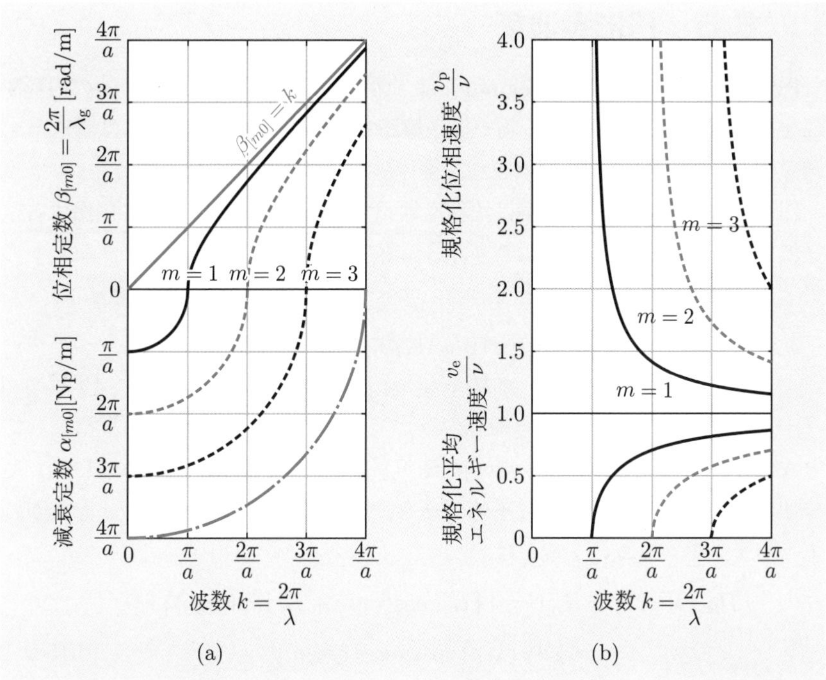

図6.9　**(a)** 方形導波管の $\mathbf{TE}_{m0}$ モードの位相定数と減衰定数，**(b)** 位相速度及び平均エネルギー速度

位相定数の値が周波数によって変化する分散特性を示し，モード次数が大きいほど減衰定数が大きいことがわかる．また，位相速度は $v_p > \nu$，平均エネルギー速度は $v_e < \nu$ であることもわかる．

6.5 円形導波管

円形導波管（circular waveguide）は，図6.10に示すように半径 a の円形断面を持つ単一の導体からなる均一伝送線路である．円形導波管内には誘電率 ε，透磁率 μ の無損失媒質が充填され，導体は完全導体とする．

円形導波管内の伝送波の解は円筒座標系で求められる．z 方向に伝搬する伝送波を考えると，式 (6.82) より $\Psi_z(z) = e^{-j\beta z}$（ただし，位相定数 $\beta = k_z$）の形となるので，$\frac{\partial}{\partial z} \to -j\beta$ とできる．よって，式 (6.77) の変数分離解は，

$$\begin{cases} \Psi_\rho(\rho) = A_1 J_m(k_c\rho) + A_2 N_m(k_c\rho) \\ \Psi_\varphi(\varphi) = B_1\cos(m\varphi) + B_2\sin(m\varphi) \\ \Psi_z(z) = e^{-j\beta z} \end{cases} \tag{6.153}$$

となる．ただし，第2種ベッセル関数 N_m（ノイマン関数）は $\rho = 0$ において無限大となるので，物理的に不適である．よって，$A_2 = 0$ である．したがって，ヘルツベクトルの z 成分は，

$$\begin{aligned} \Pi_{ez}(\rho,\varphi,z) &= J_m(k_c\rho)\{B_{e1}\cos(m\varphi) + B_{e2}\sin(m\varphi)\}e^{-j\beta z} \\ &= C_e J_m(k_c\rho)\cos(m\varphi - \varphi_0)e^{-j\beta z} \end{aligned} \tag{6.154}$$

$$\begin{aligned} \Pi_{mz}(\rho,\varphi,z) &= J_m(k_c\rho)\{B_{m1}\cos(m\varphi) + B_{m2}\sin(m\varphi)\}e^{-j\beta z} \\ &= C_m J_m(k_c\rho)\cos(m\varphi - \varphi_0)e^{-j\beta z} \end{aligned} \tag{6.155}$$

と表される．ここで，φ_0 は任意の回転角である．また，ヘルツベクトルの J_m の係数は cos, sin のそれに含め，更に三角関数の合成[7]を用いた結果を係数

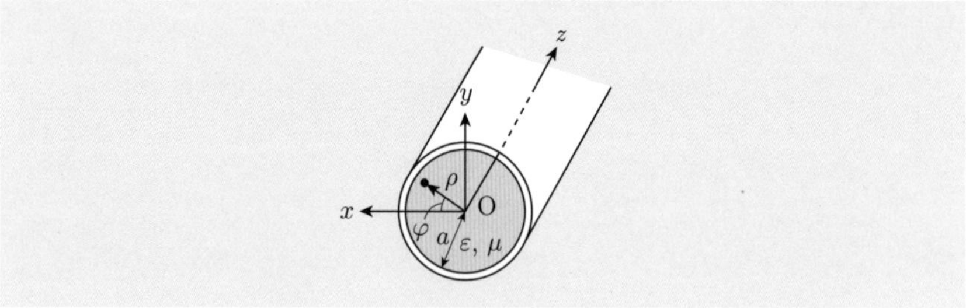

図6.10 誘電率 ε，透磁率 μ の媒質が充填された円形導波管

[7] $A\cos\varphi + B\sin\varphi = \sqrt{A^2+B^2}\cos(\varphi - \varphi_0)$ である．ただし，A，B は定数であり，$\cos\varphi_0 = \frac{A}{\sqrt{A^2+B^2}}$, $\sin\varphi_0 = \frac{B}{\sqrt{A^2+B^2}}$ である．

$C_\mathrm{e}, C_\mathrm{m}$ として表している．

方形導波管と同じく円形導波管では TEM モードは現れないので，以下では境界条件より円形導波管の TE 波，TM 波の解を導出する．

■ TE モード

$\Pi_{\mathrm{m}z} \neq 0,\ \Pi_{\mathrm{e}z} = 0$ のとき TE 波の解が与えられるので，式 (6.74) と式 (6.75) より電磁界の各成分は，

$$\begin{cases} E_\rho(\rho,\varphi,z) = -\dfrac{j\omega\mu}{\rho}\dfrac{\partial \Pi_{\mathrm{m}z}(\rho,\varphi,z)}{\partial\varphi} \\ E_\varphi(\rho,\varphi,z) = j\omega\mu\dfrac{\partial \Pi_{\mathrm{m}z}(\rho,\varphi,z)}{\partial\rho} \\ E_z(\rho,\varphi,z) = 0 \end{cases} \tag{6.156}$$

$$\begin{cases} H_\rho(\rho,\varphi,z) = \dfrac{\partial^2 \Pi_{\mathrm{m}z}(\rho,\varphi,z)}{\partial\rho\partial z} \\ H_\varphi(\rho,\varphi,z) = \dfrac{1}{\rho}\dfrac{\partial^2 \Pi_{\mathrm{m}z}(\rho,\varphi,z)}{\partial\varphi\partial z} \\ H_z(\rho,\varphi,z) = k_\mathrm{c}^2\Pi_{\mathrm{m}z}(\rho,\varphi,z) \end{cases} \tag{6.157}$$

となる．ただし，$k_\mathrm{c}^2 = k^2 - \beta^2$ である．このとき，境界条件より円形導波管の管壁面上において電界ベクトルの接線成分が 0 となる．TE 波の場合，$E_z = 0$ であるから境界条件は $\rho = a$ において $E_\varphi = 0$ である．具体的には，

$$j\omega\mu k_\mathrm{c} C_\mathrm{m} J'_m(k_\mathrm{c}\rho)\cos(m\varphi - \varphi_0)e^{-j\beta z}\Big|_{\rho=a} = 0$$

である．ここで，J'_m は第 1 種ベッセル関数 J_m の ρ についての一階微分を表す．これより $J'_m(k_\mathrm{c}a) = 0$ が得られる．そこで $k_\mathrm{c}a \equiv \rho'_{mn}$ とおくと，ρ'_{mn} は $J'_m(\rho) = 0$ となる n 番目の解を表す．したがって，円形導波管の TE 波の遮断波数 $k_\mathrm{c} \equiv k_{\mathrm{c},[mn]}$ は次式で与えられ，整数 m, n で決まる離散値をとる．

$$k_{\mathrm{c},[mn]} = \frac{\rho'_{mn}}{a} \tag{6.158}$$

また，位相定数 $\beta \equiv \beta_{[mn]}$ は次式で表される．

$$\beta_{[mn]} = \sqrt{k^2 - k_{\mathrm{c},[mn]}^2} = \sqrt{k^2 - \left(\frac{\rho'_{mn}}{a}\right)^2} \tag{6.159}$$

以上より境界条件を満足する磁気型ヘルツベクトルの z 成分 $\Pi_{\mathrm{m}z}$ が求まったので，磁界ベクトルの z 成分 H_z は，

$$H_z(\rho,\varphi,z) = k_{\mathrm{c},[m\,n]}^2 C_{\mathrm{m}} J_m(k_{\mathrm{c},[m\,n]}\rho)\cos(m\varphi-\varphi_0)e^{-j\beta_{[mn]}z}$$
$$= H_{[m\,n]} J_m(k_{\mathrm{c},[m\,n]}\rho)\cos(m\varphi-\varphi_0)e^{-j\beta_{[mn]}z} \qquad (6.160)$$

と表される．ただし，H_z の振幅を $H_{[m\,n]} = k_{\mathrm{c},[m\,n]}^2 C_{\mathrm{m}}$ とおいた．一方，横断面上の電磁界は，

$$\begin{cases} E_\rho(\rho,\varphi,z) = \dfrac{j\omega\mu m}{k_{\mathrm{c},[m\,n]}^2\rho} H_{[m\,n]} J_m(k_{\mathrm{c},[m\,n]}\rho)\sin(m\varphi-\varphi_0)e^{-j\beta_{[mn]}z} \\ E_\varphi(\rho,\varphi,z) = \dfrac{j\omega\mu}{k_{\mathrm{c},[m\,n]}} H_{[m\,n]} J_m'(k_{\mathrm{c},[m\,n]}\rho)\cos(m\varphi-\varphi_0)e^{-j\beta_{[mn]}z} \end{cases} \qquad (6.161)$$

$$\begin{cases} H_\rho(\rho,\varphi,z) = -\dfrac{j\beta_{[m\,n]}}{k_{\mathrm{c},[m\,n]}} H_{[m\,n]} J_m'(k_{\mathrm{c},[m\,n]}\rho)\cos(m\varphi-\varphi_0)e^{-j\beta_{[mn]}z} \\ H_\varphi(\rho,\varphi,z) = \dfrac{j\beta_{[m\,n]} m}{k_{\mathrm{c},[m\,n]}^2\rho} H_{[m\,n]} J_m(k_{\mathrm{c},[m\,n]}\rho)\sin(m\varphi-\varphi_0)e^{-j\beta_{[mn]}z} \end{cases} \qquad (6.162)$$

となる．なお，φ_0 は任意の回転角である．このようにモード次数 m, n によって決まる TE 波の電磁界の姿態を $\mathrm{TE}_{m\,n}$ モード $(m = 0, 1, 2, \ldots, n = 1, 2, 3, \ldots)$ と呼ぶ．一般に下付き添字の mn の順は円周方向（φ 方向），半径方向（ρ 方向）である．$\mathrm{TE}_{m\,n}$ モードの遮断周波数 $f_{\mathrm{c},[m\,n]}$ は，

$$f_{\mathrm{c},[m\,n]} = \frac{k_{\mathrm{c},[m\,n]}}{2\pi\sqrt{\mu\varepsilon}} = \frac{\rho_{m\,n}'}{2\pi a\sqrt{\mu\varepsilon}} \qquad (6.163)$$

と表される．したがって，$\rho_{m\,n}'$ の最も小さいモードが最低次モードである．図6.11にいくつかのベッセル関数をプロットしている．$J_m'(\rho)$ の n 番目の解 $\rho_{m\,n}'$ の値を表6.4に示す．図6.11及び表6.4より，最も小さい $\rho_{m\,n}'$ は $m = 1$, $n = 1$ のときである．よって，TE$_{11}$ モードが TE 波の最低次モードであり，円形導波管で最も低い遮断周波数を与えることから円形導波管の基本モードである．位相定数 $\beta_{[m\,n]}$ が与えられれば，方形導波管と同様にして管内波長 $\lambda_{\mathrm{g}} = \frac{2\pi}{\beta_{[mn]}}$，位相速度 $v_{\mathrm{p}} = \frac{\omega}{\beta_{[mn]}}$ も求められる．また，$\mathrm{TE}_{m\,n}$ モードの波動インピーダンス $Z_{[m\,n]}$ は次式である．

$$Z_{[m\,n]} = \frac{E_\rho}{H_\varphi} = \frac{E_\varphi}{-H_\rho} = \frac{\omega\mu}{\beta_{[m\,n]}} \qquad (6.164)$$

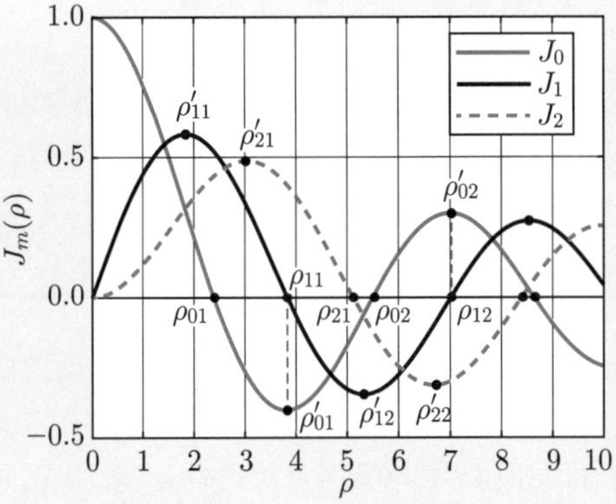

図6.11　低次の第1種ベッセル関数 (ρ_{mn} : $J_m(\rho)$ の n 番目の解, ρ'_{mn} : $J'_m(\rho)$ の n 番目の解)

表6.4　$J'_m(\rho)$ の n 番目の解 ρ'_{mn}

n	ρ'_{0n}	ρ'_{1n}	ρ'_{2n}
1	3.832	1.841	3.054
2	7.016	5.331	6.706
3	10.173	8.536	9.970

表6.5　$J_m(\rho)$ の n 番目の解 ρ_{mn}

n	ρ_{0n}	ρ_{1n}	ρ_{2n}
1	2.405	3.832	5.136
2	5.520	7.016	8.417
3	8.654	10.173	11.620

■ TM モード

TE モードと同様にモード次数 m, n によって決まる TM 波の電磁界の姿態を TM_{mn} モード ($m = 0, 1, 2, \ldots, n = 1, 2, 3, \ldots$) と呼ぶ．次の例題の結果からわかるように，TM モードの遮断周波数は $J_m(\rho)$ の n 番目の解 ρ_{mn} によって決まる．そのいくつかの数値を表6.5に示す．最も小さい解 ρ_{mn} は $m = 0$, $n = 1$ のときであるから，円形導波管内を伝搬するTM 波の最低次モードは TM_{01} モードである．また，J'_m の n 番目の解 ρ'_{mn} と J_m の n 番目の解 ρ_{mn} が一致するとき TE モードと TM モードの遮断周波数が一致する．具体的には図6.11に示すように $\rho'_{0n} = \rho_{1n}$ であるため，TE_{0n} モードと TM_{1n} モードは縮退モードである．

例題6.7（円形導波管のTMモード）

(1) 境界条件より円形導波管の TM_{mn} モード（$m = 0, 1, 2, \ldots$, $n = 1, 2, 3, \ldots$）の電磁界を求めよ．ただし，電界の z 成分 E_z の任意の振幅を $E_{(mn)}$ とせよ．

(2) 円形導波管の TM_{mn} モードの遮断周波数 $f_{\mathrm{c},(mn)}$ を導け．

(3) 問 (1) の結果より，TM_{mn} モードの波動インピーダンス $Z_{(mn)}$ を求めよ．

【解答】 (1) $\Pi_{\mathrm{e}z} \neq 0$, $\Pi_{\mathrm{m}z} = 0$ のとき TM 波の解が与えられるので，式 (6.74) と式 (6.75) より電磁界の各成分は次式のようになる，

$$\left\{\begin{aligned} E_\rho(\rho,\varphi,z) &= \frac{\partial^2 \Pi_{\mathrm{e}z}(\rho,\varphi,z)}{\partial\rho\partial z} \\ E_\varphi(\rho,\varphi,z) &= \frac{1}{\rho}\frac{\partial^2 \Pi_{\mathrm{e}z}(\rho,\varphi,z)}{\partial\varphi\partial z} \\ E_z(\rho,\varphi,z) &= k_\mathrm{c}^2 \Pi_{\mathrm{e}z}(\rho,\varphi,z) \end{aligned}\right. \qquad \left\{\begin{aligned} H_\rho(\rho,\varphi,z) &= \frac{j\omega\varepsilon}{\rho}\frac{\partial \Pi_{\mathrm{e}z}(\rho,\varphi,z)}{\partial\varphi} \\ H_\varphi(\rho,\varphi,z) &= -j\omega\varepsilon\frac{\partial \Pi_{\mathrm{e}z}(\rho,\varphi,z)}{\partial\rho} \\ H_z(\rho,\varphi,z) &= 0 \end{aligned}\right.$$

ただし，$k_\mathrm{c}^2 = k^2 - \beta^2$ である．境界条件より，円形導波管の管壁面上で電界ベクトルの接線成分が 0 とならなければならない．したがって，TM 波の場合，$\rho = a$ において $E_z = 0$ が境界条件である．具体的には，

$$k_\mathrm{c}^2 C_\mathrm{m} J_m(k_\mathrm{c}\rho)\cos(m\varphi - \varphi_0)e^{-j\beta z}\Big|_{\rho=a} = 0$$

である．この境界条件より $J_m(k_\mathrm{c}a) = 0$ が得られる．そこで $k_\mathrm{c}a \equiv \rho_{mn}$ とおくと，ρ_{mn} は $J_m(\rho) = 0$ となる n 番目の解を表す．したがって，円形導波管の TM 波の遮断波数 $k_\mathrm{c} \equiv k_{\mathrm{c},(mn)}$ は，

$$k_{\mathrm{c},(mn)} = \frac{\rho_{mn}}{a}$$

で与えられる．よって，位相定数 $\beta \equiv \beta_{(mn)}$ は次式で表される．

$$\beta_{(mn)} = \sqrt{k^2 - k_{\mathrm{c},(mn)}^2} = \sqrt{k^2 - \left(\frac{\rho_{mn}}{a}\right)^2}$$

境界条件を満足する電気型ヘルツベクトルの z 成分 $\Pi_{\mathrm{e}z}$ が求まったので，電界ベクトルの z 成分 E_z は，

$$\begin{aligned} E_z(\rho,\varphi,z) &= k_{\mathrm{c},(mn)}^2 C_\mathrm{e} J_m(k_{\mathrm{c},(mn)}\rho)\cos(m\varphi - \varphi_0)e^{-j\beta_{(mn)}z} \\ &= E_{(mn)} J_m(k_{\mathrm{c},(mn)}\rho)\cos(m\varphi - \varphi_0)e^{-j\beta_{(mn)}z} \end{aligned}$$

と表される．ただし，E_z の振幅を $E_{(mn)} = k_{\mathrm{c},(mn)}^2 C_{\mathrm{e}}$ とおいた．一方，横断面内の電磁界は次式のように得られる．

$$\begin{cases} E_\rho(\rho,\varphi,z) = -\dfrac{j\beta_{(mn)}}{k_{\mathrm{c},(mn)}} E_{(mn)} J_m'(k_{\mathrm{c},(mn)}\rho)\cos(m\varphi-\varphi_0)e^{-j\beta_{(mn)}z} \\ E_\varphi(\rho,\varphi,z) = \dfrac{j\beta_{(mn)}m}{k_{\mathrm{c},(mn)}^2\rho} E_{(mn)} J_m(k_{\mathrm{c},(mn)}\rho)\sin(m\varphi-\varphi_0)e^{-j\beta_{(mn)}z} \end{cases}$$

$$\begin{cases} H_\rho(\rho,\varphi,z) = -\dfrac{j\omega\varepsilon m}{k_{\mathrm{c},(mn)}^2\rho} E_{(mn)} J_m(k_{\mathrm{c},(mn)}\rho)\sin(m\varphi-\varphi_0)e^{-j\beta_{(mn)}z} \\ H_\varphi(\rho,\varphi,z) = -\dfrac{j\omega\varepsilon}{k_{\mathrm{c},(mn)}} E_{(mn)} J_m'(k_{\mathrm{c},(mn)}\rho)\cos(m\varphi-\varphi_0)e^{-j\beta_{(mn)}z} \end{cases}$$

(2) TM_{mn} モードの遮断周波数 $f_{\mathrm{c},(mn)}$ は次のように導かれる．

$$f_{\mathrm{c},(mn)} = \frac{k_{\mathrm{c},(mn)}}{2\pi\sqrt{\mu\varepsilon}} = \frac{\rho_{mn}}{2\pi a\sqrt{\mu\varepsilon}}$$

(3) TM_{mn} モードの波動インピーダンス $Z_{(mn)}$ は，

$$Z_{(mn)} = \frac{-E_\rho}{-H_\varphi} = \frac{E_\varphi}{-H_\rho} = \frac{\beta_{(mn)}}{\omega\varepsilon}$$

と求められる． ■

■ 例題6.8（円形導波管の遮断波長）■

半径 a の円形導波管の TE_{11} モードと TM_{01} モードの遮断波長 $\lambda_{\mathrm{c},[11]}$，$\lambda_{\mathrm{c},(01)}$ をそれぞれ求めよ．

【解答】 TE_{11} モードの遮断波長 $\lambda_{\mathrm{c},[11]}$ は，

$$\lambda_{\mathrm{c},[11]} = \frac{2\pi}{k_{\mathrm{c},[11]}} = \frac{2\pi a}{\rho_{11}'} \simeq \frac{2\pi a}{1.841}$$
$$\simeq 3.41a$$

と求められる．一方，TM_{01} モードの遮断波長 $\lambda_{\mathrm{c},(01)}$ は，

$$\lambda_{\mathrm{c},(01)} = \frac{2\pi}{k_{\mathrm{c},(01)}} = \frac{2\pi a}{\rho_{01}} \simeq \frac{2\pi a}{2.405}$$
$$\simeq 2.61a$$

と求められる．よって，円形導波管の単一モード動作領域は

$$2.61a < \lambda < 3.41a$$

の波長領域である． ■

■ TE モード及び TM モードの電磁界分布

円形導波管の代表的な TE モードならびに TM モードの横断面における電磁界が描く電気力線及び磁力線をそれぞれ図6.12，図6.13に示す．

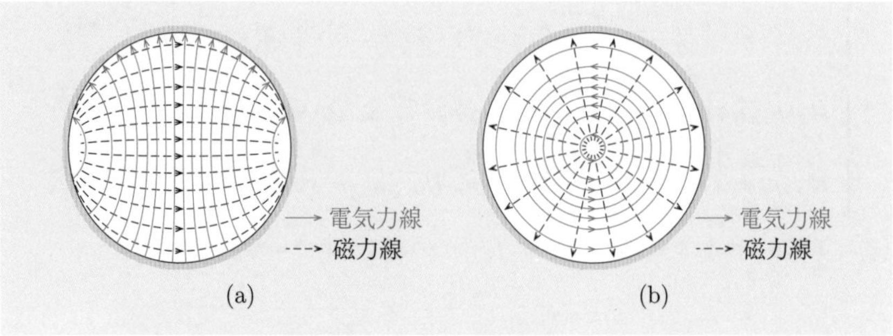

図6.12　円形導波管の代表的な **TE** モードの横断面における電気力線及び磁力線（磁力線が切れている箇所は z 方向に閉ループを描く）．**(a)** $\mathbf{TE_{11}}$ モード，**(b)** $\mathbf{TE_{01}}$ モード

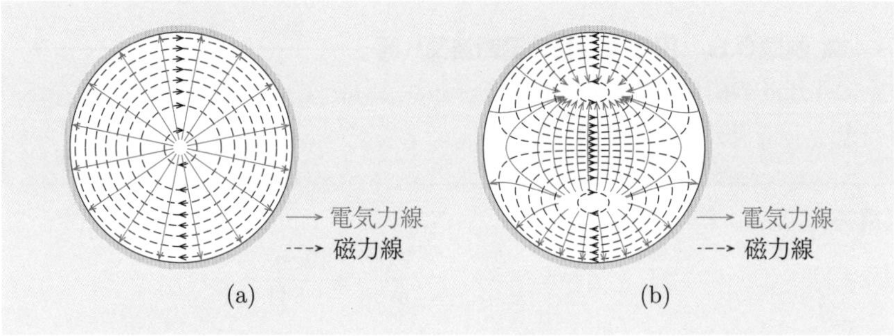

図6.13　円形導波管の代表的な TM モードの横断面における電気力線及び磁力線（電気力線が切れている箇所は z 方向に向かう）．**(a)** $\mathbf{TM_{01}}$ モード，**(b)** $\mathbf{TM_{11}}$ モード

6.6　同軸線路

同軸線路（coaxial waveguide，coaxial line）は図6.14に示すように，中心軸を同一とする半径 a の円柱導体と半径 b の中空円形導体の二導体からなる均一伝送線路である．二つの導体間には誘電率 ε，透磁率 μ の無損失媒質が充填され，導体は完全導体とする．

同軸線路内の伝送波の解は円筒座標系で求められる．z 方向に伝搬する伝送波を考えると，式 (6.71) より $\Psi_z(z) = e^{-j\beta z}$（ただし，位相定数 $\beta = k_z$）の形となる．よって，$\frac{\partial}{\partial z} \to -j\beta$ とできる．以下では，同軸線路を伝搬する TEM 波，TE 波，TM 波の解を境界条件より導出する．

■ TEM モード

同軸線路は二導体からなるので TEM 波が伝搬可能である．TEM 波では波数 $k = \beta$（ただし，$k = \omega\sqrt{\mu\varepsilon}$）であるから，式 (6.77) は，

$$\frac{1}{\rho}\frac{\partial}{\partial \rho}\left(\rho \frac{\partial \Psi_t(\rho,\varphi)}{\partial \rho}\right) + \frac{1}{\rho^2}\frac{\partial^2 \Psi_t(\rho,\varphi)}{\partial \varphi^2} = 0 \qquad (6.165)$$

となる．これは円筒座標におけるラプラス方程式である．電位 Ψ_t の解として変数分離解 $\Psi_t(\rho,\varphi) = \Psi_\rho(\rho)\Psi_\varphi(\varphi)$ を仮定すると，ラプラス方程式は，

$$\begin{cases} \dfrac{1}{\Psi_\varphi(\varphi)}\dfrac{d^2\Psi_\varphi(\varphi)}{d\varphi^2} = -m^2 \\ \rho^2\dfrac{d^2\Psi_\rho(\rho)}{d\rho^2} + \rho\dfrac{d\Psi_\rho(\rho)}{d\rho} - m^2\Psi_\rho(\rho) = 0 \end{cases} \qquad (6.166)$$

の二式に分離できる．ただし，m は整数である．式 (6.166) の第一式の一般解は，

$$\Psi_\varphi(\varphi) = B_1\cos(m\varphi) + B_2\sin(m\varphi) \qquad (6.167)$$

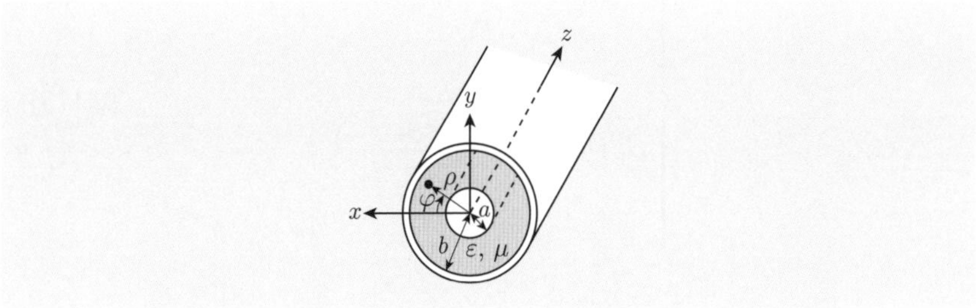

図6.14　誘電率 ε，透磁率 μ の媒質が充填された同軸線路

である．ここで B_1, B_2 は任意の係数である．TEM 波では $\rho = a, b$ において電位 Ψ_t は円周方向（φ 方向）には依存しない一定値であるから，$m = 0$ でなければならない．したがって，式 (6.166) の第二式に $m = 0$ を代入すると，

$$\frac{d^2\Psi_\rho(\rho)}{d\rho^2} + \frac{1}{\rho}\frac{d\Psi_\rho(\rho)}{d\rho} = 0 \tag{6.168}$$

となる．この常微分方程式を求積法により解くと $\Psi_\rho = C_1 \ln\rho + C_2$（$C_1$, C_2：積分定数）の形となるので，ヘルツベクトルの z 成分は，

$$\Pi_{\mathrm{e}z}(\rho, z) = (A_{\mathrm{e1}} \ln\rho + A_{\mathrm{e2}})e^{-j\beta z} \tag{6.169}$$

$$\Pi_{\mathrm{m}z}(\rho, z) = (A_{\mathrm{m1}} \ln\rho + A_{\mathrm{m2}})e^{-j\beta z} \tag{6.170}$$

と表される．ここで，A_{e1}, A_{e2}, A_{m1}, A_{m2} は任意の係数である．よって，式 (6.74) と式 (6.75) より横断面方向の電磁界は，

$$\begin{cases} E_\rho(\rho, z) = -\dfrac{j\beta A_{\mathrm{e1}}}{\rho}e^{-j\beta z} \\ E_\varphi(\rho, z) = \dfrac{j\omega\mu A_{\mathrm{m1}}}{\rho}e^{-j\beta z} \end{cases} \tag{6.171}$$

$$\begin{cases} H_\rho(\rho, z) = -\dfrac{j\beta A_{\mathrm{m1}}}{\rho}e^{-j\beta z} \\ H_\varphi(\rho, z) = -\dfrac{j\omega\varepsilon A_{\mathrm{e1}}}{\rho}e^{-j\beta z} \end{cases} \tag{6.172}$$

と与えられる．このとき，内導体と外導体の導体表面 $\rho = a, b$ において $E_\varphi = 0$ が境界条件となる．よって，$A_{\mathrm{m1}} = 0$ が得られる．

以上より，同軸線路を z 方向に伝搬する TEM 波の横断面内の電磁界 E_x, H_y は，$A_{\mathrm{m1}} = 0$ と $\beta = k$ を上式に代入すると，

$$\begin{cases} E_\rho(\rho, z) = -\dfrac{jkA_{\mathrm{e1}}}{\rho}e^{-jkz} \\ \qquad\qquad = \dfrac{E_0}{\rho}e^{-jkz} \\ H_\varphi(\rho, z) = -\dfrac{j\omega\varepsilon A_{\mathrm{e1}}}{\rho}e^{-jkz} \\ \qquad\qquad = \dfrac{\omega\varepsilon}{k}\dfrac{E_0}{\rho}e^{-jkz} \end{cases} \tag{6.173}$$

と求められる．それ以外の成分は 0 である．ただし，E_x の振幅を $E_0 = -jkA_{\mathrm{e1}}$ とおいた．TEM モードの波動インピーダンスは，

$$
\begin{aligned}
Z_{\mathrm{TEM}} &= \frac{E_\rho}{H_\varphi} \\
&= \frac{k}{\omega\varepsilon} \\
&= \sqrt{\frac{\mu}{\varepsilon}}
\end{aligned}
\tag{6.174}
$$

と求められ，誘電率 ε，透磁率 μ の媒質中を伝搬する平面波の波動インピーダンスと同じである．TEM モードは零周波数より伝搬できるため，同軸線路の基本モードは TEM モードである．

■ **TE モード及び TM モード**

同軸線路の TE 波の解は円形導波管の場合と同様に求められる．境界条件は，$\rho = a, b$ において $E_\varphi = 0$ である．式 (6.153) において円形導波管の場合は $\rho = 0$ における物理現象とノイマン関数 N_m の振る舞いを考慮して $A_2 = 0$ としたが，同軸線路の場合には $\rho = 0$ は領域外であるからノイマン関数 N_m も解の一つとなり得る．したがって，ヘルツベクトルの z 成分は，

$$
\begin{aligned}
&\Pi_{\mathrm{e}z}(\rho,\varphi,z) \\
&=\{A_{\mathrm{e}1}J_m(k_{\mathrm{c}}\rho)+A_{\mathrm{e}2}N_m(k_{\mathrm{c}}\rho)\}B_{\mathrm{e}}\cos(m\varphi-\varphi_0)e^{-j\beta z}
\end{aligned}
\tag{6.175}
$$

$$
\begin{aligned}
&\Pi_{\mathrm{m}z}(\rho,\varphi,z) \\
&=\{A_{\mathrm{m}1}J_m(k_{\mathrm{c}}\rho)+A_{\mathrm{m}2}N_m(k_{\mathrm{c}}\rho)\}B_{\mathrm{m}}\cos(m\varphi-\varphi_0)e^{-j\beta z}
\end{aligned}
\tag{6.176}
$$

と表される．ここで，$A_{\mathrm{e}1}$, $A_{\mathrm{e}2}$, $A_{\mathrm{m}1}$, $A_{\mathrm{m}2}$, B_{e}, B_{m} は任意の係数である．式 (6.156) の第二式に $\Pi_{\mathrm{m}z}$ を代入して境界条件を適用すると，

$$
A_{\mathrm{m}1}J'_m(k_{\mathrm{c}}a) + A_{\mathrm{m}2}N'_m(k_{\mathrm{c}}a) = 0 \tag{6.177}
$$

$$
A_{\mathrm{m}1}J'_m(k_{\mathrm{c}}b) + A_{\mathrm{m}2}N'_m(k_{\mathrm{c}}b) = 0 \tag{6.178}
$$

が得られる．更に，これら二式において $A_{\mathrm{m}1}$, $A_{\mathrm{m}2}$ が非自明解を持つためには，上の連立方程式の行列式が 0 でなければならないので，

$$
J'_m(k_{\mathrm{c}}a)N'_m(k_{\mathrm{c}}b) - J'_m(k_{\mathrm{c}}b)N'_m(k_{\mathrm{c}}a) = 0 \tag{6.179}
$$

である．この式が TE モードの遮断波数 k_{c} を与える特性方程式である．ここで，J'_m, N'_m はそれぞれ第 1 種ベッセル関数 J_m，第 2 種ベッセル関数 N_m（ノイマン関数）の ρ についての一階微分を表す．上式は k_{c} についての超越方程式であるため，数値的に解く必要がある．TE モードの最低次モードである

TE_{11} モードの遮断波数 $k_{\mathrm{c},[11]}$ の近似値として，

$$k_{\mathrm{c},[11]} \simeq \frac{2}{a+b} \tag{6.180}$$

が知られている．このとき遮断波長 $\lambda_{\mathrm{c},[11]}$ は，

$$\begin{aligned}\lambda_{\mathrm{c},[11]} &= \frac{2\pi}{k_{\mathrm{c},[11]}} \\ &\simeq \pi(a+b)\end{aligned} \tag{6.181}$$

となる．よって，$\lambda > \pi(a+b)$ の波長領域であれば TEM モードのみの単一モード動作が可能である．

同軸線路の TM モードについても同様にして境界条件より，

$$J_m(k_{\mathrm{c}}a)N_m(k_{\mathrm{c}}b) - J_m(k_{\mathrm{c}}b)N_m(k_{\mathrm{c}}a) = 0 \tag{6.182}$$

なる特性方程式が導かれる．

■ TEM モード及び TE モードの電磁界分布

同軸線路の代表的なモードの電磁界が描く電気力線及び磁力線を図6.15に示す．

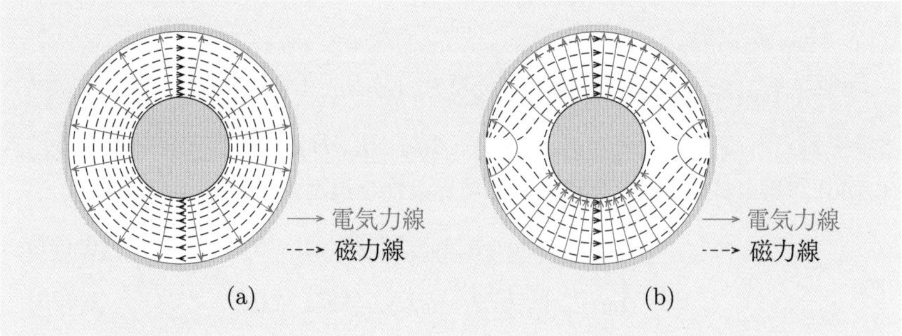

図6.15 円形導波管の代表的なモードの横断面での電気力線及び磁力線（磁力線が切れている箇所は z 方向に閉ループを描く）．**(a) TEM** モード，**(b)** $\mathbf{TE}_{11}$ モード

例題6.9（同軸線路の特性インピーダンス）

図6.14に示す同軸線路の TEM モードについて以下の問に答えよ．

(1)　式 (6.168) のラプラス方程式を境界条件（$\Psi_\rho(a) = V_0$, $\Psi_\rho(b) = 0$）の下で解き，電位 Ψ_ρ を求めよ．

(2)　式 (6.173) より同軸線路の外導体に対する内導体の電位 V を求めよ．

(3)　式 (6.173) より内導体の表面を $+z$ 方向に流れる電流 I を求めよ．

(4)　問 (2) と問 (3) の結果より同軸線路の特性インピーダンス Z_c を求めよ．

(5)　複素ポインティングベクトルを用いて，$+z$ 方向に伝搬する TEM モードが同軸線路の断面を通過するときの伝送電力 $P^{(+)}$ を求めよ．

(6)　$2a = 1.52\,\mathrm{mm}$, $2b = 3.50\,\mathrm{mm}$ の中空の同軸線路がある．この同軸線路の特性インピーダンス Z_c の値を計算せよ．

【解答】　(1)　求積法により式 (6.168) のラプラス方程式の解は $\Psi_\rho = C_1 \ln \rho + C_2$（$C_1, C_2$：積分定数）の形となる．定数 C_1, C_2 は二つの境界条件によって決定される．よって，

$$\Psi_\rho(\rho) = V_0 \frac{\ln\left(\frac{b}{\rho}\right)}{\ln\left(\frac{b}{a}\right)}$$

と求められる．

(2)　電気磁気学の知識により電位差 V を求めると次式となる．

$$\begin{aligned} V(z) &= -\int_b^a E_\rho(\rho, z)\, d\rho \\ &= E_0 \ln\left(\frac{b}{a}\right) e^{-jkz} \left(\equiv V^{(+)} e^{-jkz}\right) \end{aligned}$$

ただし，問 (1) の結果より $V_0 = E_0 \ln\left(\frac{b}{a}\right)$ である．

(3)　半径 $\rho = a$ の導体表面を流れる電流を求めると，

$$\begin{aligned} I(z) &= \int_0^{2\pi} H_\varphi(a, z)\, a\, d\varphi \\ &= \frac{2\pi}{Z_\mathrm{TEM}} E_0 e^{-jkz} \left(\equiv I^{(+)} e^{-jkz}\right) \end{aligned}$$

と得られる．

(4)　同軸線路の特性インピーダンス $Z_{\rm c}$ を求めると,

$$
\begin{aligned}
Z_{\rm c} &= \frac{V^{(+)}}{I^{(+)}} \\
&= \frac{Z_{\rm TEM}}{2\pi} \ln\left(\frac{b}{a}\right)
\end{aligned}
$$

と得られる.

(5)　同軸線路の TEM モードの伝送電力 $P^{(+)}$ は,

$$
\begin{aligned}
P^{(+)} &= \frac{1}{2}\iint_S \mathfrak{Re}\left\{\boldsymbol{E}(\boldsymbol{r}) \times \boldsymbol{H}^*(\boldsymbol{r})\right\} \cdot \widehat{\boldsymbol{z}}\, dS \\
&= \frac{1}{2}\int_a^b \int_0^{2\pi} \mathfrak{Re}\left\{E_\rho(\rho, z) H_\varphi^*(\rho, z)\widehat{\boldsymbol{z}}\right\} \cdot \widehat{\boldsymbol{z}}\rho\, d\rho d\varphi \\
&= \frac{\pi}{Z_{\rm TEM}} |E_0|^2 \ln\left(\frac{b}{a}\right)
\end{aligned}
$$

と得られる.電力 P と電圧 V より特性インピーダンス(ただし,時間平均電力は $P^{(+)} = \frac{1}{2}\mathfrak{Re}\{V^{(+)}I^{(+)*}\}$)を求めると,

$$
\begin{aligned}
Z_{\rm c} &= \frac{|V^{(+)}|^2}{2P^{(+)}} \\
&= \frac{Z_{\rm TEM}}{2\pi} \ln\left(\frac{b}{a}\right)
\end{aligned}
$$

となり,問 (4) の特性インピーダンス $Z_{\rm c}$ と一致する.このように TEM モードの特性インピーダンスは一意に定まる.

(6)　特性インピーダンス $Z_{\rm c}$ の値は,

$$
\begin{aligned}
Z_{\rm c} &= \frac{376.7}{2\pi} \ln\left(\frac{3.50 \times 10^{-3}/2}{1.52 \times 10^{-3}/2}\right) \\
&\simeq 50\,\Omega
\end{aligned}
$$

と計算される.　■

6.7　伝送電力とモードの直交性

■ モードの直交性

ここまで説明してきたように，$+z$ 方向に進む任意の導波モードが伝送線路の断面 S を通過するときの伝送電力 $P^{(+)}$ は，

$$P^{(+)} = \frac{1}{2} \iint_S \mathfrak{Re}\left\{\boldsymbol{E}(\boldsymbol{r}) \times \boldsymbol{H}^*(\boldsymbol{r})\right\} \cdot \widehat{\boldsymbol{z}}\, dS \tag{6.183}$$

と表される．ここで，電磁界を横断面成分 $\boldsymbol{E}_t$, $\boldsymbol{H}_t$ と伝搬方向の z 成分 E_z, H_z に分けて表記すると，

$$\begin{cases} \boldsymbol{E}(\boldsymbol{r}) = \boldsymbol{E}_t(\boldsymbol{r}) + \widehat{\boldsymbol{z}} E_z(\boldsymbol{r}) = \boldsymbol{E}_t(\boldsymbol{\rho}) e^{-j\beta z} + \widehat{\boldsymbol{z}} E_z(\boldsymbol{\rho}) e^{-j\beta z} \\ \boldsymbol{H}(\boldsymbol{r}) = \boldsymbol{H}_t(\boldsymbol{r}) + \widehat{\boldsymbol{z}} H_z(\boldsymbol{r}) = \boldsymbol{H}_t(\boldsymbol{\rho}) e^{-j\beta z} + \widehat{\boldsymbol{z}} H_z(\boldsymbol{\rho}) e^{-j\beta z} \end{cases} \tag{6.184}$$

と書き表される．ここで，$\boldsymbol{\rho}$ は横断面内の座標を表す位置ベクトルである．上式を式 (6.183) に代入し，計算すると，

$$P^{(+)} = \frac{1}{2} \iint_S \mathfrak{Re}\left\{\boldsymbol{E}_t(\boldsymbol{\rho}) \times \boldsymbol{H}_t^*(\boldsymbol{\rho})\right\} \cdot \widehat{\boldsymbol{z}}\, dS \tag{6.185}$$

となる．このように z 成分の電磁界は表れず，横断面内の電磁界 $\boldsymbol{E}_t$, $\boldsymbol{H}_t$ によって伝送電力が決まることがわかる．

横断面内の電磁界 $\boldsymbol{E}_t$, $\boldsymbol{H}_t$ は，伝送線路を伝搬する複数の導波モードの電磁界の重ね合わせによって表現される．いま，モード 1 とモード 2 という二つの任意の導波モードを考える．それぞれの横断面内の電磁界を $\boldsymbol{E}_{1t}$, $\boldsymbol{H}_{1t}$ ならびに $\boldsymbol{E}_{2t}$, $\boldsymbol{H}_{2t}$ と表すと，伝送電力 $P^{(+)}$ は，

$$\begin{aligned} P^{(+)} &= \frac{1}{2} \iint_S \mathfrak{Re}\left\{\boldsymbol{E}_{1t}(\boldsymbol{\rho}) \times \boldsymbol{H}_{1t}^*(\boldsymbol{\rho})\right\} \cdot \widehat{\boldsymbol{z}}\, dS \\ &\quad + \frac{1}{2} \iint_S \mathfrak{Re}\left\{\boldsymbol{E}_{2t}(\boldsymbol{\rho}) \times \boldsymbol{H}_{2t}^*(\boldsymbol{\rho})\right\} \cdot \widehat{\boldsymbol{z}}\, dS \\ &\quad + \frac{1}{2} \iint_S \mathfrak{Re}\left\{\boldsymbol{E}_{1t}(\boldsymbol{\rho}) \times \boldsymbol{H}_{2t}^*(\boldsymbol{\rho}) + \boldsymbol{E}_{2t}(\boldsymbol{\rho}) \times \boldsymbol{H}_{1t}^*(\boldsymbol{\rho})\right\} \cdot \widehat{\boldsymbol{z}}\, dS \end{aligned} \tag{6.186}$$

となる．第一項はモード 1 の伝送電力であり，第二項はモード 2 の伝送電力である．第三項はモード 1 とモード 2 の相互干渉を表すが，結論から述べると，

$$\iint_S \left(\boldsymbol{E}_{m,t}(\boldsymbol{\rho}) \times \boldsymbol{H}_{n,t}^*(\boldsymbol{\rho})\right) \cdot \widehat{\boldsymbol{z}}\, dS = 0 \tag{6.187}$$

であり，第三項は 0 となる．ここで，m, n（$m \neq n$）はモードの次数である．このように二つの異なるモード（数学的には固有関数）は伝送電力を形成しない．これをモードの直交性（orthogonality）という．

■ モードの直交性の導出 *

5.1 節の相反定理を用いてモードの直交性を導いてみよう．電流源や電荷源といった波源のない領域においては，式 (5.9) と同様の導出方法によって，

$$\oiint_{S_1+S_2+S_3} \left(\boldsymbol{E}_1(\boldsymbol{r}) \times \boldsymbol{H}_2^*(\boldsymbol{r}) + \boldsymbol{E}_2^*(\boldsymbol{r}) \times \boldsymbol{H}_1(\boldsymbol{r})\right) \cdot \widehat{\boldsymbol{n}}(\boldsymbol{r})\, dS = 0 \tag{6.188}$$

が得られる．ここで，第二項の符号が式 (5.9) とは異なることに注意されたい．図6.16に示すように，$S_1 + S_2 + S_3$ は伝送線路を囲む閉領域の閉曲面を表す．S_1, S_2 はそれぞれ $z = z_1, z_2$ における伝送線路の横断面であり，S_3 は S_1 と S_2 の間の伝送線路の管壁面（導体）である．したがって，

$$\begin{aligned}
&\iint_{S_1} \left(\boldsymbol{E}_1(\boldsymbol{r}) \times \boldsymbol{H}_2^*(\boldsymbol{r}) + \boldsymbol{E}_2^*(\boldsymbol{r}) \times \boldsymbol{H}_1(\boldsymbol{r})\right) \cdot \widehat{\boldsymbol{z}}\, dS \\
&- \iint_{S_2} \left(\boldsymbol{E}_1(\boldsymbol{r}) \times \boldsymbol{H}_2^*(\boldsymbol{r}) + \boldsymbol{E}_2^*(\boldsymbol{r}) \times \boldsymbol{H}_1(\boldsymbol{r})\right) \cdot \widehat{\boldsymbol{z}}\, dS \\
&+ \iint_{S_3} \left(\boldsymbol{E}_1(\boldsymbol{r}) \times \boldsymbol{H}_2^*(\boldsymbol{r}) + \boldsymbol{E}_2^*(\boldsymbol{r}) \times \boldsymbol{H}_1(\boldsymbol{r})\right) \cdot \widehat{\boldsymbol{n}}(\boldsymbol{r})\, dS = 0
\end{aligned} \tag{6.189}$$

のように分解できる．第三項の被積分関数を計算すると，S_3 において $(\boldsymbol{E}_1 \times \boldsymbol{H}_2^*) \cdot \widehat{\boldsymbol{n}} = 0$, $(\boldsymbol{E}_2^* \times \boldsymbol{H}_1) \cdot \widehat{\boldsymbol{n}} = 0$ であるから，第三項は消える．よって，任意の $z = z_1, z_2$ において上式が成立するためには，任意の z における横断面 S において，

$$\iint_{S} \left(\boldsymbol{E}_1(\boldsymbol{r}) \times \boldsymbol{H}_2^*(\boldsymbol{r}) + \boldsymbol{E}_2^*(\boldsymbol{r}) \times \boldsymbol{H}_1(\boldsymbol{r})\right) \cdot \widehat{\boldsymbol{z}}\, dS = 0 \tag{6.190}$$

とならなければならない．いま，$+z$ 方向に伝搬する二つの導波モードとしてモード 1 とモード 2 を考え，それらの電磁界を次式のように表す．

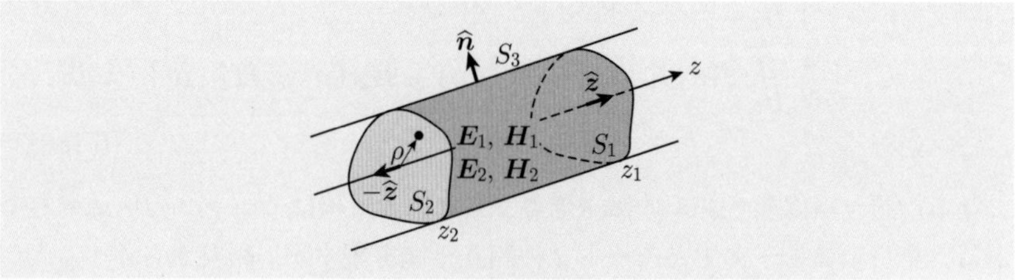

図6.16　波源のない均一導波管への相反定理の適用

$$\begin{cases} \boldsymbol{E}_1(\boldsymbol{r}) = \boldsymbol{E}_{1t}(\boldsymbol{\rho})e^{-j\beta_1 z} + \widehat{\boldsymbol{z}}E_{1z}(\boldsymbol{\rho})e^{-j\beta_1 z} \\ \boldsymbol{H}_1(\boldsymbol{r}) = \boldsymbol{H}_{1t}(\boldsymbol{\rho})e^{-j\beta_1 z} + \widehat{\boldsymbol{z}}H_{1z}(\boldsymbol{\rho})e^{-j\beta_1 z} \end{cases} \tag{6.191}$$

$$\begin{cases} \boldsymbol{E}_2(\boldsymbol{r}) = \boldsymbol{E}_{2t}(\boldsymbol{\rho})e^{-j\beta_2 z} + \widehat{\boldsymbol{z}}E_{2z}(\boldsymbol{\rho})e^{-j\beta_2 z} \\ \boldsymbol{H}_2(\boldsymbol{r}) = \boldsymbol{H}_{2t}(\boldsymbol{\rho})e^{-j\beta_2 z} + \widehat{\boldsymbol{z}}H_{2z}(\boldsymbol{\rho})e^{-j\beta_2 z} \end{cases} \tag{6.192}$$

ここで，β_1, β_2 はそれぞれモード 1 とモード 2 の位相定数である．ただし，$\beta_1 \neq \beta_2$ である．その結果，式 (6.190) は，

$$e^{-j(\beta_1-\beta_2)z} \iint_S \left(\boldsymbol{E}_{1t}(\boldsymbol{\rho}) \times \boldsymbol{H}_{2t}^*(\boldsymbol{\rho}) + \boldsymbol{E}_{2t}^*(\boldsymbol{\rho}) \times \boldsymbol{H}_{1t}(\boldsymbol{\rho})\right) \cdot \widehat{\boldsymbol{z}}\, dS = 0 \tag{6.193}$$

となる．次に，$\boldsymbol{E}_1$, $\boldsymbol{H}_1$ はそのまま $+z$ 方向に伝搬するモードの電磁界であり，$\boldsymbol{E}_2$, $\boldsymbol{H}_2$ が $-z$ 方向に伝搬するモードの電磁界であるとすると，式 (6.190) は，

$$e^{-j(\beta_1+\beta_2)z} \iint_S \left(-\boldsymbol{E}_{1t}(\boldsymbol{\rho}) \times \boldsymbol{H}_{2t}^*(\boldsymbol{\rho}) + \boldsymbol{E}_{2t}^*(\boldsymbol{\rho}) \times \boldsymbol{H}_{1t}(\boldsymbol{\rho})\right) \cdot \widehat{\boldsymbol{z}}\, dS = 0 \tag{6.194}$$

となる．ここで，逆方向に進むとき $\boldsymbol{H}_{2t}$ に負符号が表れることに注意されたい．これら二式より，

$$\iint_S \left(\boldsymbol{E}_{1t}(\boldsymbol{\rho}) \times \boldsymbol{H}_{2t}^*(\boldsymbol{\rho})\right) \cdot \widehat{\boldsymbol{z}}\, dS = 0, \quad \iint_S \left(\boldsymbol{E}_{2t}^*(\boldsymbol{\rho}) \times \boldsymbol{H}_{1t}(\boldsymbol{\rho})\right) \cdot \widehat{\boldsymbol{z}}\, dS = 0 \tag{6.195}$$

が得られ，モードの直交性が証明された．

■ モード関数

ここまでの議論から明らかなように，TE モードや TM モードにおいて電圧や電流を厳密には定義することはできない．一方で，伝送線路モデルの電圧や電流と関連付けることができれば，工学的に扱いやすく便利である．そこで，非 TEM モードにおける等価的な電圧及び電流を定義する．

均一導波管の横断面方向の電磁界は変数分離が可能なため，$+z$ 方向に進む進行波のみを考えると，

$$\begin{cases} \boldsymbol{E}_t(\boldsymbol{\rho}, z) = V(z)\boldsymbol{e}(\boldsymbol{\rho}) \\ \boldsymbol{H}_t(\boldsymbol{\rho}, z) = I(z)\boldsymbol{h}(\boldsymbol{\rho}) \end{cases} \tag{6.196}$$

と表すことができる．ここで，横断面方向の電磁界を表す $\boldsymbol{e}(\boldsymbol{\rho})$, $\boldsymbol{h}(\boldsymbol{\rho})$ を**モード関数**（mode function）と呼ぶ．また，$V(z)$ を**モード電圧**（mode voltage），$I(z)$ を**モード電流**（mode current）という．**表6.1** に示した TE モードの横断面方向の電磁界と対応付けると，TE モードのモード関数 $\boldsymbol{e}_{\mathrm{TE}}$, $\boldsymbol{h}_{\mathrm{TE}}$ は，

$$\begin{cases} \boldsymbol{e}_{\mathrm{TE}}(\boldsymbol{\rho}) = \widehat{\boldsymbol{z}} \times \nabla_t \Psi_{\mathrm{TE}}(\boldsymbol{\rho}) \\ \boldsymbol{h}_{\mathrm{TE}}(\boldsymbol{\rho}) = -\nabla_t \Psi_{\mathrm{TE}}(\boldsymbol{\rho}) \end{cases} \tag{6.197}$$

である．$\Psi_{\mathrm{TE}}(\boldsymbol{\rho})$ は，磁気型ヘルツベクトルの z 成分 $\Pi_{\mathrm{m}z}$（あるいは磁界の z 成分 H_z）の横断面の関数に比例するスカラ関数である．TE モードのモード電圧 V_{TE} とモード電流 I_{TE} は，

$$\begin{cases} V_{\mathrm{TE}}(z) = V_{\mathrm{TE}}^{(+)} e^{-j\beta_{\mathrm{TE}} z} \\ I_{\mathrm{TE}}(z) = I_{\mathrm{TE}}^{(+)} e^{-j\beta_{\mathrm{TE}} z} = \dfrac{V_{\mathrm{TE}}^{(+)}}{Z_{\mathrm{TE}}} e^{-j\beta_{\mathrm{TE}} z} \end{cases} \tag{6.198}$$

である．ただし，β_{TE} は TE モードの位相定数である．このように定義すれば，伝送線路を $+z$ 方向に伝搬するときモード電圧とモード電流の大きさは横断面方向の電磁界に比例して変わることになる．TM モードのモード関数 $\boldsymbol{e}_{\mathrm{TM}}$, $\boldsymbol{h}_{\mathrm{TM}}$ についても同様に，

$$\begin{cases} \boldsymbol{e}_{\mathrm{TM}}(\boldsymbol{\rho}) = -\nabla_t \Psi_{\mathrm{TM}}(\boldsymbol{\rho}) \\ \boldsymbol{h}_{\mathrm{TM}}(\boldsymbol{\rho}) = -\widehat{\boldsymbol{z}} \times \nabla_t \Psi_{\mathrm{TM}}(\boldsymbol{\rho}) \end{cases} \tag{6.199}$$

である，ここで，$\Psi_{\mathrm{TM}}(\boldsymbol{\rho})$ は電気型ヘルツベクトルの z 成分 $\Pi_{\mathrm{e}z}$（あるいは電界の z 成分 E_z）の横断面の関数に比例するスカラ関数ある．TM モードのモード電圧 V_{TM} とモード電流 I_{TM} は次式である．

$$\begin{cases} V_{\mathrm{TM}}(z) = V_{\mathrm{TM}}^{(+)} e^{-j\beta_{\mathrm{TM}} z} = \dfrac{I_{\mathrm{TM}}^{(+)}}{Y_{\mathrm{TM}}} e^{-j\beta_{\mathrm{TM}} z} \\ I_{\mathrm{TM}}(z) = I_{\mathrm{TM}}^{(+)} e^{-j\beta_{\mathrm{TM}} z} \end{cases} \tag{6.200}$$

ただし，β_{TM} は TM モードの位相定数である．

電磁界の振幅は任意であるが，一般にはモードの複素電力を用いて正規化される．具体的には，次式で表されるモードの複素電力 $P^{(+)}$ が伝送線路の複素電力 $\frac{1}{2}V^{(+)}I^{(+)*}$ と一致するように決定する．

$$\begin{aligned} P^{(+)} &= \frac{1}{2} \iint_S \left(\boldsymbol{E}_t(\boldsymbol{\rho}, z) \times \boldsymbol{H}_t^*(\boldsymbol{\rho}, z) \right) \cdot \widehat{\boldsymbol{z}}\, dS \\ &= \frac{1}{2} V^{(+)} I^{(+)*} \iint_S \left(\boldsymbol{e}(\boldsymbol{\rho}) \times \boldsymbol{h}^*(\boldsymbol{\rho}) \right) \cdot \widehat{\boldsymbol{z}}\, dS \end{aligned} \tag{6.201}$$

よって，正規化条件は，

$$\iint_S \left(\boldsymbol{e}(\boldsymbol{\rho}) \times \boldsymbol{h}^*(\boldsymbol{\rho}) \right) \cdot \widehat{\boldsymbol{z}}\, dS = 1 \tag{6.202}$$

である．ただし，モードの直交性より，正規化条件が成立するのは同じモード

の場合のみである．以上より TE モードの場合の正規化条件は，

$$
\begin{aligned}
\iint_S \left(\boldsymbol{e}_{\mathrm{TE}}(\boldsymbol{\rho}) \times \boldsymbol{h}^*_{\mathrm{TE}}(\boldsymbol{\rho})\right) \cdot \widehat{\boldsymbol{z}}\, dS &= \iint_S \boldsymbol{e}_{\mathrm{TE}}(\boldsymbol{\rho}) \cdot \boldsymbol{e}^*_{\mathrm{TE}}(\boldsymbol{\rho})\, dS \\
&= \iint_S \boldsymbol{h}_{\mathrm{TE}}(\boldsymbol{\rho}) \cdot \boldsymbol{h}^*_{\mathrm{TE}}(\boldsymbol{\rho})\, dS \\
&= k^2_{\mathrm{c,TE}} \iint_S |\Psi_{\mathrm{TE}}(\boldsymbol{\rho})|^2\, dS = 1 \qquad (6.203)
\end{aligned}
$$

であり，TM モードの場合の正規化条件は，

$$
\begin{aligned}
\iint_S \left(\boldsymbol{e}_{\mathrm{TM}}(\boldsymbol{\rho}) \times \boldsymbol{h}^*_{\mathrm{TM}}(\boldsymbol{\rho})\right) \cdot \widehat{\boldsymbol{z}}\, dS &= \iint_S \boldsymbol{e}_{\mathrm{TM}}(\boldsymbol{\rho}) \cdot \boldsymbol{e}^*_{\mathrm{TM}}(\boldsymbol{\rho})\, dS \\
&= \iint_S \boldsymbol{h}_{\mathrm{TM}}(\boldsymbol{\rho}) \cdot \boldsymbol{h}^*_{\mathrm{TM}}(\boldsymbol{\rho})\, dS \\
&= k^2_{\mathrm{c,TM}} \iint_S |\Psi_{\mathrm{TM}}(\boldsymbol{\rho})|^2\, dS = 1 \qquad (6.204)
\end{aligned}
$$

である．ただし，$k_{\mathrm{c,TE}}$，$k_{\mathrm{c,TM}}$ はそれぞれ TE モードと TM モードの遮断波数である．

例題6.10（方形導波管のモード関数）

方形導波管の場合，TE モード，TM モードのスカラ関数 Ψ_{TE}，Ψ_{TM} はそれぞれ

$$
\Psi_{\mathrm{TE}}(x,y) \equiv \Psi_{[m\,n]}(x,y) = A_{[m\,n]} \cos\left(\frac{m\pi x}{a}\right) \cos\left(\frac{n\pi y}{b}\right)
$$

$$
\Psi_{\mathrm{TM}}(x,y) \equiv \Psi_{(m\,n)}(x,y) = A_{(m\,n)} \sin\left(\frac{m\pi x}{a}\right) \sin\left(\frac{n\pi y}{b}\right)
$$

と表される．振幅 $A_{[m\,n]}$ と $A_{(m\,n)}$ を正規化条件によって決定し，TE モードのモード関数 $\boldsymbol{e}_{[m\,n]}$，$\boldsymbol{h}_{[m\,n]}$ と TM モードのモード関数 $\boldsymbol{e}_{(m\,n)}$，$\boldsymbol{h}_{(m\,n)}$ を求めよ．

【解答】 式 (6.203) の正規化条件より，

$$
k^2_{\mathrm{c,[mn]}} A^2_{[m\,n]} \int_0^a \cos^2\left(\frac{m\pi x}{a}\right) dx \int_0^b \cos^2\left(\frac{n\pi y}{b}\right) dy = 1
$$

である．$\cos^2(\cdot)$ の積分を実行すると，

$$
\int_0^a \cos^2\left(\frac{m\pi x}{a}\right) dx = \begin{cases} \dfrac{a}{2} & (m \neq 0) \\ a & (m = 0) \end{cases}
$$

となる．よって，

$$A_{[m\,n]} = \frac{\sqrt{\epsilon_m\,\epsilon_n}}{k_{\mathrm{c},[m\,n]}\sqrt{ab}}$$

と求められる．ただし，

$$\epsilon_m = \begin{cases} 1 & (m=0) \\ 2 & (m=1,2,\ldots) \end{cases}$$

である．式 (6.197) より TE モードのモード関数 $\boldsymbol{e}_{[m\,n]}$, $\boldsymbol{h}_{[m\,n]}$ は，

$$\boldsymbol{e}_{[m\,n]}(x,y) = \frac{\sqrt{\epsilon_m\,\epsilon_n}}{k_{\mathrm{c},[m\,n]}\sqrt{ab}}\left\{\frac{n\pi}{b}\cos\left(\frac{m\pi x}{a}\right)\sin\left(\frac{n\pi y}{b}\right)\widehat{\boldsymbol{x}} - \frac{m\pi}{a}\sin\left(\frac{m\pi x}{a}\right)\cos\left(\frac{n\pi y}{b}\right)\widehat{\boldsymbol{y}}\right\}$$

$$\boldsymbol{h}_{[m\,n]}(x,y) = \frac{\sqrt{\epsilon_m\,\epsilon_n}}{k_{\mathrm{c},[m\,n]}\sqrt{ab}}\left\{\frac{m\pi}{a}\sin\left(\frac{m\pi x}{a}\right)\cos\left(\frac{n\pi y}{b}\right)\widehat{\boldsymbol{x}} + \frac{n\pi}{b}\cos\left(\frac{m\pi x}{a}\right)\sin\left(\frac{n\pi y}{b}\right)\widehat{\boldsymbol{y}}\right\}$$

と得られる．

TM モードについても同様に式 (6.204) の正規化条件より，

$$k^2_{\mathrm{c},(\mathrm{mn})}A_{(m\,n)}\int_0^a \sin^2\left(\frac{m\pi x}{a}\right)dx\int_0^b \sin^2\left(\frac{n\pi y}{b}\right)dy = 1$$

であるから，

$$A_{(m\,n)} = \frac{2}{k_{\mathrm{c},[m\,n]}\sqrt{ab}}$$

と求められる．よって，式 (6.199) より TM モードのモード関数 $\boldsymbol{e}_{(m\,n)}$, $\boldsymbol{h}_{(m\,n)}$ は，

$$\boldsymbol{e}_{(m\,n)}(x,y) = \frac{2}{k_{\mathrm{c},(m\,n)}\sqrt{ab}}\left\{\frac{m\pi}{a}\cos\left(\frac{m\pi x}{a}\right)\sin\left(\frac{n\pi y}{b}\right)\widehat{\boldsymbol{x}} + \frac{n\pi}{b}\sin\left(\frac{m\pi x}{a}\right)\cos\left(\frac{n\pi y}{b}\right)\widehat{\boldsymbol{y}}\right\}$$

$$\boldsymbol{h}_{(m\,n)}(x,y) = \frac{2}{k_{\mathrm{c},(m\,n)}\sqrt{ab}}\left\{\frac{n\pi}{b}\sin\left(\frac{m\pi x}{a}\right)\cos\left(\frac{n\pi y}{b}\right)\widehat{\boldsymbol{x}} - \frac{m\pi}{a}\cos\left(\frac{m\pi x}{a}\right)\sin\left(\frac{n\pi y}{b}\right)\widehat{\boldsymbol{y}}\right\}$$

と得られる． ■

6章の演習問題

□ **6.1**　マクスウェルの電磁方程式 $\nabla \times \boldsymbol{H} = j\omega\varepsilon\boldsymbol{E}$ を用いて導波管には TEM 波が存在しないことを示せ.

□ **6.2**　表6.1に示した TEM 波, TE 波, TM 波のそれぞれの横方向の電磁界 $\boldsymbol{E}_t$, $\boldsymbol{H}_t$ の式を導出せよ.

□ **6.3**　直交曲線座標に関する以下の問に答えよ.

(1)　表6.2に示した各座標系の測度係数 h_i ($i = 1, 2, 3$) を導出せよ. ただし, 各座標系での位置ベクトル $\boldsymbol{r}$ は直角座標系の単位ベクトル $\widehat{\boldsymbol{x}}$, $\widehat{\boldsymbol{y}}$, $\widehat{\boldsymbol{z}}$ を用いて以下のように表される.

- 直角座標系：$\boldsymbol{r} = x\widehat{\boldsymbol{x}} + y\widehat{\boldsymbol{y}} + z\widehat{\boldsymbol{z}}$
- 円筒座標系：$\boldsymbol{r} = \rho\cos\varphi\widehat{\boldsymbol{x}} + \rho\sin\varphi\widehat{\boldsymbol{y}} + z\widehat{\boldsymbol{z}}$
- 球座標系：$\boldsymbol{r} = r\sin\theta\cos\varphi\widehat{\boldsymbol{x}} + r\sin\theta\rho\sin\varphi\widehat{\boldsymbol{y}} + r\cos\theta\widehat{\boldsymbol{z}}$

(2)　直角座標系の単位ベクトルを $\boldsymbol{i}_1 = \widehat{\boldsymbol{x}}$, $\boldsymbol{i}_2 = \widehat{\boldsymbol{y}}$, $\boldsymbol{i}_3 = \widehat{\boldsymbol{z}}$ で表すとき, 円筒座標系 (ρ, φ, z) の単位ベクトル $\widehat{\boldsymbol{r}}$, $\widehat{\boldsymbol{\varphi}}$, $\widehat{\boldsymbol{z}}$, 球座標系 (r, θ, φ) の単位ベクトル $\widehat{\boldsymbol{r}}$, $\widehat{\boldsymbol{\theta}}$, $\widehat{\boldsymbol{\varphi}}$ を導け.

□ **6.4**　間隙 d の二枚の無限に広い導体板からなる平行平板導波路において, 式 (6.118)–式 (6.120) で表される TE_m モード ($m = 1, 2, 3, \ldots$) が幅 W, 高さ d の断面を通過するときの伝送電力 $P^{(+)}$ を求めよ.

□ **6.5**　管幅 a の方形導波管の横断面において図6.17に示すような伝送線路モデル (位相定数 k_x, 特性インピーダンス Z_x) を考える. 任意の $x = \ell$ の位置から右側と左側を見込んだときの入力インピーダンスをそれぞれ $Z_{\mathrm{in,R}}$, $Z_{\mathrm{in,L}}$ とするとき, $Z_{\mathrm{in,R}} + Z_{\mathrm{in,L}} = 0$ の条件より k_x を決定せよ (これを横共振法という).

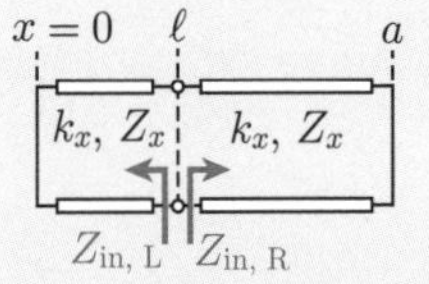

図6.17　方形導波管断面の伝送線路モデル

□ **6.6**　内導体の半径 a, 外導体の半径 b の導体間に誘電率 ε, 透磁率 μ の無損失媒質が充填された同軸線路の TE モードの電磁界を表せ.

□ **6.7**　円形導波管の場合, TE モード, TM モードのスカラ関数 Ψ_{TE}, Ψ_{TM} はそれぞれ次式のように表される.

$$\Psi_{\mathrm{TE}}(\rho,\varphi)=A_{[m\,n]}J_m\left(\frac{\rho'_{m\,n}}{a}\rho\right)\begin{matrix}\sin\\ \\ \cos\end{matrix}\ (m\varphi)$$

$$\Psi_{\mathrm{TM}}(\rho,\varphi)=A_{(m\,n)}J_m\left(\frac{\rho_{m\,n}}{a}\rho\right)\begin{matrix}\sin\\ \\ \cos\end{matrix}\ (m\varphi)$$

振幅 $A_{[m\,n]}$ と $A_{(m\,n)}$ を正規化条件によって決定し，TE モードの電界のモード関数 $\boldsymbol{e}_{[m\,n]}$ と磁界のモード関数 $\boldsymbol{h}_{[m\,n]}$，TM モードの電界のモード関数 $\boldsymbol{e}_{(m\,n)}$ と磁界のモード関数 $\boldsymbol{h}_{(m\,n)}$ を求めよ．必要であれば，ベッセル関数の不定積分公式

$$\int zJ_m^2\,(\alpha z)\,dz=\frac{1}{2}\left\{z^2J_m'^2(\alpha z)+\left(z^2-\frac{m^2}{\alpha^2}\right)J_m^2\,(\alpha z)\right\}$$

ならびに TE モードの境界条件 $J_m'(\rho'_{m\,n})=0$，TM モードの境界条件 $J_m(\rho_{m\,n})=0$ を用いてよい．

第7章

放　射　波

本章では，電磁波がアンテナより出て自由空間を伝搬する放射波の振る舞いについて説明する．まず，波源を考慮した波動方程式を解くことによって任意の電磁流分布が与える放射電磁界を示す．それを基に微小電気ダイポールによる放射電磁界について説明する．次に，代表的な線状アンテナとして半波長ダイポールアンテナを例にその遠方放射界について説明する．

7.1　点波源と遅延ポテンシャル

放射波（radiated wave）とは，波源より放射されて自由空間（free space）を伝搬する電磁波を指す．伝送線路を伝搬する伝送波とは異なり，放射波の伝搬は無線である．このように空間と波源との間で電磁界のエネルギーをやり取りする回路素子を**アンテナ**（antenna）という．放射波は，波源である電流源や電荷源を考慮してマクスウェルの電磁方程式を解くことによって求められる．

いま，媒質（誘電率 ε，透磁率 μ）は均質，線形，等方性かつ非分散性で無損失とし，電流源として面電流密度ベクトル $\boldsymbol{\mathcal{J}}$，電荷源として体積電荷密度 ϱ を考慮すると，6.2 節で説明したようにマクスウェルの電磁方程式より，

$$\begin{cases} \nabla^2 \boldsymbol{\mathcal{A}}(\boldsymbol{r},t) - \mu\varepsilon \dfrac{\partial^2 \boldsymbol{\mathcal{A}}(\boldsymbol{r},t)}{\partial t^2} = -\mu \boldsymbol{\mathcal{J}}(\boldsymbol{r},t) \\ \nabla^2 \phi(\boldsymbol{r},t) - \mu\varepsilon \dfrac{\partial^2 \phi(\boldsymbol{r},t)}{\partial t^2} = -\dfrac{\varrho(\boldsymbol{r},t)}{\varepsilon} \end{cases} \tag{7.1}$$

が導かれる．ただし，$\boldsymbol{\mathcal{A}}$ は電気型ベクトルポテンシャルであり，ϕ は電気型スカラポテンシャルである．また，式 (6.18) のローレンツ条件を満足する．

上式を解いて $\boldsymbol{\mathcal{A}}$ と ϕ を求めてみよう．式 (7.1) の第一式のベクトル波動方程式は成分ごとに書き表せば第二式のスカラ波動方程式と同形であるから，第二式を解くことにする．1.2 節で説明したように，いかなる電荷分布が作る場

も点電荷（点波源）の作る場の重ね合わせで与えられるので，はじめに原点O（電荷源の位置ベクトル $\boldsymbol{r}'=(0,0,0)$）に点電荷 $q(t)$ のみが存在している場合を考える．体積電荷密度 ϱ はディラックのデルタ関数 δ（付録A参照）を用いて $\varrho(\boldsymbol{r},t)=q(t)\delta(\boldsymbol{r}-\boldsymbol{r}')$ と表される．よって，式 (7.1) の第二式は，

$$\nabla^2\phi(\boldsymbol{r},t)-\mu\varepsilon\frac{\partial^2\phi(\boldsymbol{r},t)}{\partial t^2}=-\frac{q(t)\delta(\boldsymbol{r}-\boldsymbol{r}')}{\varepsilon} \tag{7.2}$$

となる．点電荷の作る場は球対称であるから球座標系 (r,θ,φ) で考えると，ϕ は r のみの関数となるので，$\frac{\partial}{\partial\theta}\{\cdot\}=0$, $\frac{\partial}{\partial\varphi}\{\cdot\}=0$ である．$r>0$ において，

$$\frac{1}{r^2}\frac{\partial}{\partial r}\left(r^2\frac{\partial\phi(\boldsymbol{r},t)}{\partial r}\right)-\mu\varepsilon\frac{\partial^2\phi(\boldsymbol{r},t)}{\partial t^2}=0 \tag{7.3}$$

が成立する．上式では $r>0$ を考えているため，波源のある原点 $r=0$ を除く点では右辺は0である．更に関数 $r\phi$ として式を書き改めると，

$$\frac{\partial^2\{r\phi(\boldsymbol{r},t)\}}{\partial r^2}-\mu\varepsilon\frac{\partial^2\{r\phi(\boldsymbol{r},t)\}}{\partial t^2}=0 \tag{7.4}$$

となる．2.2節よりこの同次スカラ波動方程式の一般解は，

$$r\phi(\boldsymbol{r},t)=\mathcal{F}^{(+)}\left(t-\frac{r}{\nu}\right)+\mathcal{F}^{(-)}\left(t+\frac{r}{\nu}\right) \tag{7.5}$$

のように与えられる．ただし，$\nu=\frac{1}{\sqrt{\mu\varepsilon}}$ である．$\mathcal{F}^{(+)}$ は $+r$ 方向に伝搬する波を表し，$\mathcal{F}^{(-)}$ は $-r$ 方向に伝搬する波を表す．いま，$r=0$ の波源から $r>0$ への放射波を考えているので，$\mathcal{F}^{(-)}$ は解として不適である．よって，$\mathcal{F}^{(+)}$ の関数のみで一般解は与えられるので，

$$\phi(\boldsymbol{r},t)=\frac{1}{r}\mathcal{F}\left(t-\frac{r}{\nu}\right) \tag{7.6}$$

である．次に，$\mathcal{F}$ の関数形を決めるために，右辺が0でない場合の解（特殊解）を考える．電荷源を中心とする球の閉領域 V で式 (7.2) の非同次スカラヘルムホルツ方程式の両辺を体積積分すると次式となる．

$$\iiint_V\nabla\cdot\nabla\phi(\boldsymbol{r},t)\,dV-\mu\varepsilon\iiint_V\frac{\partial^2\phi(\boldsymbol{r},t)}{\partial t^2}\,dV=-\frac{q(t)}{\varepsilon}\iiint_V\delta(\boldsymbol{r}-\boldsymbol{r}')\,dV \tag{7.7}$$

上式の左辺第一項にガウスの発散定理を適用すると，

$$\begin{aligned}&\oiint_S\nabla\phi(\boldsymbol{r},t)\cdot\widehat{\boldsymbol{r}}\,dS\\&=\int_0^{2\pi}\int_0^{\pi}\left(\frac{1}{r}\frac{\partial}{\partial r}\mathcal{F}\left(t-\frac{r}{\nu}\right)-\frac{1}{r^2}\mathcal{F}\left(t-\frac{r}{\nu}\right)\right)r^2\sin\theta\,d\theta d\varphi\end{aligned}$$

$$= 4\pi \left(r\frac{\partial}{\partial r}\mathcal{F}\left(t - \frac{r}{\nu}\right) - \mathcal{F}\left(t - \frac{r}{\nu}\right) \right) \tag{7.8}$$

となる．左辺第二項は式 (7.4) と部分積分を用いると以下のように計算される．

$$\begin{aligned}\iiint_V \frac{\partial^2 \phi(\boldsymbol{r},t)}{\partial t^2}\,dV &= \int_0^r \int_0^{2\pi} \int_0^{\pi} \frac{1}{r}\frac{\partial^2}{\partial t^2}\mathcal{F}\left(t - \frac{r}{\nu}\right) r^2 \sin\theta\, dr d\theta d\varphi \\ &= \frac{4\pi}{\mu\varepsilon}\int_0^r \frac{\partial^2}{\partial r^2}\mathcal{F}\left(t - \frac{r}{\nu}\right) r\, dr \\ &= \frac{4\pi}{\mu\varepsilon}\left(r\frac{\partial}{\partial r}\mathcal{F}\left(t - \frac{r}{\nu}\right) - \mathcal{F}\left(t - \frac{r}{\nu}\right) + \mathcal{F}(t) \right)\end{aligned} \tag{7.9}$$

式 (7.7) の右辺はディラックのデルタ関数の性質より $\iiint_V \delta(\boldsymbol{r} - \boldsymbol{r}')\,dV = 1$ である．以上より，左辺と右辺の式を整理すると，

$$\mathcal{F}(t) = \frac{q(t)}{4\pi\varepsilon} \tag{7.10}$$

が得られる．よって，非同次スカラ波動方程式の解は，

$$\phi(\boldsymbol{r},t) = \frac{q\left(t - \frac{r}{\nu}\right)}{4\pi\varepsilon r} \tag{7.11}$$

である．ここで，r は電荷源の原点 O（位置ベクトル $\boldsymbol{r}' = (0,0,0)$）から観測点（位置ベクトル $\boldsymbol{r}$）までの距離である．

電荷が体積電荷密度 ϱ で任意の体積 V 中に分布している場合の電気型スカラポテンシャル ϕ は，静電界の式 (1.31) と同様に，

$$\phi(\boldsymbol{r},t) = \frac{1}{\varepsilon}\iiint_V \frac{\varrho\left(\boldsymbol{r}', t - \frac{|\boldsymbol{r}-\boldsymbol{r}'|}{\nu}\right)}{4\pi|\boldsymbol{r}-\boldsymbol{r}'|}\,dV' \tag{7.12}$$

と表される．電気型ベクトルポテンシャル $\boldsymbol{\mathcal{A}}$ も同様にして導出することができ，

$$\boldsymbol{\mathcal{A}}(\boldsymbol{r},t) = \mu\iiint_V \frac{\boldsymbol{\mathcal{J}}\left(\boldsymbol{r}', t - \frac{|\boldsymbol{r}-\boldsymbol{r}'|}{\nu}\right)}{4\pi|\boldsymbol{r}-\boldsymbol{r}'|}\,dV' \tag{7.13}$$

と得られる．このように，時間的に変化する波源による任意の観測点における ϕ 及び $\boldsymbol{\mathcal{A}}$ は，静電界の式 (1.31)，静磁界の式 (1.51) とそれぞれ同じ形で与えられる．ただし，距離 r だけ離れた点における ϕ 及び $\boldsymbol{\mathcal{A}}$ は，観測の時刻 t より $\frac{r}{\nu}$ 秒だけ以前の電荷，電流の値で決まる．このような ϕ, $\boldsymbol{\mathcal{A}}$ を**遅延ポテンシャル**（retarded potential）という．

7.2 任意の電磁流分布による正弦放射電磁界

次に，任意の電磁流分布が与える正弦放射電磁界を考える．電流源及び電荷源が角周波数 ω で正弦振動している場合，体積電荷密度 ϱ ならびに面電流密度ベクトル $\boldsymbol{\mathcal{J}}$ はそれぞれ

$$\varrho(\boldsymbol{r},t)=\mathfrak{Re}\left\{\rho(\boldsymbol{r})e^{j\omega t}\right\} \tag{7.14}$$

$$\boldsymbol{\mathcal{J}}(\boldsymbol{r},t)=\mathfrak{Re}\left\{\boldsymbol{J}(\boldsymbol{r})e^{j\omega t}\right\} \tag{7.15}$$

と書くことができる．以降の解析のためにディラックのデルタ関数の性質を用いると，式 (7.12) の被積分関数の ϱ は，

$$\varrho\left(\boldsymbol{r}',t-\frac{|\boldsymbol{r}-\boldsymbol{r}'|}{\nu}\right)=\int_{-\infty}^{\infty}\varrho(\boldsymbol{r}',t')\delta\left(t-t'-\frac{|\boldsymbol{r}-\boldsymbol{r}'|}{\nu}\right)dt' \tag{7.16}$$

と書き改められる．式 (7.13) の $\boldsymbol{\mathcal{J}}$ についても同様に表されるので，

$$\phi(\boldsymbol{r},t)=\frac{1}{\varepsilon}\int_{-\infty}^{\infty}\iiint_V \varrho(\boldsymbol{r}',t')\frac{\delta\left(t-t'-\frac{|\boldsymbol{r}-\boldsymbol{r}'|}{\nu}\right)}{4\pi|\boldsymbol{r}-\boldsymbol{r}'|}dV'dt' \tag{7.17}$$

$$\boldsymbol{\mathcal{A}}(\boldsymbol{r},t)=\mu\int_{-\infty}^{\infty}\iiint_V \boldsymbol{\mathcal{J}}(\boldsymbol{r}',t')\frac{\delta\left(t-t'-\frac{|\boldsymbol{r}-\boldsymbol{r}'|}{\nu}\right)}{4\pi|\boldsymbol{r}-\boldsymbol{r}'|}dV'dt' \tag{7.18}$$

と書ける．よって，電気型スカラポテンシャル $\phi(\boldsymbol{r},t)=\mathfrak{Re}\left\{\phi(\boldsymbol{r})e^{j\omega t}\right\}$ は，$\frac{\delta\left(t-t'-\frac{|\boldsymbol{r}-\boldsymbol{r}'|}{\nu}\right)}{4\pi|\boldsymbol{r}-\boldsymbol{r}'|}=\mathcal{G}(\boldsymbol{r},\boldsymbol{r}';t,t')$ とおくと，

$$\begin{aligned}
&\phi(\boldsymbol{r},t)\\
=&\frac{1}{\varepsilon}\int_{-\infty}^{\infty}\iiint_V \mathfrak{Re}\left\{\rho(\boldsymbol{r}')e^{j\omega t'}\right\}\mathcal{G}(\boldsymbol{r},\boldsymbol{r}';t,t')\,dV'dt'\\
=&\mathfrak{Re}\left[\left\{\frac{1}{\varepsilon}\iiint_V \rho(\boldsymbol{r}')\left(\int_{-\infty}^{\infty}\mathcal{G}(\boldsymbol{r},\boldsymbol{r}';t,t')e^{j\omega(t'-t)}\,dt'\right)dV'\right\}e^{j\omega t}\right]\\
=&\mathfrak{Re}\left\{\phi(\boldsymbol{r})e^{j\omega t}\right\}
\end{aligned} \tag{7.19}$$

と変形できる．ここで，

$$\begin{aligned}
\int_{-\infty}^{\infty}\mathcal{G}(\boldsymbol{r},\boldsymbol{r}';t,t')e^{j\omega(t'-t)}\,dt'&=\int_{-\infty}^{\infty}\frac{\delta\left(t-t'-\frac{|\boldsymbol{r}-\boldsymbol{r}'|}{\nu}\right)}{4\pi|\boldsymbol{r}-\boldsymbol{r}'|}e^{j\omega(t'-t)}\,dt'\\
&=\frac{e^{-jk|\boldsymbol{r}-\boldsymbol{r}'|}}{4\pi|\boldsymbol{r}-\boldsymbol{r}'|}\equiv G(\boldsymbol{r},\boldsymbol{r}')
\end{aligned} \tag{7.20}$$

である．$G(\boldsymbol{r},\boldsymbol{r}')$ を無限空間の三次元**スカラグリーン関数**（scalar Green's function）という．電気型ベクトルポテンシャル $\boldsymbol{A}$ も同様に計算できるので，

$$\phi(\boldsymbol{r}) = \frac{1}{\varepsilon}\iiint_V \rho(\boldsymbol{r}')G(\boldsymbol{r},\boldsymbol{r}')\,dV' = \frac{1}{\varepsilon}\iiint_V \rho(\boldsymbol{r}')\frac{e^{-jk|\boldsymbol{r}-\boldsymbol{r}'|}}{4\pi|\boldsymbol{r}-\boldsymbol{r}'|}\,dV' \qquad (7.21)$$

$$\boldsymbol{A}(\boldsymbol{r}) = \mu\iiint_V \boldsymbol{J}(\boldsymbol{r}')G(\boldsymbol{r},\boldsymbol{r}')\,dV' = \mu\iiint_V \boldsymbol{J}(\boldsymbol{r}')\frac{e^{-jk|\boldsymbol{r}-\boldsymbol{r}'|}}{4\pi|\boldsymbol{r}-\boldsymbol{r}'|}\,dV' \qquad (7.22)$$

と表される．上式において $e^{-jk|\boldsymbol{r}-\boldsymbol{r}'|}$ は位相遅れを表している．

アンテナの解析では波源として電流源を用いることが多いため，図7.1に示すように，電気型ベクトルポテンシャル $\boldsymbol{A}$ が求まれば式 (6.27) より任意の電流分布による観測点 P における電界ベクトル $\boldsymbol{E}$ と磁界ベクトル $\boldsymbol{H}$ は，

$$\boldsymbol{E}(\boldsymbol{r}) = -j\omega\left\{\boldsymbol{A}(\boldsymbol{r}) + \frac{1}{k^2}\nabla\nabla\cdot\boldsymbol{A}(\boldsymbol{r})\right\} \qquad (7.23)$$

$$\boldsymbol{H}(\boldsymbol{r}) = \frac{1}{\mu}\nabla\times\boldsymbol{A}(\boldsymbol{r}) \qquad (7.24)$$

によって与えられる．

一方，磁荷源や磁流源を波源とする場合には，式 (6.21) より体積磁荷密度 ρ_{m}，面磁流密度ベクトル $\boldsymbol{M}$ を用いて，

$$\begin{cases} \nabla^2\boldsymbol{A}_{\mathrm{m}}(\boldsymbol{r}) + k^2\boldsymbol{A}_{\mathrm{m}}(\boldsymbol{r}) = -\varepsilon\boldsymbol{M}(\boldsymbol{r}) \\ \nabla^2\phi_{\mathrm{m}}(\boldsymbol{r}) + k^2\phi_{\mathrm{m}}(\boldsymbol{r}) = -\dfrac{\rho_{\mathrm{m}}(\boldsymbol{r})}{\mu} \end{cases} \qquad (7.25)$$

と表される．電気型ベクトルポテンシャル $\boldsymbol{A}$，電気型スカラポテンシャル ϕ と同様に上式を解くことによって磁気型ベクトルポテンシャル $\boldsymbol{A}_{\mathrm{m}}$，磁気型ス

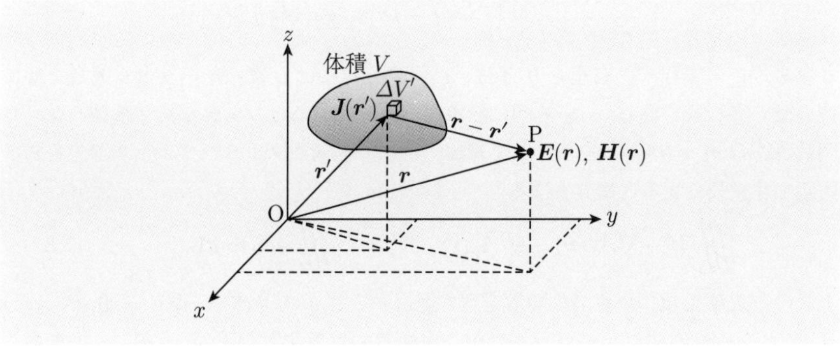

図7.1　任意の電流分布を波源とする観測点 P における電磁界

カラポテンシャル ϕ_{m} は次式のように求められる．

$$\boldsymbol{A}_{\mathrm{m}}(\boldsymbol{r})=\varepsilon \iiint_V \boldsymbol{M}(\boldsymbol{r}')G(\boldsymbol{r},\boldsymbol{r}')\,dV'=\varepsilon \iiint_V \boldsymbol{M}(\boldsymbol{r}')\frac{e^{-jk|\boldsymbol{r}-\boldsymbol{r}'|}}{4\pi|\boldsymbol{r}-\boldsymbol{r}'|}\,dV' \quad (7.26)$$

$$\phi_{\mathrm{m}}(\boldsymbol{r})=\frac{1}{\mu}\iiint_V \rho_{\mathrm{m}}(\boldsymbol{r}')G(\boldsymbol{r},\boldsymbol{r}')\,dV'=\frac{1}{\mu}\iiint_V \rho_{\mathrm{m}}(\boldsymbol{r}')\frac{e^{-jk|\boldsymbol{r}-\boldsymbol{r}'|}}{4\pi|\boldsymbol{r}-\boldsymbol{r}'|}\,dV' \quad (7.27)$$

よって，任意の磁流分布による観測点 P における電界ベクトル $\boldsymbol{E}$ と磁界ベクトル $\boldsymbol{H}$ は，電磁界の双対性より磁気型ベクトルポテンシャル $\boldsymbol{A}_{\mathrm{m}}$ を用いて，

$$\boldsymbol{E}(\boldsymbol{r}) = -\frac{1}{\varepsilon}\nabla\times\boldsymbol{A}_{\mathrm{m}}(\boldsymbol{r}) \quad (7.28)$$

$$\boldsymbol{H}(\boldsymbol{r}) = -j\omega\left\{\boldsymbol{A}_{\mathrm{m}}(\boldsymbol{r})+\frac{1}{k^2}\nabla\nabla\cdot\boldsymbol{A}_{\mathrm{m}}(\boldsymbol{r})\right\} \quad (7.29)$$

によって与えられる．当然のことながら以上の結果についてはベクトルポテンシャルの代わりにヘルツベクトルを用いて表すこともできる．

■ 式 (7.1) からの導出 *

電流源及び電荷源が正弦振動している場合の解は，式 (7.1) を直接解くことによっても求められる．原点 O（電荷源の位置ベクトル $\boldsymbol{r}'=(0,0,0)$）に置かれた単位電流源として $\boldsymbol{J}=\hat{\boldsymbol{z}}\delta(\boldsymbol{r}-\boldsymbol{r}')=\hat{\boldsymbol{z}}\delta(\boldsymbol{r})$ を考える．正弦振動を仮定すると $\frac{\partial}{\partial t}\to j\omega$ であるから，式 (7.1) の第一式はベクトルポテンシャル $\boldsymbol{A}$ の z 成分 A_z について，

$$(\nabla^2+k^2)A_z(\boldsymbol{r}) = -\mu\delta(\boldsymbol{r}) \quad (7.30)$$

と書き表される．これは非同次スカラヘルムホルツ方程式である．一般解を求めた場合と同様に対称性を考慮すると A_z は r のみの関数と考えてよいから，

$$\frac{1}{r^2}\frac{\partial}{\partial r}\left(r^2\frac{\partial A_z(\boldsymbol{r})}{\partial r}\right)+k^2A_z(\boldsymbol{r}) = -\mu\delta(\boldsymbol{r}) \quad (7.31)$$

となる．この方程式の右辺を 0 とおいた同次方程式は 0 次の球ベッセル関数を解に持つ微分方程式である．$+r$ 方向に伝搬する波を考えると，0 次の第 2 種球ハンケル関数 $h_0^{(2)}(kr)=j\frac{e^{-jkr}}{kr}$ を解として選ぶ．次に，非同次スカラヘルムホルツ方程式の両辺を体積積分すると次式となる．

$$\iiint_V (\nabla\cdot\nabla A_z(\boldsymbol{r})+k^2A_z(\boldsymbol{r}))\,dV = -\iiint_V \mu\delta(\boldsymbol{r})\,dV \quad (7.32)$$

上式の左辺第 1 項にガウスの発散定理を適用すると $\iint \nabla\cdot(\nabla A_z)\,dV = \oiint_S (\nabla A_z)\cdot\hat{\boldsymbol{n}}\,dS$ となる．右辺はディラックのデルタ関数の性質より $\iiint_V \delta(\boldsymbol{r})\,dV = 1$ であるから，

$$\oiint_S (\nabla A_z(\boldsymbol{r})) \cdot \widehat{\boldsymbol{n}}\, dS + k^2 \iiint_V A_z(\boldsymbol{r})\, dV = -\mu \tag{7.33}$$

となる．更に，半径 r の球面 S で囲まれる体積 V について，

$$\lim_{V \to 0} \oiint_S (\nabla A_z(\boldsymbol{r})) \cdot \widehat{\boldsymbol{n}}\, dS + \lim_{V \to 0} k^2 \iiint_V A_z(\boldsymbol{r})\, dV = -\mu \tag{7.34}$$

を考える．体積素は $dV = 4\pi r^2 dr$ であるから，$A_z = jC\frac{e^{-jkr}}{kr}$ (C:未定係数) を上式の第二項に代入して積分すると 0 になる．一方，面素ベクトルは $\widehat{\boldsymbol{n}}\, dS = \widehat{\boldsymbol{r}} r^2 \sin\theta\, d\theta d\varphi$ であるから，上式の第一項は，

$$\begin{aligned}\lim_{V \to 0} \oiint_S (\nabla A_z(\boldsymbol{r})) \cdot \widehat{\boldsymbol{n}}\, dS &= \lim_{V \to 0} \oiint_S C\frac{e^{-jkr}}{r^2}\left(r - \frac{j}{k}\right) r^2 \sin\theta\, d\theta d\varphi \\ &= 4\pi C\left(-\frac{j}{k}\right)\end{aligned} \tag{7.35}$$

となる．よって，$4\pi C\left(-\frac{j}{k}\right) = -\mu$ より，未定係数は $C = -j\frac{k\mu}{4\pi}$ と決定される．したがって，A_z は，

$$A_z = jC\frac{e^{-jkr}}{kr} = \frac{\mu}{4\pi}\frac{e^{-jkr}}{r} \tag{7.36}$$

である．以上より，ベクトルポテンシャル $\boldsymbol{A}$ は，

$$\boldsymbol{A}(\boldsymbol{r}) = A_z \widehat{\boldsymbol{z}} = \frac{\mu}{4\pi}\frac{e^{-jkr}}{r}\widehat{\boldsymbol{z}} \tag{7.37}$$

と得られる．電流源の向きが z 方向以外の場合も同様に求めることができるので，ベクトルポテンシャル $\boldsymbol{A}$ は重ね合わせの理より，

$$\boldsymbol{A}(\boldsymbol{r}) = \mu \iiint_V \boldsymbol{J}(\boldsymbol{r}')\frac{e^{-jk|\boldsymbol{r}-\boldsymbol{r}'|}}{4\pi|\boldsymbol{r}-\boldsymbol{r}'|}\, dV' = \mu \iint_V \boldsymbol{J}(\boldsymbol{r}')G(\boldsymbol{r}, \boldsymbol{r}')\, dV' \tag{7.38}$$

となる．ここで，三次元スカラグリーン関数は，

$$G(\boldsymbol{r}, \boldsymbol{r}') = \frac{e^{-jk|\boldsymbol{r}-\boldsymbol{r}'|}}{4\pi|\boldsymbol{r}-\boldsymbol{r}'|} \tag{7.39}$$

である．ただし，$\boldsymbol{r}$ は観測点の位置ベクトル，$\boldsymbol{r}'$ は波源の位置ベクトルを表す．

7.3 微小ダイポール

■ 微小ダイポールによる電磁界

図7.2に示す微小電流源による電磁界を考えよう．電流素子の向きを z 軸方向にとり，微小長さ Δz の導体に一様な電流 I が流れているとする．ただし，導体の幅は長さ Δz に比べて十分小さく無視できるものとする．このような放射素子を**微小電気ダイポール**（微小電気双極子，infinitesimal electric dipole）という，または単に微小ダイポールやヘルツダイポール（Hertzian dipole）ともいう．

微小ダイポールの中心を原点 O にとり，波源の位置ベクトルを $\boldsymbol{r}' = (0,0,0)$ とする．また，波長を λ とすると $\Delta z \ll \lambda$ であり，波源から観測点 P までの距離 r は $r \gg \Delta z$ であるとする．面電流密度ベクトル $\boldsymbol{J}$ は，$\boldsymbol{J}(\boldsymbol{r}) = \widehat{\boldsymbol{z}} I \Delta z \delta(\boldsymbol{r})$ と表される．これを式 (7.22) に代入すると，ベクトルポテンシャル $\boldsymbol{A}$ は，

$$\boldsymbol{A}(\boldsymbol{r}) = \mu \int_{-\frac{\Delta z}{2}}^{\frac{\Delta z}{2}} \widehat{\boldsymbol{z}} I \frac{e^{-jkr}}{4\pi r}\, dz' = \frac{\mu I \Delta z\ e^{-jkr}}{4\pi r} \widehat{\boldsymbol{z}} \equiv A_z(r) \widehat{\boldsymbol{z}} \qquad (7.40)$$

となる．次に式 (7.23) 及び式 (7.24) に上式を代入して微小ダイポールによる電磁界を求める．ベクトル公式（付録 A 参照）を用いると，式 (7.23) の第二項は，

$$\nabla\nabla \cdot \boldsymbol{A}(r) = \nabla\nabla \cdot (A_z(r)\widehat{\boldsymbol{z}}) = \nabla(\widehat{\boldsymbol{z}} \cdot \nabla A_z(r))$$

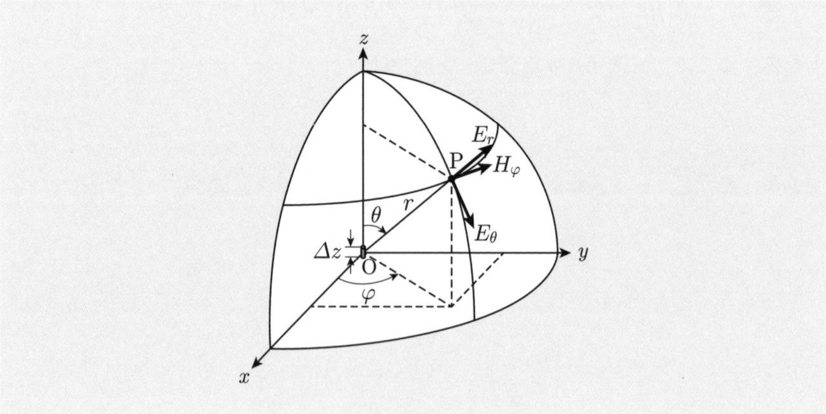

図7.2 微小電気ダイポール

$$= \cos\theta \frac{\partial^2 A_z(r)}{\partial r^2}\widehat{\boldsymbol{r}} - \frac{\sin\theta}{r}\frac{\partial A_z(r)}{\partial r}\widehat{\boldsymbol{\theta}} \tag{7.41}$$

となる．ただし，導出において $\widehat{\boldsymbol{z}} = \widehat{\boldsymbol{r}}\cos\theta - \widehat{\boldsymbol{\theta}}\sin\theta$ を用いた．更に上式の第一項ならびに第二項の r に関する偏微分を計算すると，

$$\frac{\partial A_z(r)}{\partial r} = \mu I \Delta z \frac{\partial}{\partial r}\left(\frac{e^{-jkr}}{4\pi r}\right)$$
$$= -\left(jk + \frac{1}{r}\right) A_z(r) \tag{7.42}$$

$$\frac{\partial^2 A_z(r)}{\partial r^2} = -\frac{\partial}{\partial r}\left\{\left(jk + \frac{1}{r}\right) A_z(r)\right\}$$
$$= \left(-k^2 + j\frac{2k}{r} + \frac{2}{r^2}\right) A_z(r) \tag{7.43}$$

となる．また，式 (7.24) についても，

$$\nabla \times \boldsymbol{A}(r) = \nabla \times (A_z(r)\widehat{\boldsymbol{z}}) = \nabla A_z(r) \times \widehat{\boldsymbol{z}} = \frac{\partial A_z(r)}{\partial r}\widehat{\boldsymbol{r}} \times (\widehat{\boldsymbol{r}}\cos\theta - \widehat{\boldsymbol{\theta}}\sin\theta)$$
$$= \sin\theta\left(jk + \frac{1}{r}\right) A_z(r)\widehat{\boldsymbol{\varphi}} \tag{7.44}$$

と展開できる．以上より電界ベクトル $\boldsymbol{E}$ と磁界ベクトル $\boldsymbol{H}$ の各成分は，

$$\begin{cases} E_r(r,\theta) = -j\omega \dfrac{\mu I \Delta z\ e^{-jkr}}{2\pi k^2}\left(\dfrac{jk}{r^2} + \dfrac{1}{r^3}\right)\cos\theta \\ E_\theta(r,\theta) = -j\omega \dfrac{\mu I \Delta z\ e^{-jkr}}{4\pi k^2}\left(-\dfrac{k^2}{r} + \dfrac{jk}{r^2} + \dfrac{1}{r^3}\right)\sin\theta \\ E_\varphi(r,\theta) = 0 \end{cases} \tag{7.45}$$

$$\begin{cases} H_r(r,\theta) = 0 \\ H_\theta(r,\theta) = 0 \\ H_\varphi(r,\theta) = \dfrac{I \Delta z\ e^{-jkr}}{4\pi}\left(\dfrac{jk}{r} + \dfrac{1}{r^2}\right)\sin\theta \end{cases} \tag{7.46}$$

と求められる．このように各成分は波源からの距離 r に関して $\frac{1}{r^3}$，$\frac{1}{r^2}$，$\frac{1}{r}$ の三つの項に分けられる．

- $\frac{1}{r^3}$ の項：**準静電界**（quasi-static field）という．電気磁気学で学ぶ電気双極子が作る静電界に対応する（章末の演習問題 7.1）．
- $\frac{1}{r^2}$ の項：**誘導界**（induction field）という．電気磁気学で学ぶビオ–サバールの法則によって求められる静磁界に対応する（章末の演習問題 7.2）．

- $\frac{1}{r}$ の項：**放射界**（radiation field）という．波長に比べて十分大きい距離 r の位置で支配的になる項である．

以上の三つの項に関して大小関係を電気長 kr でプロットしたのが図7.3である．$kr = 1$（電流源からの距離 $r = \frac{\lambda}{2\pi}$）では三つの項の大きさ（$\frac{k^2}{r}$, $\frac{k}{r^2}$, $\frac{1}{r^3}$）が同じになる．$kr \ll 1$ のとき，すなわち観測点がアンテナの近傍では準静電界が支配的である．一方，$kr \gg 1$ のとき，すなわち観測点がアンテナよりも十分離れている場合には放射界が支配的であり，**遠方界**（far field）とも呼ばれる．観測点が十分遠方の場合，電磁界の $\frac{1}{r}$ の項に比べて $\frac{1}{r^2}$ 及び $\frac{1}{r^3}$ の項は十分小さく無視できるので，放射界（遠方界）は，

$$
\begin{cases}
E_\theta(r,\theta) = \dfrac{j\omega\mu I\Delta z}{4\pi}\dfrac{e^{-jkr}}{r}\sin\theta = \dfrac{jkI\Delta z}{4\pi}Z\dfrac{e^{-jkr}}{r}\sin\theta \\
H_\varphi(r,\theta) = \dfrac{jkI\Delta z}{4\pi}\dfrac{e^{-jkr}}{r}\sin\theta = \dfrac{E_\theta(r,\theta)}{Z} \\
E_r(r,\theta) = E_\varphi(r,\theta) = H_r(r,\theta) = H_\theta(r,\theta) = 0
\end{cases}
\tag{7.47}
$$

と表される．ここで，$Z = \sqrt{\frac{\mu}{\varepsilon}}$ は波動インピーダンスである．放射波の伝搬方向は $+r$ 方向の $\hat{\boldsymbol{r}}$ であるから $Z\boldsymbol{H}(\boldsymbol{r}) = \hat{\boldsymbol{r}} \times \boldsymbol{E}(\boldsymbol{r})$ が成立し，平面波の電界ベクトルと磁界ベクトルと同じ関係であることがわかる．すなわち，波源から十分遠方の場合には局所的に平面波とみなせる．ただし，電磁界の振幅は距離 r に反比例して小さくなる．このような波を球面波という．

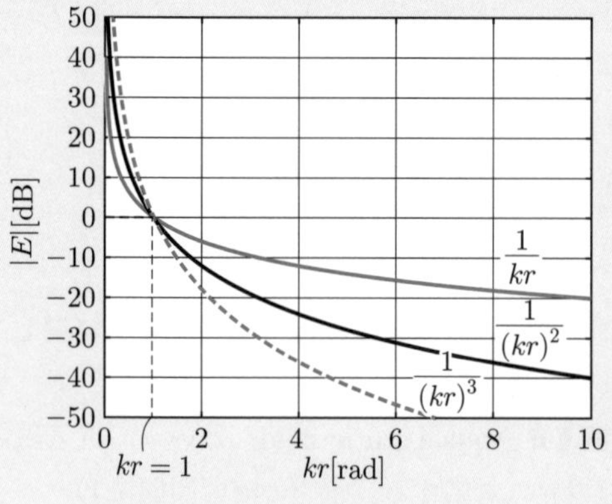

図7.3　準静電界，誘導界，放射界の大きさの比較

■ 微小ダイポールの平均放射電力と放射抵抗

微小ダイポールの放射電磁界からの放射電力を求める．アンテナを囲む半径 r の球の閉曲面 S を通って外方に流出する全電力の時間平均値，すなわち**平均放射電力** P_{r}（time-average radiation power）（単位 [W]）は，複素ポインティングベクトル $\boldsymbol{S}_{\mathrm{c}}$ を用いて，

$$
\begin{aligned}
P_{\mathrm{r}} &= \oint\!\!\oint_S \mathfrak{Re}\left\{\boldsymbol{S}_{\mathrm{c}}(\boldsymbol{r})\right\} \cdot \widehat{\boldsymbol{r}}\, dS \\
&= \frac{1}{2}\oint\!\!\oint_S \mathfrak{Re}\left\{\boldsymbol{E}(\boldsymbol{r}) \times \boldsymbol{H}^*(\boldsymbol{r})\right\} \cdot \widehat{\boldsymbol{r}}\, dS
\end{aligned}
\tag{7.48}
$$

と表される．ここで $dS = r^2\, d\Omega$（$d\Omega = \sin\theta\, d\theta d\varphi$ は θ, φ の方向を見込んだときの立体角を表す）と書けるので，

$$
\begin{aligned}
U(\theta,\varphi) &= \mathfrak{Re}\left\{\boldsymbol{S}_{\mathrm{c}}\right\} \cdot r^2\widehat{\boldsymbol{r}} \\
&= \frac{1}{2}\mathfrak{Re}\left\{\boldsymbol{E}(\boldsymbol{r}) \times \boldsymbol{H}^*(\boldsymbol{r})\right\} \cdot r^2\widehat{\boldsymbol{r}}
\end{aligned}
\tag{7.49}
$$

と定義し，これを**放射強度**（radiation intensity）（単位 [W/sr]）という．放射強度は，θ, φ の方向における立体角 1 sr あたりの放射電力を表す．

例題 7.1 （微小ダイポールの放射電磁界による複素ポインティングベクトル）

微小ダイポールの放射電磁界を表す式 (7.47) を用いて，微小ダイポールの複素ポインティングベクトル $\boldsymbol{S}_{\mathrm{c}}$ ならびに放射強度 U を求めよ．

【解答】 式 (7.47) より複素ポインティングベクトルは，

$$
\begin{aligned}
\boldsymbol{S}_{\mathrm{c}}(r,\theta) &= \frac{1}{2}\boldsymbol{E}(\boldsymbol{r}) \times \boldsymbol{H}^*(\boldsymbol{r}) \\
&= \frac{1}{2}E_\theta(r,\theta)H_\varphi^*(r,\theta)\widehat{\boldsymbol{r}} = \frac{1}{2}\left(\frac{k\Delta z\sin\theta}{4\pi r}\right)^2 Z|I|^2\widehat{\boldsymbol{r}}
\end{aligned}
$$

と求められる．このように放射電力は $+r$ 方向に運ばれる．また，式 (7.49) より放射強度は，

$$
U(\theta) = \frac{1}{2}\left(\frac{k\Delta z\sin\theta}{4\pi}\right)^2 Z|I|^2
$$

と求められる． ■

式 (7.48) に $\boldsymbol{H}=\frac{1}{Z}\widehat{\boldsymbol{r}}\times\boldsymbol{E}(\boldsymbol{r})$ を代入し，ベクトル三重積を用いて更に式を変形すると，

$$
\begin{aligned}
P_{\mathrm{r}} &= \frac{1}{2}\oiint_S \mathfrak{Re}\left\{\boldsymbol{E}(\boldsymbol{r})\times\left(\frac{\widehat{\boldsymbol{r}}\times\boldsymbol{E}(\boldsymbol{r})}{Z}\right)^*\right\}\cdot\widehat{\boldsymbol{r}}\,dS \\
&= \frac{1}{2Z}\oiint_S |\boldsymbol{E}(\boldsymbol{r})|^2\widehat{\boldsymbol{r}}\cdot\widehat{\boldsymbol{r}}\,dS \qquad (7.50)
\end{aligned}
$$

となる．ただし，波動インピーダンス Z は実数である．次に式 (7.47) の電界ベクトルを代入すると，

$$
\begin{aligned}
P_{\mathrm{r}} &= \frac{1}{2Z}\int_0^{\pi}\int_0^{2\pi}\left(\frac{k\Delta z\sin\theta}{4\pi r}\right)^2 Z^2|I|^2\ r^2\sin\theta\,d\theta d\varphi \\
&= \frac{1}{2}\left(\frac{k\Delta z}{4\pi}\right)^2 Z|I|^2\int_0^{2\pi}d\varphi\int_0^{\pi}\sin^3\theta\,d\theta \\
&= \frac{\pi}{3}Z|I|^2\left(\frac{\Delta z}{\lambda}\right)^2 \qquad (7.51)
\end{aligned}
$$

と得られる．

いま，媒質が真空であるとすると，波動インピーダンスは $Z=\sqrt{\frac{\mu_0}{\varepsilon_0}}\simeq 120\pi$ であるから，平均放射電力 P_{r} は，

$$
P_{\mathrm{r}}\simeq 40\pi^2|I|^2\left(\frac{\Delta z}{\lambda}\right)^2 \qquad (7.52)
$$

となる．この式は，電気回路の抵抗 R_{r} での消費電力 $\frac{1}{2}R_{\mathrm{r}}|I|^2$ と同じ形を与える．そこで空間を負荷抵抗とみなしてアンテナから放射される電力は空間で消費されると考え，アンテナの R_{r} を**放射抵抗** (radiation resistance)（単位 [Ω]）という．よって，微小ダイポールの放射抵抗は次式のように求められる．

$$
R_{\mathrm{r}}=\frac{2P_{\mathrm{r}}}{|I|^2}\simeq 80\pi^2\left(\frac{\Delta z}{\lambda}\right)^2 \qquad (7.53)
$$

■ 微小ダイポールの放射特性

微小ダイポールを例にアンテナの放射特性について説明する．$kr\gg 1$ では微小ダイポールの放射界は式 (7.47) で与えられ，$\sin\theta$ がアンテナからの放射方向による大きさの変化を表していることがわかる．したがって，一般にアンテナの遠方界の電界ベクトル $\boldsymbol{E}$ は，

$$
\begin{aligned}
\boldsymbol{E}(r,\theta,\varphi) &= E_0\frac{e^{-jkr}}{r}\boldsymbol{D}(\theta,\varphi) \\
&= E_0\frac{e^{-jkr}}{r}\left(D_\theta(\theta,\varphi)\widehat{\boldsymbol{\theta}}+D_\varphi(\theta,\varphi)\widehat{\boldsymbol{\varphi}}\right) \qquad (7.54)
\end{aligned}
$$

の形で表される．ここで，E_0 は波源に関する定数，$\frac{e^{-jkr}}{r}$ がアンテナからの距離 r に関する項，$D(\theta, \varphi)$ がアンテナの放射方向 (θ, φ) に関する項である．このように放射方向 (θ, φ) によって放射特性が異なることを**指向性**（directivity）を持つという．$D(\theta, \varphi)$ を指向性関数ともいう．微小ダイポールの場合には，$\boldsymbol{D}(\theta, \varphi) = \sin\theta\hat{\boldsymbol{\theta}}$ である．通常，最大値で規格化して指向性を表す．

微小ダイポールの指向性を大きさとして図示したのが図7.4である．このように図示された指向性を**放射パターン**（radiation pattern）という．また，放射電界や放射電力を示すときにはそれぞれ電界パターン（field pattern），電力パターン（power pattern）という．微小ダイポールの場合には $\pm z$ 軸方向（$\theta = 0°, 180°$）には放射せず，xy 平面の水平面上，つまり $\theta = 90°$ で最大値を持つ（いわゆる 8 の字パターン）．一方で水平面上の放射パターンに着目すると，角度 φ によってその大きさは変化しない．これを**無指向性**（omnidirectional）という．実在はしないが，全方向に一様に放射する仮想アンテナを**無指向性アンテナ**（omnidirectional antenna）あるいは**等方性アンテナ**（isotropic antenna）と呼ぶ．

図7.4の三次元放射パターンをある断面上で二次元表示したときに，その断面を**カット面**（cut plane）という．最大放射方向の電界ベクトルを含むカット面を **E 面**（電界面，E plane）といい，最大放射方向の磁界ベクトルを含むカット面を **H 面**（磁界面，H plane）という．微小ダイポールの場合，yz 面もしくは zx 面が E 面であり，それに直交する xy 面が H 面である．

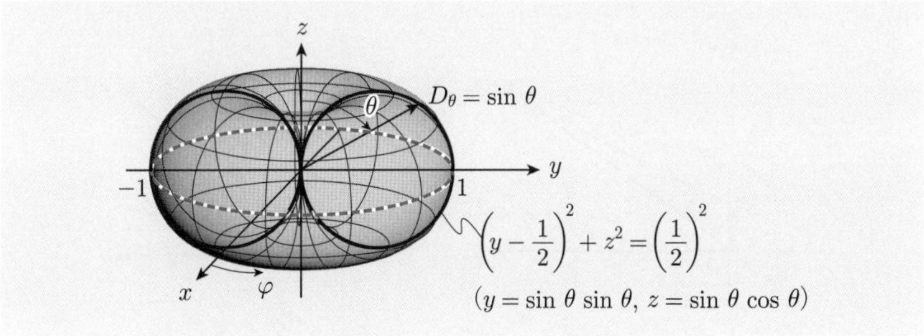

図7.4　微小ダイポールの三次元放射パターン

7.4　線状アンテナ

■ 半波長ダイポールアンテナの放射電界

線状アンテナ（wire antenna）とは，アンテナの長さに比べて十分細い線状の導体で構成されるアンテナを指す．その代表的なアンテナとして直線導体からなる**半波長ダイポールアンテナ**（half-wave dipole antenna）がある．図 7.5 (a)のように長さ $\ell = \frac{\lambda}{2}$（λ：波長）の直線状アンテナが z 軸上にあるとすると，アンテナの導体表面を流れる電流の面電流密度ベクトル $\boldsymbol{J}$ は，

$$\boldsymbol{J}(\boldsymbol{r}) = \widehat{\boldsymbol{z}} I(z)\, dz \delta(\boldsymbol{r}) \tag{7.55}$$

と表される．ここで $I(z)$ は導体線路上の電流分布を表す．この線路を位相定数 k（$= \frac{2\pi}{\lambda}$）の伝送線路とみなせば，導体線路端では電流が 0 となることから，近似的に $I(z)$ は次式で表すことができる．

$$I(z) = I_0 \cos(kz) \quad \left(-\frac{\lambda}{4} \leq z \leq \frac{\lambda}{4} \right) \tag{7.56}$$

半波長ダイポールアンテナを微小長さ $\varDelta z$ で分割すると，微小長さ $\varDelta z$ の電流 $I(z)\,\varDelta z$ は微小電流素子と考えることができるので，その放射界の重ね合わせによって半波長ダイポールアンテナの放射界が求められる．半波長ダイポールアンテナ上の $\boldsymbol{r}' = z'\widehat{\boldsymbol{z}}$ の点における微小電流素子を波源とすると，観測点 P の位置ベクトル $\boldsymbol{r} = y\widehat{\boldsymbol{y}} + z\widehat{\boldsymbol{z}} = r(\sin\theta\widehat{\boldsymbol{y}} + \cos\theta\widehat{\boldsymbol{z}})$（$z$ 軸について対称であるため一般性は失われない）における放射電界 dE_θ は式 (7.47) より次式で表さ

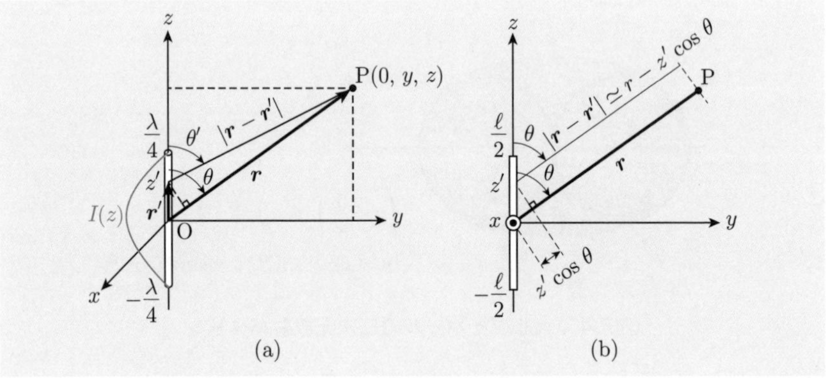

図 7.5　**(a)** 半波長ダイポールアンテナの放射界の計算，**(b)** 遠方界における近似

れる．

$$dE_\theta(\boldsymbol{r}) = \frac{jkZI(z')\,dz'}{4\pi}\frac{e^{-jk|\boldsymbol{r}-\boldsymbol{r'}|}}{|\boldsymbol{r}-\boldsymbol{r'}|}\sin\theta' \tag{7.57}$$

微小電流素子と観測点の間の距離の項 $|\boldsymbol{r}-\boldsymbol{r'}|$ を二項定理で展開すると，

$$\begin{aligned}|\boldsymbol{r}-\boldsymbol{r'}| &= \sqrt{r^2+z'^2-2rz'\cos\theta}\\ &\simeq r - z'\cos\theta + \frac{(z'\sin\theta)^2}{2r} + \cdots\end{aligned} \tag{7.58}$$

となる．いま，$|\boldsymbol{r}| = r \gg \frac{\ell}{2} \geq |z'|$ を仮定しているから，第三項以降を無視して $|\boldsymbol{r}-\boldsymbol{r'}| \simeq r - z'\cos\theta$ と近似できる．このとき，図7.5 (b)に示すように微小電流素子から観測点までのレイと，原点Oから観測点までのレイが平行と近似される．経路差の影響が十分小さいとして無視できるときの距離 r を $r_{\rm f}$ とする．そのとき式(7.58)の第三項は $\frac{\lambda}{16}$ 以下（位相差に換算すると $\frac{\pi}{8}$ rad）であれば無視できると定義する（一つの目安）．第三項に $z' = \frac{\ell}{2}$（アンテナ端），$\theta = 90°$ を代入して $r_{\rm f}$ を求めると，$\frac{(\ell/2)^2}{2r_{\rm f}} = \frac{\lambda}{16}$ であるから，

$$r_{\rm f} = \frac{2\ell^2}{\lambda} \tag{7.59}$$

と得られる．よって，遠方界を精度よく計算するためには，$r \gg \frac{2\ell^2}{\lambda}$, $r \gg \ell$, $r \gg \lambda$ を満足する距離 r でなければならない．

この遠方界の条件を満足するとき，$\frac{1}{r-z'\cos\theta} \simeq \frac{1}{r}$, $\theta' \simeq \theta$ と近似できるが，位相項 $e^{-jk(r-z'\cos\theta)}$ は $e^{jkz'\cos\theta}$ の変化を無視できないので，

$$dE_\theta(r,\theta) = \frac{jkZ}{4\pi}I(z')\,dz'\frac{e^{-jk(r-z'\cos\theta)}}{r}\sin\theta \tag{7.60}$$

となる．すべての微小電流素子による寄与はアンテナ導体に沿って dE_θ を積分すれば求められるので，半波長ダイポールアンテナの放射電界 E_θ は，

$$E_\theta(r,\theta) = \frac{jkZI_0}{4\pi}\frac{e^{-jkr}}{r}\sin\theta\int_{-\frac{\lambda}{4}}^{\frac{\lambda}{4}}\cos(kz')e^{jkz'\cos\theta}\,dz' \tag{7.61}$$

で計算できる．

■ 例題7.2（半波長ダイポールアンテナの指向性）■

式 (7.61) の積分を実行し，半波長ダイポールアンテナの指向性関数 D を求めよ．

【解答】 式 (7.61) においてオイラーの公式を用いて展開し，積分を実行すると，

$$E_\theta(r,\theta) = \frac{jkZI_0}{4\pi}\frac{e^{-jkr}}{r}\sin\theta\int_{-\frac{\lambda}{4}}^{\frac{\lambda}{4}}\frac{e^{jkz'}+e^{-jkz'}}{2}e^{jkz'\cos\theta}\,dz'$$

$$= \frac{jZI_0}{2\pi}\frac{e^{-jkr}}{r}\frac{\cos\left(\frac{\pi}{2}\cos\theta\right)}{\sin\theta}$$

と求められる．よって，指向性関数は，

$$D(\theta) = \frac{\cos\left(\frac{\pi}{2}\cos\theta\right)}{\sin\theta}$$

で与えられる． ■

図7.6に半波長ダイポールアンテナと微小ダイポールの E 面放射パターンの比較（極座標表示）を示す．振幅の最大値に対して $\frac{1}{\sqrt{2}}$（電力に換算すると $\frac{1}{2}$，dB 値に換算すると約 -3.01 dB）となる二つの角度 θ_1, θ_2 の差 $|\theta_1-\theta_2|$ をビームの**電力半値幅**（half-power beamwidth）（単位 [rad] または [deg]）という．3 dB ビーム幅や単にビーム幅，あるいは半値角ともいう．図7.6に示すように，微小ダイポールのビーム幅は 90° であり，半波長ダイポールアンテナ

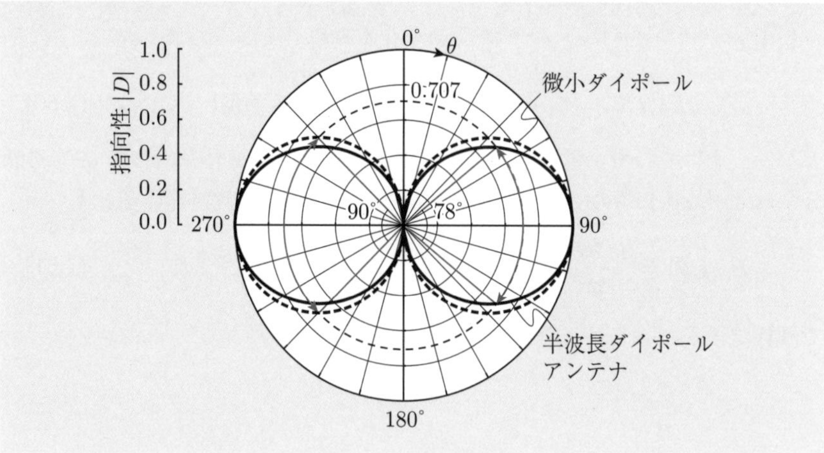

図7.6 半波長ダイポールアンテナと微小ダイポールの指向性の比較

のビーム幅は約 78° である．

■ 半波長ダイポールアンテナの平均放射電力と放射抵抗

微小ダイポールと同様にして半波長ダイポールアンテナの平均放射電力 P_{r} と放射抵抗 R_{r} を求める．式 (7.48) より，

$$P_{\mathrm{r}} = \frac{1}{2}\int_0^{\pi}\int_0^{2\pi}\frac{Z{I_0}^2}{(2\pi r)^2}\frac{\cos^2\left(\frac{\pi}{2}\cos\theta\right)}{\sin^2\theta}r^2\sin\theta\,d\theta d\varphi$$

$$= \frac{Z{I_0}^2}{4\pi}\int_0^{\pi}\frac{\cos^2\left(\frac{\pi}{2}\cos\theta\right)}{\sin\theta}d\theta \tag{7.62}$$

となる．積分に関して $\cos\theta = \tau$, $u = 1 - \tau$, $v = 1 + \tau$ を用いて変数変換を行うと次式が得られる（章末の演習問題 7.3）．

$$P_{\mathrm{r}} = \frac{Z{I_0}^2}{8\pi}\int_0^{2\pi}\frac{1-\cos w}{w}dw \tag{7.63}$$

この積分は初等関数では表せないため，次の余弦積分関数 $\mathrm{Ci}(x)$ を導入する．

$$\mathrm{Ci}(x) = -\int_x^{\infty}\frac{\cos w}{w}dw$$

$$= \gamma + \ln|x| - \int_0^x\frac{1-\cos w}{w}dw \tag{7.64}$$

ここで，γ はオイラーの定数であり，$\gamma = 0.5772\cdots$ である．よって，

$$P_{\mathrm{r}} = \frac{Z{I_0}^2}{8\pi}\left(\gamma + \ln(2\pi) - \mathrm{Ci}(2\pi)\right) \tag{7.65}$$

となる．$\mathrm{Ci}(2\pi)$ の値は数値計算もしくは数表を使って求められる．真空中における半波長ダイポールアンテナの放射抵抗 R_{r} は，$P_{\mathrm{r}} = \frac{1}{2}R_{\mathrm{r}}{I_0}^2$ より，

$$R_{\mathrm{r}} = \frac{2P_{\mathrm{r}}}{{I_0}^2} = 30\left(\gamma + \ln(2\pi) - \mathrm{Ci}(2\pi)\right)$$

$$\simeq 73.1\,\Omega \tag{7.66}$$

である．

7章の演習問題

□**7.1**　静電界における電気双極子は，$+q$ [C] と $-q$ [C] の二つの点電荷が間隔 Δz で近接して置かれた電荷対である．いま，点電荷 $+q$ [C] が $(0, 0, +\frac{\Delta z}{2})$，点電荷 $-q$ [C] が $(0, 0, -\frac{\Delta z}{2})$ にあるとき，原点から距離 r（$\gg \Delta z$）の点に電気双極子が作る電界ベクトルの r 成分 E_r と θ 成分 E_θ を求めよ．また，式 (7.45) が与える微小電気ダイポールの電界ベクトルにおいて角周波数 $\omega \to 0$ のとき，$\frac{1}{r^3}$ に比例する項が電気双極子の作る電界と対応することを確認せよ．

□**7.2**　原点 O に置かれた微小長さ Δz の十分に細い導体に一様に定常電流 I が流れている．静磁界のビオ–サバールの法則を用いて，原点からの距離 r の点における磁界ベクトル $\boldsymbol{H}$ を求めよ．また，式 (7.46) が与える微小電気ダイポールの磁界ベクトルにおいて角周波数 $\omega \to 0$ のとき，$\frac{1}{r^2}$ に比例する項が微小電流要素の作る磁界と対応することを確認せよ．

□**7.3**　式 (7.62) より式 (7.63) を導出せよ．

□**7.4**　無限に広い完全導体平面に対して垂直に置かれた長さ $\frac{\lambda}{4}$（λ：波長）の直線導体のアンテナ（モノポールアンテナ）がある．半波長ダイポールアンテナに対して鏡像理論を適用することによってモノポールアンテナの放射抵抗 $P_{\rm r}$ を求めよ．

□**7.5**　z 軸に沿って置かれた長さ Δz の微小磁気ダイポールに一様に電流 $I_{\rm m}$ が流れている．この微小磁気ダイポールの正弦放射電磁界を以下の二通りの方法で求めよ．ただし，時間因子 $e^{j\omega t}$ は省略してよい．

(1)　磁気型ベクトルポテンシャル $A_{\rm m}$ から求める方法

(2)　微小電気ダイポールの放射電磁界から電磁界の双対性を用いて求める方法

付録 A
数学公式

電気磁気学や電磁波工学でよく用いられる数学公式を以下にまとめておく．ただし，ϕ, ψ はスカラ量，$\boldsymbol{A}, \boldsymbol{B}, \boldsymbol{C}$ はベクトル量である．また，下付き添字は各座標系の成分を表し，$\hat{}$ は単位ベクトルを表す．

(1) ベクトル演算

- スカラ積（内積）

$$\boldsymbol{A}\cdot\boldsymbol{B} = \boldsymbol{B}\cdot\boldsymbol{A} = A_xB_x + A_yB_y + A_zB_z \tag{A.1}$$

- ベクトル積（外積）

$$\begin{aligned}\boldsymbol{A}\times\boldsymbol{B} = -\boldsymbol{B}\times\boldsymbol{A} &= \begin{vmatrix} \hat{\boldsymbol{x}} & \hat{\boldsymbol{y}} & \hat{\boldsymbol{z}} \\ A_x & A_y & A_z \\ B_x & B_y & B_z \end{vmatrix} \\ &= (A_yB_z - A_zB_y)\hat{\boldsymbol{x}} + (A_zB_x - A_xB_z)\hat{\boldsymbol{y}} + (A_xB_y - A_yB_x)\hat{\boldsymbol{z}}\end{aligned} \tag{A.2}$$

- スカラ三重積

$$\boldsymbol{A}\cdot(\boldsymbol{B}\times\boldsymbol{C}) = \boldsymbol{B}\cdot(\boldsymbol{C}\times\boldsymbol{A}) = \boldsymbol{C}\cdot(\boldsymbol{A}\times\boldsymbol{B}) \tag{A.3}$$

- ベクトル三重積

$$\boldsymbol{A}\times(\boldsymbol{B}\times\boldsymbol{C}) = (\boldsymbol{A}\cdot\boldsymbol{C})\boldsymbol{B} - (\boldsymbol{A}\cdot\boldsymbol{B})\boldsymbol{C} \tag{A.4}$$

(2) 勾配，ラプラシアン，発散，回転

- 直角座標系 (x, y, z)

$$\nabla\phi = \mathrm{grad}\ \phi = \frac{\partial\phi}{\partial x}\hat{\boldsymbol{x}} + \frac{\partial\phi}{\partial y}\hat{\boldsymbol{y}} + \frac{\partial\phi}{\partial z}\hat{\boldsymbol{z}} \tag{A.5}$$

$$\nabla^2\phi = \nabla\cdot\nabla\phi = \frac{\partial^2\phi}{\partial x^2} + \frac{\partial^2\phi}{\partial y^2} + \frac{\partial^2\phi}{\partial z^2} \tag{A.6}$$

$$\nabla \cdot \boldsymbol{A} = \mathrm{div}\ \boldsymbol{A} = \frac{\partial A_x}{\partial x} + \frac{\partial A_y}{\partial y} + \frac{\partial A_z}{\partial z} \tag{A.7}$$

$$\nabla \times \boldsymbol{A} = \mathrm{rot}\ \boldsymbol{A} = \mathrm{curl}\ \boldsymbol{A} = \begin{vmatrix} \widehat{\boldsymbol{x}} & \widehat{\boldsymbol{y}} & \widehat{\boldsymbol{z}} \\ \frac{\partial}{\partial x} & \frac{\partial}{\partial y} & \frac{\partial}{\partial z} \\ A_x & A_y & A_z \end{vmatrix}$$

$$= \left(\frac{\partial A_z}{\partial y} - \frac{\partial A_y}{\partial z}\right)\widehat{\boldsymbol{x}} + \left(\frac{\partial A_x}{\partial z} - \frac{\partial A_z}{\partial x}\right)\widehat{\boldsymbol{y}} + \left(\frac{\partial A_y}{\partial x} - \frac{\partial A_x}{\partial y}\right)\widehat{\boldsymbol{z}} \tag{A.8}$$

● 円筒座標系 (ρ, φ, z)

$$\nabla \phi = \frac{\partial \phi}{\partial \rho}\widehat{\boldsymbol{\rho}} + \frac{1}{\rho}\frac{\partial \phi}{\partial \varphi}\widehat{\boldsymbol{\varphi}} + \frac{\partial \phi}{\partial z}\widehat{\boldsymbol{z}} \tag{A.9}$$

$$\nabla^2 \phi = \frac{1}{\rho}\frac{\partial}{\partial \rho}\left(\rho\frac{\partial \phi}{\partial \rho}\right) + \frac{1}{\rho^2}\frac{\partial^2 \phi}{\partial \varphi^2} + \frac{\partial^2 \phi}{\partial z^2} \tag{A.10}$$

$$\nabla \cdot \boldsymbol{A} = \frac{1}{\rho}\frac{\partial(\rho A_\rho)}{\partial \rho} + \frac{1}{\rho}\frac{\partial A_\varphi}{\partial \varphi} + \frac{\partial A_z}{\partial z} \tag{A.11}$$

$$\nabla \times \boldsymbol{A} = \frac{1}{\rho}\begin{vmatrix} \widehat{\boldsymbol{\rho}} & \rho\widehat{\boldsymbol{\varphi}} & \widehat{\boldsymbol{z}} \\ \frac{\partial}{\partial \rho} & \frac{\partial}{\partial \varphi} & \frac{\partial}{\partial z} \\ A_\rho & \rho A_\varphi & A_z \end{vmatrix}$$

$$= \left(\frac{1}{\rho}\frac{\partial A_z}{\partial \varphi} - \frac{\partial A_\varphi}{\partial z}\right)\widehat{\boldsymbol{\rho}} + \left(\frac{\partial A_\rho}{\partial z} - \frac{\partial A_z}{\partial \rho}\right)\widehat{\boldsymbol{\varphi}} + \frac{1}{\rho}\left\{\frac{\partial(\rho A_\varphi)}{\partial \rho} - \frac{\partial A_\rho}{\partial \varphi}\right\}\widehat{\boldsymbol{z}} \tag{A.12}$$

● 球座標系 (r, θ, φ)

$$\nabla \phi = \frac{\partial \phi}{\partial r}\widehat{\boldsymbol{r}} + \frac{1}{r}\frac{\partial \phi}{\partial \theta}\widehat{\boldsymbol{\theta}} + \frac{1}{r\sin\theta}\frac{\partial \phi}{\partial \varphi}\widehat{\boldsymbol{\varphi}} \tag{A.13}$$

$$\nabla^2 \phi = \frac{1}{r^2}\frac{\partial}{\partial r}\left(r^2\frac{\partial \phi}{\partial r}\right) + \frac{1}{r^2\sin\theta}\frac{\partial}{\partial \theta}\left(\sin\theta\frac{\partial \phi}{\partial \theta}\right) + \frac{1}{r^2\sin^2\theta}\frac{\partial^2 \phi}{\partial \varphi^2} \tag{A.14}$$

$$\nabla \cdot \boldsymbol{A} = \frac{1}{r^2}\frac{\partial(r^2 A_r)}{\partial r} + \frac{1}{r\sin\theta}\frac{\partial}{\partial \theta}(A_\theta \sin\theta) + \frac{1}{r\sin\theta}\frac{\partial A_\varphi}{\partial \varphi} \tag{A.15}$$

$$\nabla \times \boldsymbol{A} = \frac{1}{r^2\sin\theta}\begin{vmatrix} \widehat{\boldsymbol{r}} & r\widehat{\boldsymbol{\theta}} & r\sin\theta\widehat{\boldsymbol{\varphi}} \\ \frac{\partial}{\partial r} & \frac{\partial}{\partial \theta} & \frac{\partial}{\partial \varphi} \\ A_r & rA_\theta & rA_\varphi\sin\theta \end{vmatrix}$$

$$= \frac{1}{r\sin\theta}\left\{\frac{\partial}{\partial \theta}(A_\varphi \sin\theta) - \frac{\partial A_\theta}{\partial \varphi}\right\}\widehat{\boldsymbol{r}} + \left\{\frac{1}{r\sin\theta}\frac{\partial A_r}{\partial \varphi} - \frac{1}{r}\frac{\partial(rA_\varphi)}{\partial r}\right\}\widehat{\boldsymbol{\theta}}$$

$$+\frac{1}{r}\left\{\frac{\partial(rA_\theta)}{\partial r}-\frac{\partial A_r}{\partial\theta}\right\}\widehat{\boldsymbol{\varphi}} \tag{A.16}$$

(3)　ベクトル微分演算の公式

- 勾配，発散，回転を用いた微分演算

$$\nabla(\phi\psi)=\psi\nabla\phi+\phi\nabla\psi \tag{A.17}$$

$$\nabla\cdot(\phi\boldsymbol{A})=\nabla\phi\cdot\boldsymbol{A}+\phi\nabla\cdot\boldsymbol{A} \tag{A.18}$$

$$\nabla\cdot(\boldsymbol{A}\times\boldsymbol{B})=\boldsymbol{B}\cdot(\nabla\times\boldsymbol{A})-\boldsymbol{A}\cdot(\nabla\times\boldsymbol{B}) \tag{A.19}$$

$$\nabla\times(\phi\boldsymbol{A})=\nabla\phi\times\boldsymbol{A}+\phi\nabla\times\boldsymbol{A} \tag{A.20}$$

$$\nabla(\boldsymbol{A}\cdot\boldsymbol{B})=(\boldsymbol{A}\cdot\nabla)\boldsymbol{B}+(\boldsymbol{B}\cdot\nabla)\boldsymbol{A}+\boldsymbol{A}\times(\nabla\times\boldsymbol{B})+\boldsymbol{B}\times(\nabla\times\boldsymbol{A}) \tag{A.21}$$

- 勾配，発散，回転を組み合わせた微分演算

$$\nabla\times\nabla\phi=\boldsymbol{0}\quad\text{（渦なしの場）} \tag{A.22}$$

$$\nabla\cdot(\nabla\times\boldsymbol{A})=0\quad\text{（湧き出しなしの場）} \tag{A.23}$$

$$\nabla\times\nabla\times\boldsymbol{A}=\nabla\nabla\cdot\boldsymbol{A}-\nabla^2\boldsymbol{A} \tag{A.24}$$

(4)　積分公式

- ガウスの発散定理

$$\oiint_S \boldsymbol{A}\cdot\widehat{\boldsymbol{n}}\,dS=\iiint_V \nabla\cdot\boldsymbol{A}\,dV \tag{A.25}$$

ただし，S は任意の閉曲面を表し，V は閉曲面 S で囲まれた閉領域を表す．また，$\widehat{\boldsymbol{n}}$ は閉曲面 S 上の各点で外向きの単位法線ベクトルである．

- ストークスの定理

$$\oint_C \boldsymbol{A}\cdot d\boldsymbol{\ell}=\iint_S(\nabla\times\boldsymbol{A})\cdot\widehat{\boldsymbol{n}}\,dS \tag{A.26}$$

ただし，C は閉曲線を表し，S は閉曲線 C を境界とする曲面を表す．また，$\widehat{\boldsymbol{n}}$ は曲面 S 上の各点での単位法線ベクトルである．

(5)　ディラックのデルタ関数

まず，デルタ関数（ディラックのデルタ関数）について定義する．デルタ関数 δ は数学的には超関数（distribution）に分類され，

$$\delta(x)=\begin{cases}0 & (x\neq 0)\\ \infty & (x=0)\end{cases} \tag{A.27}$$

$$\int_{-\infty}^{\infty} \delta(x)\, dx = 1 \tag{A.28}$$

を満たす δ がデルタ関数である．dx が長さの次元を持つならば，$\delta(x)$ は長さの逆数の次元を持つ．また，ある関数 $f(x)$ に対して，

$$\int_{-\infty}^{\infty} f(x)\delta(x-x')\, dx = f(x') \tag{A.29}$$

という性質を持つ．

したがって，直角座標 (x, y, z) で連続な任意のスカラ関数を f，デルタ関数を δ とすると，

$$\begin{aligned} &\iiint_V f(x,y,z)\delta(x-x')\delta(y-y')\delta(z-z')\, dV \\ &= \begin{cases} 0 & \text{（(x',y',z') が V 内にない場合）} \\ f(x',y',z') & \text{（(x',y',z') が V 内にある場合）} \end{cases} \end{aligned} \tag{A.30}$$

である．$\boldsymbol{r} = (x, y, z)$, $\boldsymbol{r}' = (x', y', z')$ と表すと，

$$\iiint_V f(\boldsymbol{r})\delta(\boldsymbol{r}-\boldsymbol{r}')\, dV = \begin{cases} 0 & \text{（$\boldsymbol{r}'$ が V 内にない場合）} \\ f(\boldsymbol{r}') & \text{（$\boldsymbol{r}'$ が V 内にある場合）} \end{cases} \tag{A.31}$$

となる．デルタ関数を用いれば体積密度を積分して，その空間に含まれる全体量を求めると有限値で与えることができる．

付録 B
電荷密度と電流密度

■ 電荷密度

電荷が一点にのみ存在している場合や，線状あるいは面状に分布している場合には，ディラックのデルタ関数を用いて体積電荷密度 $\rho\,[\mathrm{C/m^3}]$ を表すことができる．体積電荷密度 ρ を用いて体積 V に含まれる総電荷量 Q は次式によって求められる．

$$Q = \iiint_V \rho\, dV \tag{B.1}$$

- 点電荷

　例えば，空間のある一点 (x', y', z') に電荷量 $Q\,[\mathrm{C}]$ の点電荷が存在している場合，その体積電荷密度は，

$$\rho(x, y, z) = Q\delta(x - x')\delta(y - y')\delta(z - z') \tag{B.2}$$

で与えられる．よって，$x' = 0,\ y' = 0,\ z' = 0$ の原点に点電荷が存在しているとき，その総電荷量を求めると次式となる．

$$\begin{aligned}
&\int_{-\infty}^{\infty}\int_{-\infty}^{\infty}\int_{-\infty}^{\infty} Q\delta(x - x')\delta(y - y')\delta(z - z')\, dxdydz \\
&Q\int_{-\infty}^{\infty}\delta(x)\, dx \int_{-\infty}^{\infty}\delta(y)\, dy \int_{-\infty}^{\infty}\delta(z)\, dz \\
&= Q
\end{aligned}$$

- 線電荷

　例えば，$y = y',\ z = z'$ の線上（x 軸に平行な線）に電荷が線電荷密度 $\lambda\,[\mathrm{C/m}]$ で分布している場合，その体積電荷密度は，

$$\rho(x, y, z) = \lambda(x)\delta(y - y')\delta(z - z') \tag{B.3}$$

で与えられる．よって，$y' = 0,\ z' = 0$ の x 軸上に線密度 λ で電荷が一様に分布しているとき，長さ ℓ の線上に含まれる電荷量 Q を求めると次式となる．

$$Q=\int_{-\frac{\ell}{2}}^{\frac{\ell}{2}}\int_{-\infty}^{\infty}\int_{-\infty}^{\infty}\lambda\delta(y-y')\delta(z-z')\,dxdydz$$
$$=\lambda\int_{-\frac{\ell}{2}}^{\frac{\ell}{2}}dx\int_{-\infty}^{\infty}\delta(y)\,dy\int_{-\infty}^{\infty}\delta(z)\,dz$$
$$=\lambda\ell$$

● 面電荷

例えば，xy 平面に平行な $z=z'$ の面に電荷が面電荷密度 $\sigma\,[\mathrm{C/m^2}]$ で分布している場合，その体積電荷密度は，

$$\rho(x,y,z)=\sigma(x,y)\delta(z-z') \tag{B.4}$$

で与えられる．よって，$z'=0$ の xy 平面上に面電荷密度 σ で電荷が一様に分布しているとき，$a\times b$ の面上に含まれる電荷量 Q を求めると次式となる．

$$Q=\int_{-\frac{a}{2}}^{\frac{a}{2}}\int_{-\frac{b}{2}}^{\frac{b}{2}}\int_{-\infty}^{\infty}\sigma\delta(z-z')\,dxdydz$$
$$=\sigma\int_{-\frac{a}{2}}^{\frac{a}{2}}\int_{-\frac{b}{2}}^{\frac{b}{2}}dxdy\int_{-\infty}^{\infty}\delta(z)\,dz$$
$$=\sigma ab$$

■ **電流密度**

電流が線状あるいは面状に流れている場合には，デルタ関数を用いて面電流密度ベクトル $\boldsymbol{J}_{\mathrm{s}}\,[\mathrm{A/m^2}]$ を表すことができる．ここで面電流密度ベクトル $\boldsymbol{J}_{\mathrm{s}}(x,y,z)$ とは，ある立体の断面を電流が通過するときの電流の面積密度を表す．例えば，xy 平面上の断面 S を電流が通過するとき，電流 I は，

$$I(z)=\iint_S \boldsymbol{J}_{\mathrm{s}}(x,y,z)\cdot\hat{\boldsymbol{n}}(x,y)\,dS \tag{B.5}$$

で求められる．ただし，立体状に流れる電流の密度であるから，$\boldsymbol{J}_{\mathrm{s}}$ を体積電流密度と呼ぶこともある．

● 面電流

例えば，$z=z'$ に置かれたシート上（厚さが無限小の面）を x 方向に面電流が線電流密度ベクトル $\boldsymbol{J}_\ell\,[\mathrm{A/m}]$ で流れている場合，その面電流密度ベクトルは，

$$\boldsymbol{J}_{\mathrm{s}}(x,y,z)=\boldsymbol{J}_\ell(x,y)\delta(z-z') \tag{B.6}$$

で与えられる．よって，$z' = 0$ の xy 平面上を線電流密度ベクトル $\boldsymbol{J}_\ell = J_\ell \widehat{\boldsymbol{x}}$ で一定の面電流が x 方向に流れているとき，y 方向の幅 a を通過する電流 I は，

$$
\begin{aligned}
I &= \int_{-\frac{a}{2}}^{\frac{a}{2}} \int_{-\infty}^{\infty} J_\ell \widehat{\boldsymbol{x}} \delta(z - z') \cdot \widehat{\boldsymbol{x}}\, dydz \\
&= J_\ell \int_{-\frac{a}{2}}^{\frac{a}{2}} dy \int_{-\infty}^{\infty} \delta(z)\, dz \\
&= J_\ell a
\end{aligned}
$$

と得られる．ただし，表面に電流が流れているときの電流密度なので，$\boldsymbol{J}_\ell$ を表面電流密度と呼ぶこともある．

● 線電流

例えば，$y = y'$, $z = z'$ の線上（x 軸に平行な線）を x 方向に線電流が電流ベクトル $\boldsymbol{I}$ [A] で流れている場合，その面電流密度ベクトルは，

$$
\boldsymbol{J}_\mathrm{s}(x, y, z) = \boldsymbol{I}(x) \delta(y - y') \delta(z - z') \tag{B.7}
$$

で与えられる．よって，$y' = 0$, $z' = 0$ の x 軸上に電流ベクトル $\boldsymbol{I} = I\widehat{\boldsymbol{x}}$ で一定の線電流が x 方向に流れているとき，その線を流れる電流を求めると，

$$
\begin{aligned}
&\int_{-\infty}^{\infty} \int_{-\infty}^{\infty} I \widehat{\boldsymbol{x}} \delta(y - y') \delta(z - z') \cdot \widehat{\boldsymbol{x}}\, dydz \\
&= I \int_{-\infty}^{\infty} \delta(y)\, dy \int_{-\infty}^{\infty} \delta(z)\, dz \\
&= I
\end{aligned}
$$

と得られる．

付録 C
特殊関数

本付録では，伝送線路に表れる電磁界をイメージしやすいように円筒座標の一般解に表れるいくつかの特殊関数を図示する．特殊関数の詳細は数学の教科書を参考にされたい．

- 第 1 種ベッセル関数 J_m ：**図6.11** 参照
- 第 2 種ベッセル関数 N_m （ノイマン関数）：**図 C.1 (a)**
- 第 1 種変形ベッセル関数 I_m ：**図 C.1 (b)**
- 第 2 種変形ベッセル関数 K_m ：**図 C.1 (c)**

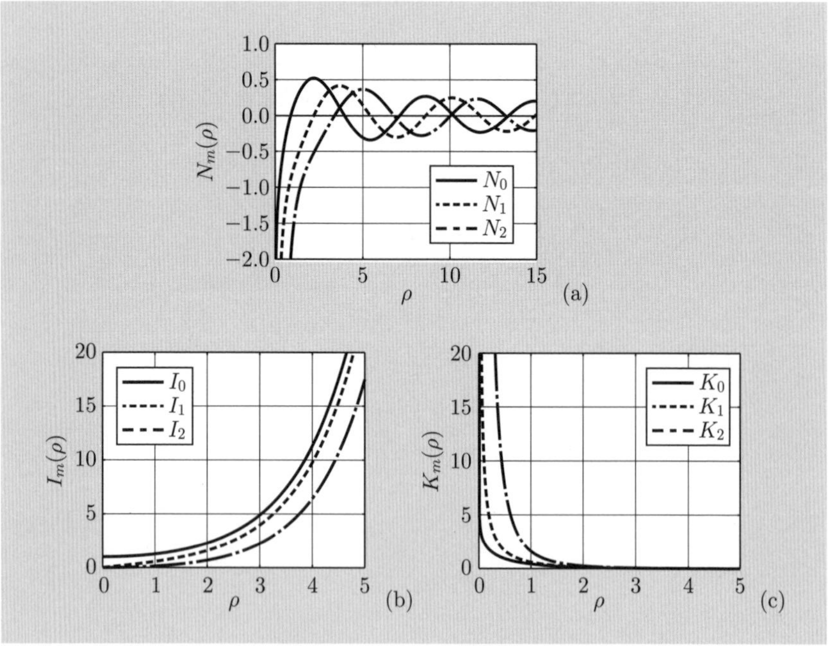

図 C.1　(a) 第 2 種ベッセル関数 $\boldsymbol{N_m}$，(b) 第 1 種変形ベッセル関数 $\boldsymbol{I_m}$，(c) 第 2 種変形ベッセル関数 $\boldsymbol{K_m}$

参考文献

[1] 山田直平，桂井 誠，電気磁気学（3 版改訂），電気学会，2016.
[2] 宇野 亨，白井 宏，電磁気学，コロナ社，2010.
[3] 広川二郎，木村雄一，新井宏之，電磁波工学，朝倉書店，2018.
[4] 榊原久二男，太郎丸真，藤森和博，波動伝送工学，朝倉書店，2019.
[5] 高橋応明，電磁波工学入門，数理工学社，2011.
[6] 安達三郎，米山 務，電波伝送工学，コロナ社，1981.
[7] 安達三郎，電磁波工学，コロナ社，1983.
[8] 稲垣直樹，電気・電子学生のための電磁波工学，丸善出版，1980.
[9] 細野敏夫，電磁波工学の基礎，森北出版，2015（昭晃堂，1973）.
[10] 徳丸 仁，基礎電磁波，森北出版，1992.
[11] J. A. Stratton, Electromagnetic Theory, IEEE Press, 2007 (McGraw-Hill, 1941).
[12] D. M. Pozar 著，永妻忠夫，村田博司，真田篤志 訳，マイクロ波工学（第 4 版），森北出版，2021.
[13] 中島将光，マイクロ波工学 基礎と原理，森北出版，1975.
[14] 小塚洋司編，村野公俊著，基礎 電磁波工学，数理工学社，2013.
[15] R. E. Collin, Field Theory of Guided Waves (Second Ed.), IEEE Press, 1991.
[16] K. Zhang and D. Li, Electromagnetic Theory for Microwaves and Optoelectronics (Second Ed.), Springer, 2008.
[17] G. S. Smith, An Introduction to Classical Electromagnetic Radiation, Cambridge Univ. Press, 1997.
[18] 広川二郎，安藤 真，電磁波解析，デザインエッグ社，2020.
[19] 小西良弘，電磁波回路，オーム社，1976.
[20] 橋本 修，川﨑繁男，新しい電波工学，培風館，1998.
[21] 藤澤和男，改版マイクロ波回路，コロナ社，1972.
[22] 出口博之，伝送線路論 電磁界解析への入門，数理工学社，2023.

索　　引

た　行

な　行

は　行

ま 行

や 行

ら 行

英 字

著者略歴

大《おお》 平《ひら》 昌《まさ》 敬《たか》

2006年3月 同志社大学大学院工学研究科電気工学専攻博士課程（後期課程）修了

2006年3月 博士（工学）（同志社大学）

現　在 埼玉大学大学院理工学研究科　准教授

電気・電子工学テキストライブラリ＝C4

電磁波工学

2024年 2 月 25 日© 初 版 発 行

著者 大 平 昌 敬　　発行者 矢 沢 和 俊
印刷者 小宮山恒敏

【発行】 株式会社 数理工学社
〒151–0051 東京都渋谷区千駄ヶ谷 1 丁目 3 番 25 号
編 集 ☎（03）5474–8661（代） サイエンスビル

【発売】 株式会社 サイエンス社
〒151–0051 東京都渋谷区千駄ヶ谷 1 丁目 3 番 25 号
営 業 ☎（03）5474–8500（代） 振替 00170–7–2387
FAX ☎（03）5474–8900

印刷・製本 小宮山印刷工業（株）

≪検印省略≫

ISBN978–4–86481–108–8

PRINTED IN JAPAN

サイエンス社・数理工学社の
ホームページのご案内
https://www.saiensu.co.jp
ご意見・ご要望は
suuri@saiensu.co.jp まで．